中国环境经济发展研究报告

2017：

水资源可持续利用

宋马林　张　宁　编著

科学出版社

北京

内 容 简 介

当前，中国对有限水资源的需求日益增大，水资源浪费、污染和短缺等问题已经成为制约当前中国社会经济可持续发展的重要因素。因此，如何有效评价水资源可持续利用水平，协调水资源环境保护与经济可持续发展，业已成为政策制定者面临的重要问题。本书首先分析中国水资源现状及面临的困境，研究水资源利用效率及其影响因素之间的动态关系，并结合国内外水资源管理状况，探讨适合中国水资源管理的政策工具及水资源利用效率评价的有效方法；其次从整体上对中国水资源可持续利用现状、节水型社会建设情况进行全面的科学评价；最后以安徽省、深圳市等地区为例，探索不同地区节水型社会建设，以及节水型高校建设成效，并结合各地区的节水潜力，提出科学合理的解决方案。

本书适用于资源和环境相关的政府部门管理人员、科研院所的研究人员，以及大中专院校师生等阅读。

图书在版编目（CIP）数据

中国环境经济发展研究报告. 2017：水资源可持续利用 / 宋马林，张宁编著. —北京：科学出版社，2017.8

ISBN 978-7-03-053829-1

Ⅰ. ①中… Ⅱ. ①宋… ②张… Ⅲ. ①环境经济–经济发展–研究报告–中国–2017 ②自然资源–资源管理–研究报告–中国–2017 Ⅳ. ①X196 ②F124.5

中国版本图书馆 CIP 数据核字（2017）第 140640 号

责任编辑：马 跃 陶 璇 / 责任校对：王 瑞
责任印制：霍 兵 / 封面设计：无极书装

科学出版社 出版
北京东黄城根北街 16 号
邮政编码：100717
http://www.sciencep.com

中国科学院印刷厂 印刷
科学出版社发行 各地新华书店经销

*

2017 年 8 月第 一 版 开本：787×1092 1/16
2017 年 8 月第一次印刷 印张：18 1/4
字数：439 000
定价：**128.00 元**
（如有印装质量问题，我社负责调换）

前　言

自 20 世纪 80 年代以来，中国水资源供需矛盾日益加剧，提高水资源使用效率，加快节水型社会建设，是构建和谐社会和坚持可持续发展的必经之路。中国水资源存储量丰富，但是地域广阔、人口众多，水资源分布地域不均且人均水资源占有量相对较少。加之长期以来，生产生活过程中水资源浪费、污染现象普遍存在，水资源低效利用问题越发严重。以目前水资源利用现状，想要满足经济社会发展中生产生活用水需求，前景不容乐观。

随着经济迅猛发展和城市化进程的加快，中国对水资源的需求日益增大，水资源短缺、污染和浪费是目前制约中国水资源可持续利用的三大主要问题。中国水资源总量相对丰富，但存在着分布不均衡的问题，尤其是区域分布不均，北方很多地区普遍存在水资源短缺现象，水资源严重匮乏。同时，水资源浪费现状也十分严重，仅农业用水就有 2/3 浪费于运输和漫灌之中，水资源浪费加剧了水资源匮乏现状。随着经济快速发展，粗放型的经济增长模式使水资源污染现象日益严重，2015 年，中国废水排放量达 151 733 万吨，水资源的严重污染影响了水资源的供给总量，也对社会经济造成重大危害。在水资源供给不足的情况下，要保证工农业生产用水、居民生活用水和良好的水环境，必须合理开发水资源，提高水资源管理的科学性，优化水资源配置，提高水资源使用效率，建立节水型社会。在考虑水资源有限性约束条件下量化水资源利用效率，深入分析相关因素对水资源利用效率的影响机制并提出科学有效的政策建议，是实现中国水资源可持续发展亟须解决的问题。

通常所说的水资源一般指陆地上的淡水资源，由江河及湖泊中的水、高山积雪、冰川以及地下水等组成；狭义的水资源则是指能为人类直接利用的淡水，主要是河流水、淡水湖泊水及浅层地下水。目前，定义可利用淡水资源总量的方法众多，在水文学中应用最为广泛的是联合国粮食及农业组织（Food and Agriculture Organization of the United Nations，FAO）给出的定义方法：一个城市全部可再生水资源总量由三部分汇总组成，包括年均地表径流、来自内源性降水的地下水补给量及来自其他区域的地表水流入量，《中国统计年鉴》对水资源的统计同样采用了这一标准。在接下来的分析中，本书将采用该定义来衡量一个地区全部可再生的淡水资源的总量。

本书基于水资源利用有效性以及影响因素的视角，采用定性、定量分析相结合的方式，通过介绍中国水资源现状，分析水资源管理面临的挑战以及可持续利用的影响因素，重点介绍中国节水型社会建设基本情况。本书主要包括六个方面的内容：第一，详细介绍中国水资源存储分布现状、开发利用情况、政策和现阶段面临的困境，并实证分析水资源利用及其影响因素之间的动态关系；第二，比较分析目前世界上主流的水资源管理体制，针对中国水资源管理现状，从经济学视角分析中国现阶段的体制类型，提出一系列管理政策工具和有效性评价方法；第三，针对水资源可持续利用问题进行研究，从基本现状入手，深入分析影响因素的作用机制，并提出科学的可持续利用评价体系；第四，重点介绍中国节水型社会发展情况，深入分析制度演进、建设模式、建设进程、建设特色、节水潜力、行业水资源消耗及整体绩效评价，并提出具有建设性的政策建议；第五，从节水效益、节水影响因素、节水效率及其收敛性等角度，分析安徽省节水型社会建设进程；第六，研究节水型高校的建设现状及潜力，并设计相应的建设方案。此外，本书还给出丰富的案例分析，包括剖析安徽省、深圳市、亳州市和蚌埠市等地区的水资源利用、管理和节水型社会建设模式以及节水型社会建设背景下的"海绵校园"建设。

本书编著者宋马林教授是教育部哲学社会科学研究重大课题攻关项目"自然资源管理体制研究"（14JZD031）首席专家；暨南大学张宁教授多年来一直致力于中国环境经济和自然资源管理的研究，其他参与人员均为来自安徽财经大学、中国矿业大学、东北财经大学和兰州财经大学等高校生态环境研究领域的青年学者或研究生。本书的具体分工如下：第 1 章由刘玲、张琳玲和张宁编写；第 2 章由刘玲、杜俊涛和徐晓涵编写；第 3 章由陈雨、杜俊涛、李盛国和宋马林编写；第 4 章由刘玲、宋马林、张宁和陈丽贞等编写；第 5 章由张云云、王曦莹、王璐和宋马林等编写；第 6 章由张瑶、杜俊涛、吴洁和张宁等编写；第 7 章由黄艳红和谢钱姣编写；另外周一成和王睿在本书的编写和编校过程中也提供了一些有益的帮助和参考建议。

本书在写作过程中，参考国内外相关文献，在此表示感谢。

本书是针对中国水资源可持续利用现状进行系统评价的初步探索，由于笔者水平有限，书中难免有疏漏之处，我们真诚地恳请各位读者和同行批评指正，期待和大家一起交流学习。

宋马林　张宁

2017 年 1 月

目　　录

第 1 章

绪 论

　　随着工业化、城市化进程的加快，中国水资源短缺和污染的情况愈发突出，水资源开发利用以及水污染治理等问题逐步上升到国家战略层面。本书以水资源的可持续利用为出发点，分析当代中国的水资源管理、开发利用及节水型城市建设等问题，并针对不同的研究问题给出相应的政策建议。本书在总体结构上，先由外向内分析世界水资源开发利用现状以及中国面临的水资源问题；然后，分别从水资源管理政策、水资源可持续利用、节水型城市建设等角度出发，结合具体的案例，刻画全国和各地区的水资源态势。

　　水资源的开发利用是指通过水利工程设施来开发地球上的水资源，以满足社会经济发展和人类生活的用水需求。本书首先分析世界水资源的分布情况，从农业、工业、生活用水三个方面描述中国的水资源开发利用情况；其次从雨水回用、海水利用、再生水利用分析中国水资源开发利用政策，在此基础上分析中国水资源面临的一系列问题；最后针对中国水资源利用及其影响因素之间的动态关系进行实证性分析。

　　水资源的管理对维持世界水资源的可持续利用具有重要的意义，具体是指水行政主管部门运用法律、行政、经济和技术等手段对水资源的分配、开发、利用、调度和保护进行管理。水资源管理早已成为国家发展规划的重要内容，各国都在积极实施维持水资源可持续利用的管理政策。本书通过对比国内外水资源管理政策，预测未来发展趋势，在此基础上探讨中国的水资源管理现状及面临的问题，并从经济学视角分析中国水资源市场管理政策，最后针对我国各省（自治区、直辖市）的水资源管理进行有效性评价。

　　水资源的可持续利用对平衡经济发展和水资源短缺之间的矛盾具有重大的战略意义，已经成为各国综合发展的主题。目前很多国家实施了水资源可持续利用战略规划，评估水资源可持续利用程度具有重要意义。本书通过分析中国水资源可持续利用现状及其影响因素，并采用 DPSIR[①]模型建立指标评估体系，结合模糊综合评价法和主成分分析（principal component analysis，PCA）法，评价中国 2010~2015 年水资源可持续利用水平，发现中国

[①] DPSIR 是 driving force（驱动力）、pressure（压力）、state（状态）、impact（影响）和 response（响应）这五个词的缩写。

近16年来的水资源可持续利用程度一直在上升。

在第5章中，本书系统分析了中国节水型社会发展情况。首先，探索节水型社会的机制和建设模式，以及中国节水型社会建设历史沿革和特色；其次，分析中国区域节水影响因素和节水潜力，并通过投入产出分析模型，探究节水型社会建设背景下中国各行业的水资源消耗情况，发现中国农、林、牧、渔业的完全用水系数和直接用水系数远高于其他行业；最后，综合评估中国节水型社会建设绩效，发现2000~2006年中国节水型社会建设水平均处在起步阶段，2008年之后迅速步入中等阶段，2015年达到良好阶段。在此基础上，第6章以安徽省为研究对象，以安徽省的用水现状分析为起点，综合分析安徽省节水效益、节水分解因素效应及水资源利用效率，发现安徽省整体的水资源利用效率不断提升，水资源效率的差距呈现缩小的趋势；此外，第6章还从最严格的水资源管理制度出发，考虑用水总量、用水效率及水功能区限制纳污等方面，评估安徽省的节水型社会建设现状，结果表明安徽省2006~2013年一直保持较好的增长趋势，但近几年有所下降。

接下来，本书分析了节水型社会建设背景下的节水型高校建设，以安徽省蚌埠市的高校为例，通过实地走访，了解各高校用水现状，针对集体宿舍、教学楼、食堂、公共浴室四大类高校建筑，从经济效益和环境效益的角度，发现高校具有较大的节水潜力，在此基础上，设计适用于这四大类建筑的节水方案。高校节水建设是城市节水的重要组成环节，在节水型社会的建设过程中意义重大，在此形势下，高校应该注重培养学生节水意识，创建校园节水机制，并且降低水管漏水率，实现节水设施与管理措施的双管齐下。

针对中国水资源利用情况和不同的管理措施，本书还进行了具体的案例分析。针对中国的水资源利用现状，基于水资源环境库兹涅茨曲线（environmental Kuznets curve，EKC），综合考虑经济增长、产业结构、技术进步、外商投资和环境管理等多方面的因素，研究中国目前的水资源状况能否支撑未来的经济增长。针对中国水资源管理制度实施情况，以安徽省为例，分别以全省"十五""十一五""十二五"三个规划期间的水资源管理规划为背景，运用DEA（data envelopment analysis，即数据包络分析）模型，从投入产出的角度，简要分析安徽省近16年主要的水资源管理制度及效率，发现全省水资源管理投入存在逐年上涨的趋势，水资源管理效率基本处于规模报酬不变的水平，在此基础上，从水资源配置和利用效率等角度提出相应的水资源管理政策建议。

针对中国采取的水资源可持续利用措施，本书以安徽国祯环保节能科技股份有限公司（以下简称国祯环保）为例，实地考察其污水处理系统的处理能力，评估其间歇活性淤泥法污水处理系统的绩效，并对不同污水处理过程的结构分别进行优化，最后从宏观层面，针对污水处理问题，为政府和污水处理企业提出政策建议。为了解节水型社会建设的雨水收集和污水处理问题，本书以深圳市为例，研究雨污"分流"与"混流"收集机制在节水型社会建设过程中的影响和效用，并给出深圳市南山区的污水治理方案并进行方案的有效度预测，最后对茅洲河光明片区水环境综合整治技术方案进行可达性评估。

基于安徽省节水型城市的建设背景，本书调查分析了安徽省蚌埠市的洗车行业在绿色节能节水方面的情况，对比了全自动洗车与人工洗车的优缺点，并主要针对洗车行业浪费水和不合理排污的现象提出优化改进方案，并尝试在以蚌埠市为代表的四五线城市推广全自动洗车机的使用。

本书还基于海绵城市理念，以安徽财经大学为例，分别从绿色屋顶、透水铺装、下凹式绿地和雨水花园四个方面设计建设海绵校园的雨水回收利用具体方案，并对方案进行具体分析，总结出每个方案的优点及带来的经济与社会效益。

目前，中国在全国各地实施最严格的水资源管理政策，在多地设立了水生态文明城市建设试点、节水型社会建设试点等，通过总结国内外水资源开发利用现状及各项水资源管理措施的成效，评估政策总体绩效、可持续利用水平及节水型社会建设成效，综合实际案例，由大到小，由浅入深，分析水资源的可持续利用水平，并结合国内外水资源可持续发展建设情况，总结经验，提出适用于中国的政策建议。今后，中国应该严格实施"最严格的水资源管理制度"，继续推进水生态文明城市建设试点和节水型社会建设试点系列活动，加强公众在中国水资源管理中的参与度，开展全民节水活动，提高水资源可持续利用水平，为中国经济社会可持续发展和全球水资源保护做出积极的贡献。

第 2 章

水资源现状

本章首先简要分析地球上的水资源储备和分布情况，其次针对中国水资源，从时空分布特征、开发利用情况、政策和存在的问题等几个方面进行分析。在此基础上，针对中国的用水情况，以工业用水为例，通过向量自回归模型，研究工业用水量与其影响因素间的双向动态关系。由于中国存在较为严重的水污染，在案例部分，主要探讨在水污染的情况下，水资源利用与经济增长之间存在的关系，以及未来中国水资源能否支撑经济增长的问题。

2.1 水资源存储及分布现状

2.1.1 地球水储量及分布

在环境科学领域，地球上的水可以划分为冰川水、江河水（自然水体）、地下水和大气水等 10 种类型。如图 2-1 所示，海洋水占据了地球上水资源的 96.54%；地球上的淡水资源仅占 3.46%，主要分布在冰川与永久积雪和地下水中，其中，冰川与永久积雪占地球水资源总量的 1.74%，地下水仅占水资源总量的 1.67%，湖泊水、河流水和土壤水等其他水资源占比仅有 0.05%。

从自然条件上看，地球上的水资源分布极其不均。表 2-1 是全球十大河流的全长和其流经的地方。尼罗河作为全球第一长河，流域面积高达 287 万平方千米，位于非洲东北部；第二长河亚马孙河则流经秘鲁、巴西等 7 个南美洲国家，全长 6 400 千米。巴西水资源总量在全球淡水资源中的占比达到 13%，是全球水资源总量最高的国家。

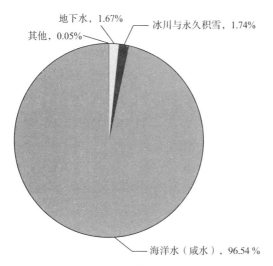

图 2-1　各水体水资源占比

表 2-1　世界十大河流概况

河流	排序	河长/千米	流经区域
尼罗河	1	6 670	坦桑尼亚、布隆迪等
亚马孙河	2	6 400	秘鲁、巴西等
长江	3	6 300	中国
密西西比河	4	6 020	美国
黄河	5	5 464	中国
额尔齐斯河	6	5 410	中国、俄罗斯等
湄公河（澜沧江）	7	4 880	中国、缅甸等
刚果河	8	4 700	刚果（布）、刚果（金）、中非等
勒拿河	9	4 400	俄罗斯
黑龙江	10	4 350	中国、俄罗斯等

资料来源：中国数字科技馆水资源科普专栏

密西西比河流经美国，流域面积约为北美洲面积的 12.5%。其中，流经美国境内的还有墨西哥湾、太平洋、大西洋、北冰洋等多个水系。美国淡水资源总量约为 2.95 万亿立方米，排名全球第五。俄罗斯作为世界第二大淡水资源国，额尔齐斯河、勒拿河和黑龙江等十几万条河流均流经其境内，除此之外，俄罗斯还拥有世界上蓄水量最大的贝加尔湖。加拿大是全球第三大淡水资源国，拥有全球淡水资源的 7%，由于人口较少，其人均水资源量也位于世界前列。

位于中国领土内的长江、黄河全长分别位列世界第三、第五，总长 11 764 千米。除此之外，流经中国的河流还有澜沧江和黑龙江，从淡水资源总量来看，在世界各国中，中国仅低于巴西、俄罗斯和加拿大三个国家，但由于人口较多，人均水资源量较少，仅为世界平均水平的 1/4。

2.1.2 中国水资源时空分布特征

中国地域辽阔，水资源总量在全球位居第四，但却存在较为严重的用水问题。接下来分析中国水资源的时空分布特征，数据主要来源于 2000~2015 年《中国统计年鉴》、《中国水资源公报》、中国环境数据库和中国水利数据库等。

图 2-2 是 2015 年各水系对中国水资源总量的贡献比例，在七大流域中，长江年径流量位居首位，水资源贡献最大，达到 36.94%；其次为珠江、松花江，淮河、黄河、辽河、海河，贡献率合计达到 7.01%；剩余 31.67%的水资源供给则主要来自中国北部、东南和西北等五个地区。

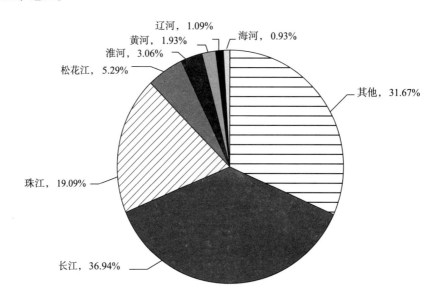

图 2-2　中国不同地区的水资源总量占比

根据中国环境数据库，绘制中国七大流域 2006 年和 2015 年的年径流量条形图，如图 2-3 所示。通过对比发现，长江、松花江和珠江在 2015 年的径流量相较于 2006 年分别上涨了 344 亿立方米、56 亿立方米和 43 亿立方米；黄河、辽河、海河和淮河分别下降了 69 亿立方米、11 亿立方米、65 亿立方米和 27 亿立方米；相比这七大流域增加和减少的径流量，在总体上，2015 年的年径流量上涨了 271 亿立方米。

受季风气候影响，中国降雨量季节变化和年际变化大。从时间上来看，如图 2-4 所示，中国 2000~2015 年水资源总量和降雨量波动均较大，且二者具有相同的变化趋势，不仅均表现出同升同降的特征，而且均呈现升降循环的周期波动趋势。其中，2010 年的水资源总量和降雨量均为最高，分别为 30 906.4 亿立方米和 695.4 毫米，但 2011 年二者却急剧下降为 16 年来的最低值，地表、地下水资源量分别减少 25.5%、14.29%，七大流域的水资源总量和降雨量下降幅度均高于 10%。

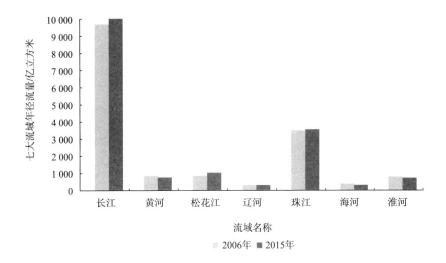

图 2-3 中国七大流域年径流量

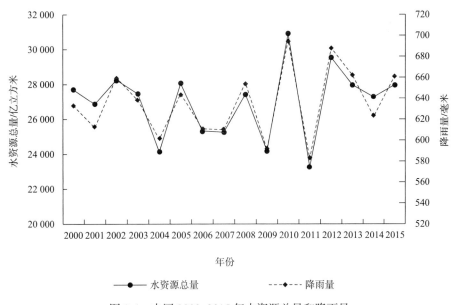

图 2-4 中国 2000~2015 年水资源总量和降雨量

从降低和升高的幅度来看，水资源总量和降雨量 2010~2011 年降幅最大，分别达到 24.75%和 16.27%，此后，又分别上升 26.97%和 18.15%，随后升降起伏不断，虽然各年的降幅低于涨幅，但到目前为止二者仍然没有达到 2010 年的水平。

图 2-5 为中国 2015 年不同气候带的面积比例，可以发现，中国湿润地区占比最大，达到 32%，干旱地区占据的面积比例只比湿润地区少 1%，半干旱地区占的面积比例比半湿润地区高 7%，因此，中国缺水性地区的面积比例高于水资源相对充足的地区，存在较为严重的水资源短缺问题。

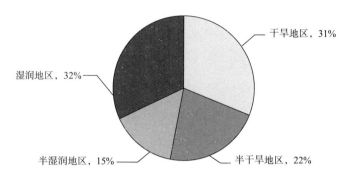

图 2-5　中国 2015 年不同气候带的面积比例

在中国水资源的自然分布中，青藏高原一直以"中华水塔"著称，广西、四川、江西等地均是拥有千条河流以上的地区。如图 2-6 所示，我国 31 个省（自治区、直辖市）中，西藏、广西、四川和江西四个省区的水资源总量位列前四，均超过 2 000 亿立方米，分别位于西南、华南和华东三个地区。如图 2-7 所示，这三个地区的水资源总量占比也是中国七大地区中最高的，总计达到 77.36%。

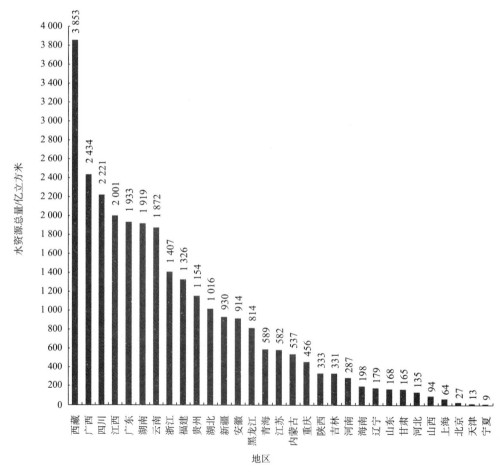

图 2-6　我国 31 个省（自治区、直辖市）水资源总量

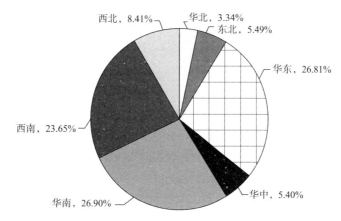

图 2-7　中国七大地区水资源总量

　　水资源总量达到 1 000 亿~2 000 亿立方米的主要有广东、湖南、云南和浙江等 7 个省（自治区、直辖市），分别位于华南、西南、华东和华中四个地区。位于华北、东北和西北三个北部地区的各省（自治区、直辖市）水资源总量均低于 1 000 亿立方米，总计只占全国水资源总量的 17.24%，在这些省（自治区、直辖市）中新疆水资源总量最高、安徽次之，最低的三个为北京、天津和宁夏，水资源总量均不足 30 亿立方米，属于严重缺水的地区。目前，这三个地区已分别纳入南水北调工程的中线、东线、西线工程，以期缓解当地水资源短缺现状。

2.2　水资源开发利用情况

　　目前，中国水资源的开发利用形势日益严峻，多个流域的水资源开发利用程度已经达到其水资源承载力极限，其中海河流域的水资源开发利用率更是高达 106%。但面对日益增长的社会经济发展需求，用水量在总体上依然保持上升的趋势。接下来，本节从农业、工业、生活用水三个方面来分析中国水资源利用情况，数据来源为历年《中国水资源公报》、《中国统计年鉴》及中国环境数据库。

2.2.1　水资源利用情况

1. 农业用水

　　农业用水量占到中国总用水量的半数以上，从图 2-8 可以看出，中国农业用水量近 16 年来总体呈现上升趋势，最高用水量达到 3 921.52 亿立方米，最低时只有 3 432.82 亿立方米。鉴于农业用水量较高，必须大力推行农业节水，综合采用节水灌溉技术，目前中国已有节水灌溉面积约 3 106 万公顷。如图 2-8 所示，农业亩均用水量总体呈现下降趋势，与农业用水量上升的趋势相比，中国农业用水效率近年来确实得到了提升。

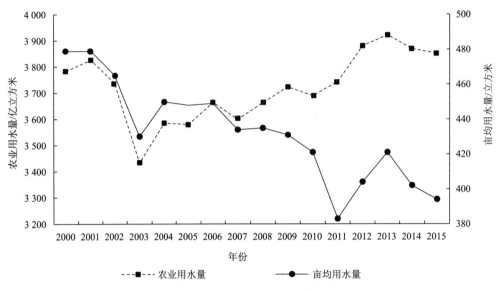

图 2-8　中国 2000~2015 年农业用水情况

　　图 2-9 是中国七大供水流域的农业用水量，可以发现，长江流域的农业用水量最高，基本在 1 000 亿立方米；珠江流域历年农业用水浮动不大，基本在 500 亿立方米，而且相较于 2006 年，其农业用水量还出现了下降；淮河流域 2015 年用水量 420.1 亿立方米，较 2006 年上涨了 4.27%，位居第四；2006 年，位居第五位和第六位的分别是黄河流域和松花江流域，但是，松花江流域自 2006 年以来农业用水量一直在上升，黄河流域却在下降，2015 年松花江流域农业用水量已经达到 412.4 亿立方米，超过了黄河流域的 281.5 亿立方米；农业用水量最小的是辽河流域，而且辽河流域自 2006 年以来也一直在下降，2015 年农业仅用水 134.4 亿立方米。

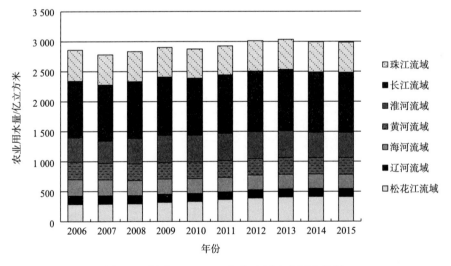

图 2-9　中国 2006~2015 年各流域农业用水情况

2015 年，中国节水灌溉面积达到 3 106.040 万公顷，较 2006 年上涨了 38.5%。从图 2-10 可以看出，2006 年，各流域节水灌溉面积中，海河流域最高，其次是长江流域、淮河流域，最小的是辽河流域，但 2015 年最高的是长江流域和淮河流域，海河流域居第三，珠江流域替代辽河流域变为节水灌溉面积最小的地区。2006~2012 年各流域的节水灌溉面积都在上升，其中松花江流域的上升速率最快，年均增长率达到 11.46%，其次是辽河流域，但是辽河流域在 2007 年下降了 23%，不过其年均增长率也达到 10.84%；然而在 2013 年，七大供水流域的节水灌溉面积均出现下降，松花江流域、辽河流域和淮河流域下降幅度最大，降低率分别达到 46.41%、25.62% 和 12.68%，随后在 2014 年和 2015 年各流域继续增大节水灌溉面积，相较于 2006 年，辽河流域增幅最大，达到 62.53%，其次是淮河流域、长江流域和珠江流域，均在 40% 以上，松花江流域和海河流域增幅相当，均在 23% 左右。

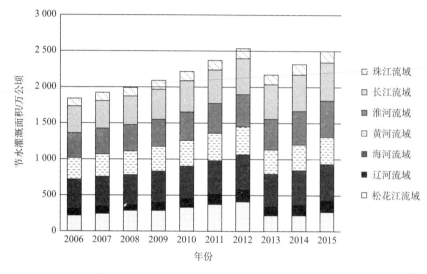

图 2-10　中国 2006~2015 年各流域节水灌溉面积

2. 工业用水

工业用水情况与工业经济的产业结构和增长方式关系密切，在中国四大用水量中位居第二，如图 2-11 所示，在 2000~2011 年一直处于上升趋势，2011 年达到 1 461.8 亿立方米。伴随着产业结构转型升级和工业节水技术的提高，工业用水量开始下降，至 2015 年下降了 127 亿立方米。从利用效率来看，中国万元工业增加值用水量逐年下降，从 2000 年的 288 立方米降至 2015 年的 58.3 立方米，年均降低率约为 10%。

针对中国各地区的用水效率，本节选取 2015 年各地区的工业用水量、工业节约用水量及工业用水重复利用率进行分析，其中西藏地区因为数据缺失未纳入图 2-12 和图 2-13 中进行分析。如图 2-12 和图 2-13 所示，江苏、广东、湖北、湖南及安徽的工业用水量较高，但工业节约用水量并不是很高，尤其是广东地区，工业节约用水量只有 2 318 万立方米，但是其工业用水重复利用率达到 92.3%，而湖南地区只达到 43.2%，江苏、湖北和安

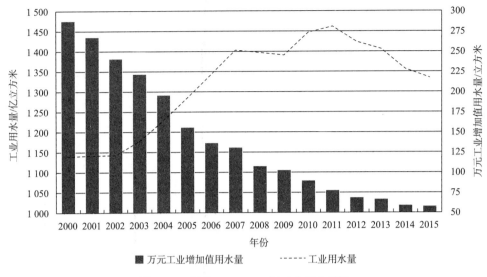

图 2-11 中国 2000~2015 年工业用水情况

徽均达到 85%以上。上海、浙江、福建、江西、河南、广西和四川的工业用水量都在 50 亿~90 亿立方米，其中，江西省的工业用水量值小于上海和福建，而工业节约用水量和工业用水重复利用率分别只有 740 万立方米和 57.5%，在这几个地区中是最低的，可见江西省有必要进一步优化产业结构，提高用水效率；福建地区的工业用水量是这几个地区中最高的，而其工业节约用水量也只高于江西和四川；相比之下，河南和广西地区的工业用水重复利用率都达到了 94%左右；上海工业用水量仅次于福建省，但是其工业节约用水量最高，工业用水重复利用率也达到了 82.6%，可见上海的产业结构合理、节水技术相对先进。

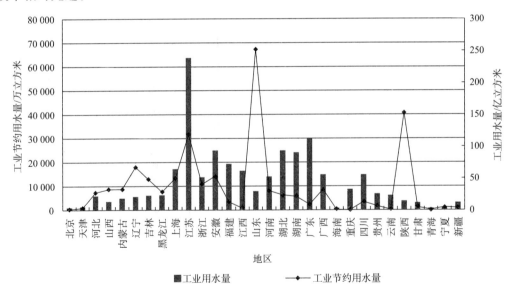

图 2-12 2015 年我国各地区工业用水情况

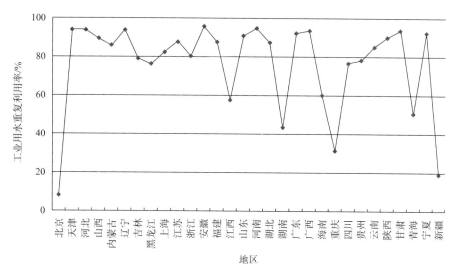

图 2-13 2015 年我国各地区工业用水重复利用率

剩余 18 个地区的工业用水量都位于 2 亿~35 亿立方米，最高的是重庆市，但是重庆市的工业节约用水量却是最低，工业用水重复利用率也只有 31.1%；天津、河北、辽宁、甘肃、宁夏、陕西和山东的工业用水重复利用率均达到 90%以上，其中，宁夏和天津的工业用水量只有 4.4 亿立方米和 5.3 亿立方米，工业节约用水量比较低；河北、辽宁和山东的工业用水量大约是宁夏和天津的四倍，其中，辽宁和山东的节约用水量较高；陕西和甘肃工业用水量均在 15 亿立方米以下，其中，陕西省工业节约用水量达到 40 779万立方米，仅次于山东省。而北京、海南、新疆和青海的工业用水量、工业节约用水量和工业用水重复利用率均比较低；山西、内蒙古三项指标均处于中等水平；吉林、黑龙江、贵州和云南工业用水量都在 24 亿立方米左右，其中吉林节约用水量稍高些，黑龙江中等，云南最低，但是云南的工业用水重复利用率达到 85.2%，其余省（自治区、直辖市）均在 80%以下。

如图 2-14 所示，从各流域工业用水量来看，长江流域的工业用水量最大，而且在2006~2011 年持续上升，在达到峰值 746.8 亿立方米后开始下降，之后增减波动频繁，2015年工业用水量仍然达到 734.6 亿立方米，较 2006 年上涨 8.25%，比其他六个流域的总用水量高 270.2 亿立方米，这可能与长江流域相关地区的经济发展水平有关，如江苏、安徽、四川、广东等均是工业增加值和工业用水量较高的地区。

工业用水量次之的是珠江流域，珠江主要流经湖南、贵州、广西、广东和江西等地区，这些地区的工业用水量在我国 31 个省（自治区、直辖市）中的排序都在前 15 名，用水量相对较高，珠江流域工业用水量的年度变化趋势与长江流域相同；淮河流域的工业用水量在 2007~2014 年一直在上升，2015 年出现下降，低于其在 2006 年的水平，在七大流域的工业用水量中位居第三；松花江流域的工业用水量在 2006 年高于黄河流域和海河流域，但自 2011 年以来，松花江流域的工业用水量一直在下降，2015 年只有 45.9 亿立方米，低于黄河流域的 57 亿立方米和海河流域的 49.3 亿立方米；辽河流经河北、吉林、内蒙古及

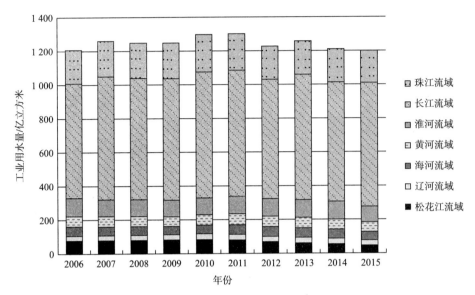

图 2-14　2006~2015 年中国各流域工业用水情况

辽宁四个地区，这些地区的工业用水量在我国 31 个省（自治区、直辖市）中均处于较低水平，因此辽河流域的工业用水量较低。

图 2-15 是我国 31 个省（自治区、直辖市）的工业废水排放量。从图 2-15 中可以清晰地看到，工业废水排放量在 50 000 万吨以上的地区占比达到 45.16%，其中江苏的工业废水排放量最大，达到 206 427 万吨，其次是山东和广东，排放量均在 150 000 万吨以上，排放量为 100 000 万~150 000 万吨的只有浙江和河南两个地区，而排放量为 50 000 万~100 000 万吨的有九个地区，上海、北京和天津等发达地区的工业废水排放量都在 50 000 万吨以下。

在分析过程中可以发现，工业用水量大的地区，工业废水排放量不一定也高，这可能与各地区工业产业结构有关。为了探究各地区工业用水量和工业废水排放量之间的关系，本节选取各地区 2015 年的工业增加值、工业用水量和工业废水排放量三个指标，通过 SPSS 软件，采用聚类分析方法对各地区进行分类。如表 2-2 所示，将各地区分为五类，综合考虑各类别的工业增加值、工业用水量和工业废水排放量，对各类别进行命名。

表 2-2　各地区聚类分析结果

类别	地区
高产值、高度用水、高度废水排放	江苏、广东
高产值、中度用水、高度废水排放	浙江、河南、山东
中产值、中度用水、中度废水排放	江西、广西、上海、湖北、湖南、安徽、福建、四川
中产值、低度用水、中度废水排放	河北、辽宁
低产值、低度用水、低度废水排放	贵州、新疆、甘肃、宁夏、天津、海南、青海、北京、西藏、云南、黑龙江、重庆、吉林、陕西、内蒙古、山西

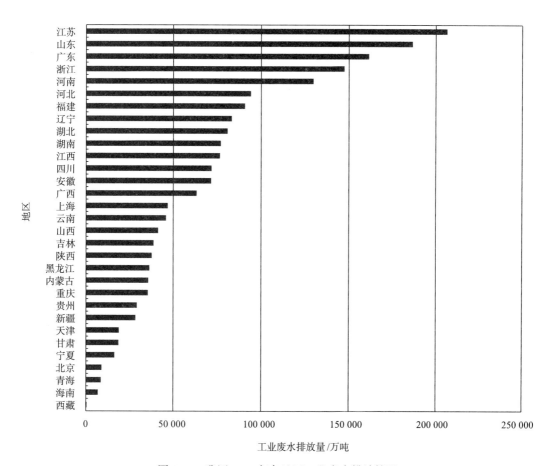

图 2-15　我国 2015 年各地区工业废水排放情况

　　江苏工业用水量和工业废水排放量在 31 个省（自治区、直辖市）中最大，与此同时其工业增加值位居第二，广东工业增加值最高，工业用水量和废水排放量分别位居第三和第二，与江苏的情况类似，因此聚为一类；浙江和河南的工业用水量在 50 亿立方米左右，山东 2015 年工业用水量只有 29.6 亿立方米，三者工业用水量都属于中等水平，在工业增加值和工业废水排放量上，山东要高于浙江和河南，但总体水平相近，三个省（自治区、直辖市）被归为中度用水、高度废水排放一类，主要原因在于三者的工业都是以重工业以及化工、机械业、冶金、纺织等行业为主，导致三省用水量为中度，而工业废水排放量较大。

　　中产值、中度用水、中度废水排放地区的工业增加值都在 6 000 亿~10 000 亿元，其中湖北最高，广西最低；工业用水量都在 50 亿~90 亿立方米，四川、广西最低，安徽和湖北最高；工业废水排放量都在 45 000 万~90 000 万吨，上海、广西和安徽比较低，福建、湖北等地区较高。湖北地区工业发展主要以石化、纺织、钢铁、建材等为支柱，所以其各项指标均比较高，而广西工业结构中比重较大的主要是农副产品、木材和石油等的加工业。

　　2015 年河北和辽宁的工业产值分别为 12 626.17 亿元和 11 270.82 亿元，二者工业用水量均在 20 亿立方米左右，但在工业废水排放量上，河北比辽宁高 10 970 万吨。河北的工业发展多年以来都是以钢铁产业为重心，但随着其产业结构的调整，目前制造业已经成为河北省工业的第一大支柱产业，其工业用水在 2011 年后开始降低；而辽宁的工业支柱主要为装备制造业和冶金业，所以工业废水排放量相对高于河北。

处于低产值、低度用水、低度废水排放的地区大多数为中国西部地区和北部地区，这些地区的工业废水排放量中，最高的是云南，最低的是西藏、青海和海南，此外，这三个地区的工业用水量和工业增加值也是最低的。

3. 生活用水

随着社会生活水平逐步提高，居民对水资源的数量需求增加的同时，对水资源的质量也提出了较高的要求。如图 2-16 所示，近年来居民生活用水量仅仅在 2012 年出现过下降，其余年份均呈现逐年上升的趋势，2015 年生活用水量达到 794.2 亿立方米，较 2000 年上涨了 38.15%。中国城市的人均日生活用水量，总体上呈现下降的趋势，2006 年和 2007 年下降得较快，2010 年以后基本稳定在 170 升左右，相对于 2000 年，城市人均日生活用水量下降了 20.75%。目前，我国城镇用水中还存在着很多不合理的现象，如居民日常生活中使用的节水器具较少，滴水和漏水情况严重，水资源浪费和利用效率低等问题十分明显。

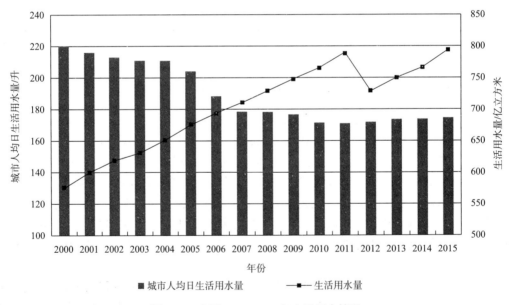

图 2-16   中国 2000~2015 年生活用水情况

图 2-17 是中国各流域的生活用水量，可以发现，各流域的生活用水量在 2012 年均出现下降，其中松花江流域下降幅度最大，达到 24.24%，辽河、海河、黄河和淮河流域降低幅度都在 10%，长江流域和珠江流域较低。其中，长江流域和珠江流域的生活用水量最高，且生活用水量总体都呈现上升趋势，年均增长率分别达到 2.69% 和 0.44%。相较于 2006

年，除松花江流域降低了12.65%之外，其他流域的生活用水量均有所上升，其中长江流域增幅最大，达到26.81%，其次是黄河流域，增幅为12.18%，其他流域的增长率均在10%以下。

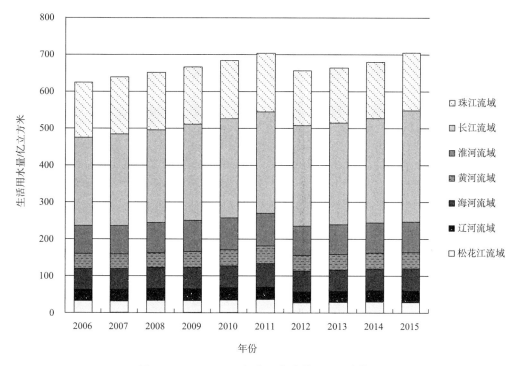

图 2-17 2006~2015 年中国各流域生活用水情况

图 2-18 为中国 2000~2015 年的生活废水排放情况，其中生活废水排放强度是生活废水排放量与当年生活用水量的比值，由于生活废水排放量和生活用水量均在增加，不能直观地看出历年生活废水排放强度是否加大，因此采用两者比值来反映。从图 2-18 可以看出，生活废水排放量逐年增加，年均增长率达到 6.11%，生活废水排放强度也逐年上升，由 2000 年的 38.42%上升到 2015 年的 67.39%，累计增长率达到 75.38%。这说明中国生活废水排放量的增加不仅仅是由于生活用水量的增加，还存在一些其他的内部原因。

图 2-19 是中国各省（自治区、直辖市）城市生活污水排放及处理情况，可以发现各省（自治区、直辖市）的城市污水排放和处理能力具有较强的一致性，污水排放量大的省（自治区、直辖市），其污水处理能力通常也较大。例如，广东的城市污水排放量最高，其污水处理能力也位居第一。在城市污水排放量上，仅有广东、江苏和山东 3 个省（自治区、直辖市）的排放量在 300 000 万立方米以上，介于 100 000 万~300 000 万立方米的省（自治区、直辖市）占比达到 41.94%，主要是北京，上海、安徽和浙江等，其中污水处理能力最高的是浙江，达到 882.1 万米^3/日，最低的是福建，每日能够处理 380.8 万立方米城市污水；小于 100 000 万立方米的有 15 个省（自治区、直辖市），这些省（自治区、直辖市）基本位于中国西部和北部，污水处理能力基本在 7.4 万~340 万米^3/日。

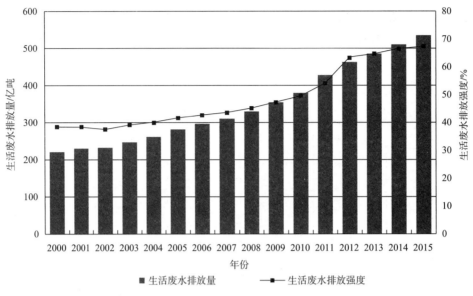

图 2-18　2000~2015 年中国生活废水排放情况

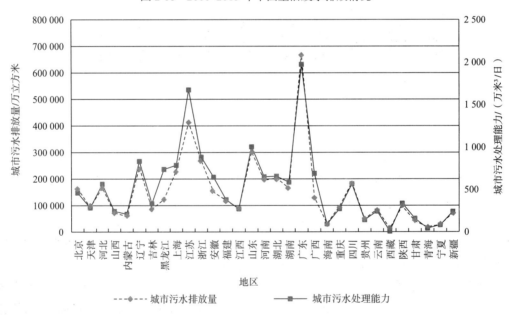

图 2-19　2015 年我国各省（自治区、直辖市）城市生活污水排放及处理情况

图 2-20 绘制了我国各地区城市污水再生利用量，其中上海、广西和西藏由于数据缺失未包含在内。广东城市生活污水排放量大，处理能力高，而污水再生利用量却很低，相比较来说，江苏和山东的城市污水排放量、处理能力和再生利用量都比较高。北京的城市生活污水排放量仅为 164 231 万立方米，处理能力为 461.7 万米³/日，在各个省（自治区、直辖市）中排名靠后，但是其城市污水再生利用量却达到 95 714 万吨，是各个省（自治区、直辖市）中最高的；福建的污水处理能力达到 380.8 万米³/日，处于中等水平，但是

其城市污水再生利用量却只有 117 万吨，是各省（自治区、直辖市）中最低的；江西、吉林、重庆、湖南、安徽和天津等也均出现城市污水处理能力中等，而污水再生利用量较低的情况。

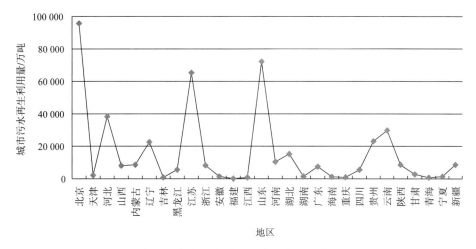

图 2-20　2015 年我国各省（自治区、直辖市）城市污水再生利用量

2.2.2　水资源开发利用政策研究

为缓解世界水资源日益突出的供需矛盾，改善水资源污染状况，促进水资源可持续利用，维护水生态系统的平衡，世界上很多国家已对雨水、海水、再生水等非常规水源开展了大规模研究，并且投入大量资金兴建相关水利设施。因此本节针对中国雨水回用、海水利用、再生水回用三大水资源可持续利用政策，从利用模式、国家政策和政策成效的角度剖析中国非常规水源开发利用现状。

1. 非常规水源开发利用模式

雨水回用对于缓解水资源短缺、减轻内涝积水、降低防洪压力等具有重要的作用。根据采用的雨水回用系统的不同特点，目前中国初步形成的雨水回用模式主要有企业模式、园林系统模式、生态小区模式、雨水渗透模式（杨茗，2016）。

海水利用主要包括海水淡化和海水直接利用两种，是缓解水资源供需矛盾的重要措施，具有重要的战略意义。再生水回用是将在生产与生活活动中排放的工业、生活等污水或废水等以国家发布的水质标准，通过一定的工艺技术，对污水进行适当的处理，使其能够被再次回收利用（司渭滨，2013）。相对于雨水回用和海水利用，再生水更有益于改善水环境，保障水生态系统的良性循环，提升水资源利用效率。这些非常规水源具体的开发利用模式和相应的实施渠道以及处理得到的水资源的用途如图 2-21 所示。

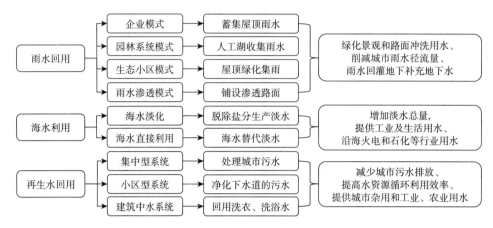

图 2-21　非常规水源开发利用模式

2. 国家政策及成效

多年以来，中国政府一直十分重视雨水回用、海水利用、再生水回用等非常规水源开发利用，水资源短缺矛盾越演越烈，更是将这些开发利用工作上升至国家战略层面，出台多项政府政策，部分政策如表 2-3 所示。

表 2-3　非常规水源开发利用国家政策

开发利用模式	国家政策
雨水回用	甘肃建设"121 雨水集流工程" 内蒙古建设"112 集雨节水灌溉工程" 宁夏实施"水窖集雨节水灌技术" 广西实施"地头水柜集雨节水灌溉试点工程" 陕西实施"甘露工程" 2001 年水利部颁发《雨水集蓄利用工程技术规范》 2001 年成立中国水利学会雨水利用专业委员会
海水利用	1970 年建立全国第一个海水淡化实验室 1982 年成立中国海水淡化与水再利用学会 1992 年组建国家液体分离膜工程技术研究中心 "十一五"期间编制《海水利用专项规划》 "十二五"期间出台《海水淡化产业发展规划》 "十三五"期间倡导"推动海水淡化规模化应用"策略
再生水回用	出台《全国城镇污水处理及再生利用设施建设规划》 住房和城乡建设部、科学技术部联合印发《城市污水再生利用技术政策》

资料来源：中国水利学会

数据显示，这些政策的实施目前均已取得一定成效，中国雨水回用技术也在建设过程中逐步成熟。例如，甘肃在实施"121 雨水集流工程"（杨茗，2016）之后，目前已有集雨水窖 143 万眼，这些水窖一年的积水量高达 6 040 万立方米，顺利解决了 250 万人、280 多万头牲畜的水资源短缺问题，除此之外，甘肃还探索出了集雨补灌高效农业的五大模式，极大地促进了该地区的农业经济发展。

自 2000 年以来，中国海水淡化工程发展迅速，到目前为止，已建成海水淡化工程 121

个，主要分布在天津、浙江、河北、山东等 9 个省（自治区、直辖市）。产水规模达每天 100 万吨，最大的海水淡化工程每日可产水 20 万吨；总产水量的 67.14% 用于工业用水，32.84% 用于生活用水。在海水直接利用上，中国目前已建成海水循环冷却工程 15 个，总循环量为每小时 943 800 吨。如图 2-22 所示，近 16 年来，中国海水直接利用量总体呈上升趋势，年均可达 417.65 亿吨，2015 年增长到 814.8 亿吨，大约是 2000 年的 6 倍。

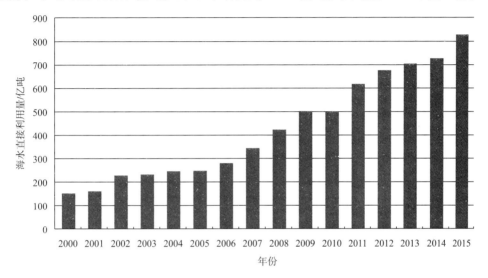

图 2-22　2000~2015 年中国海水直接利用量

在再生水回用方面，"十一五"期间每年的污水处理量达到了 318 亿立方米；"十二五"规划完成后，修建的城镇污水管网总长度为 32.7 万千米，城镇污水再生利用设施总规模可达到每日 4 000 万立方米。北京作为中国最早开始再生水回用的城市，目前再生水可利用量已达 6.8 亿立方米，再生水利用率约为 60%，其年利用量已经超过地表水，再生水已成为北京的第二水源。2016 年底，中国建成亚洲规模最大的全地下再生水水厂并投入使用，其每日再生水处理量可达到 60 万立方米。

2.2.3　中国水资源利用中存在的问题

一直以来，中国始终存在水资源时空分布不均、水污染现象严重等问题，而近年来，随着经济社会发展规模不断扩大、城市化进程推进迅速，水资源总量也有所减少。在自然环境和社会环境的双重压力之下，中国水生态环境受损、水资源过度开采、水体污染及水资源浪费等问题日益突出，本节从水资源供需矛盾、水权问题、生态问题和效率问题四个方面分析中国水资源利用中存在的问题。

1. 水资源供需矛盾

中国的水资源，在空间上，存在着南多北少的现状；在时间上，也经常是旱期汛期不定，降水量及河流径流量在不同季节的分布差异较大。北方地区特别是北京、天津和宁夏等地，本身就存在水资源短缺的问题，而当地有较大的水资源需求量。秦剑（2015）运用系统动力学方法分析了北京在不同政策下的水资源供需情况，认为如果北京不采取任何措施，其供需缺口将逐年加大，而采取节水型措施，虽然能够缓解目前的供需矛盾，但长久下去仍然会面临水资源短缺现象，如果北京加大治污力度，提高污水处理能力和污水回收利用量，其效果也不会持续很久，相比之下，域外调水方案才是有效缓解北京市水资源供需不足的有效措施。

在一些水资源总量相对丰富的地区，如西藏和四川地区，由于受到水资源配置不平衡和水污染等问题影响，加之水利设施建设不足，不仅存在严重的区域性水资源短缺问题，而且受到水质安全问题的困扰。例如，张义和张合平（2013）在对广西水生态足迹的研究中发现，广西水资源中存在较多的污染物，而且这些污染物占用了大部分水环境的净化功能，与此同时，广西的淡水生态系统在 2003~2010 年一直是不安全的，其水生态环境的净化功能呈现出不可持续的现象。

《中国可持续发展水资源战略研究》预测中国 2030 年水资源人均占有量将下降至 1 760 立方米，仅比国际用水紧张的平均标准高 60 立方米（钱正英，2001）。汤奇成等（2002）预测了 2030 年和 2050 年的中国中西部水资源供需情况，认为 2030 年和 2050 年水资源均处于供给不足状态。《我国水资源现状及面临形势的分析报告》显示，目前中国有 400 多个城市处于缺水状态，严重缺水的城市高达 100 多个，全国缺水量高达 500 多亿立方米。

2014 年美国水资源研究组织蓝环（Circle of Blue）发布的报告《中国瓶颈》显示，中国农业用水占总用水量的比例高达 70%，煤炭产业占比约为 20%。加之中国农业和煤炭产业主要集中在北部地区，而北部降水量仅占全国总降水量的 20%，水资源需求与供给分布不均，匹配不合理，无疑进一步加剧了水资源供需矛盾。

2. 水权问题

水权表述的主要是对水资源的所有权以及使用、分配和交易水资源的权利，1988 年中国制定《中华人民共和国水法》，但到目前为止依然存在不少问题，虽然规定水资源为国家所有，但并未明确说明国家应如何行使这些权利，而主要强调水资源管理的权利。目前，中国政府在水市场中的定位不够明确，水价与水资源本身的价值经常不相符。

目前，中国已经在 7 个地区开启水权试点建设工作，各试点均已取得显著成效。宁夏、江西、湖北三省（自治区）定位于水资源使用权确权登记，其中宁夏实行的"水权转换制"，通过节水改造工程，在市场机制的中介作用下，将节约的水资源引向用水效率更高的产业；江西则成为中国首个将政府和企业等多个主体纳入水权交易的试点；湖北则通过流域岸线登记和确权划界等工作，制定水生态补偿制度。

在内蒙古、河南、甘肃和广东这四个省（自治区）则着重于开展水权交易，随着各试点水权制度制定和相应措施的实施，已经基本解决本地区多项水资源问题，其中内蒙古和甘肃等地的水资源矛盾得到有效缓解，新密市和平顶山市之间签订了跨区域的水量交易协议，优化了当地的水资源配置。可见，水权制度也成为多地找水的重要方案。

3. 生态问题

目前中国已出现严重的水污染,点源污染与面源污染并存,生活污水和工业污水排放量常年有增无减。从总体上看,相较于 2006 年,2007~2015 年各流域劣五类水质占比有所下降,如图 2-23 所示,珠江流域劣五类水质占比在七大流域中一直是最低的,而且比例由 2006 年的 15.5%下降到 2015 年的 6%,降幅最大,达到 61.29%;劣五类水质占比第二低和第三低的松花江流域和长江流域的降幅也依次为第二低、第三低,分别达到55.67%、50.33%;淮河流域、黄河流域和辽河流域 2015 年的劣五类水质占比都约为 20%,降幅都在 40%左右;海河流域地跨山东、河南、河北等废水排放量较高的地区,在各流域中,其劣五类水质占比也是各地区中最高的,2015 年占比仍然达到 45.8%,相较于 2006年只降低了 16.12%,降幅最小。

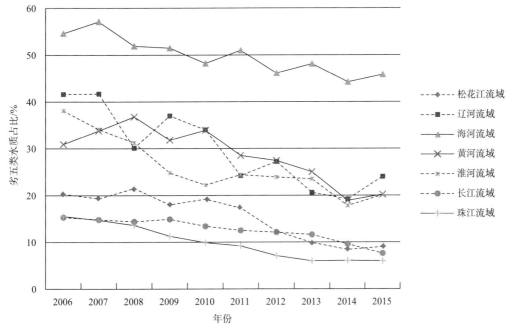

图 2-23　2006~2015 年中国各流域劣五类水质占比情况

虽然从各流域来看,劣五类水质占比有所降低,但在总体上,中国水资源现状仍然不容乐观。2015 年《中国水资源公报》数据显示,三类以下河流水质占比约为 25.8%,超过总监测河长的 1/4,大部分湖泊处于富营养状态,劣五类湖泊水质占比 23.3%,水质优良的地下水质占比不足 20%,存在较为严重的"三氮"污染。

自 2000 年以来,中国废水排放总量处于上升阶段,2005 年年增长率最高,达到 8.7%,如图 2-24 所示,2015 年,废水排放总量为 735 亿吨,较 2000 年增加了 320.32 亿吨。而长江流域污水排放量高达 346.7 亿吨,较 2005 年增长 17%左右,其中生活污水排放量高达 151.2 亿吨,成为中国污水排放量主要来源。

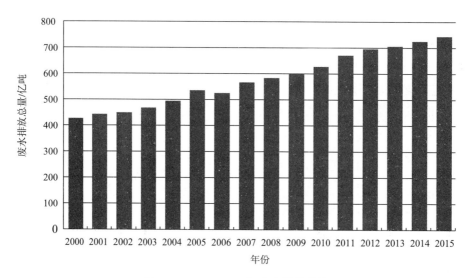

图 2-24　2000~2015 年废水排放总量

在我国 31 个省（自治区、直辖市）中，广东的废水排放总量最高，达到 91 亿吨，其次为江苏、山东、浙江和河南等，每年的废水排放总量均为 40 亿吨以上，但是，这几个地区 2015 年的水资源总量却均在 2 000 亿立方米以下，而水资源总量最高的西藏，废水排放量却仅为 5 883 万吨，在水资源总量最低的北京、天津和宁夏三个地区中，北京的污水排放量也高达 15.17 亿吨，而天津和宁夏分别为 93 008 万吨和 32 015 万吨。

多年来对水资源的不加节制的开采，加之受到土地开发利用的影响，水土流失现象越来越严重，很多水生态系统出现退化，部分江河湖海出现断流，很多水生动植物出现灭绝。另外，随着全球气候变化，中国近年来洪水旱情频发，进一步破坏了水生态系统的平衡。

图 2-25 是中国近 16 年的水灾和干旱受灾面积，可以看出历年受灾面积变化幅度较大。其中，2003 年和 2010 年水灾受灾面积变化幅度最大，2015 年水灾受灾面积 562 万公顷，较 2000 年下降了 170 万公顷左右。近几年来，在政府相关措施下，水灾受灾面积也逐步减少，自 2010 年后，都处于 1 000 万公顷以下，2014 年达到历史最低，仅为 471.8 万公顷。2000~2015 年的干旱受灾面积总体都比水灾受灾面积大，也表现出起伏不定的趋势，2000 年和 2001 年干旱受灾面积最大，达到 4 000 万公顷左右，其次为 2007 年和 2009 年，干旱受灾面积都在 3 000 万公顷以上，最低的是 2015 年，也是近 16 年来，中国干旱受灾面积首次降到 1 100 万公顷以下。

4. 效率问题

作为需水量最多的国家，中国水资源利用中存在严重的浪费现象。操信春等（2016）分析得到中国灌溉水资源利用效率仅为 0.492，农业用水效率存在较大的区域差异。近年来，农业灌溉水有效利用系数仅为 0.5 左右，每立方米的水仅有 50% 被农作物吸收，而每年农业用水量高达总用水量的 40%，一定程度上造成中国水资源利用效率低下。近

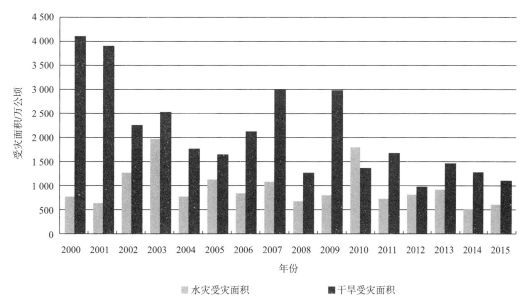

图 2-25 2000~2015 年中国水灾和干旱受灾面积

年来，中国万元 GDP 用水量处于下降趋势，但其数值仍然在 100 立方米左右，是发达国家的 5~10 倍。除此之外，工业水资源重复利用率不到 50%，远远低于发达国家高于80%的水平。

任俊霖等（2016）认为从整体上看，长江经济带 11 个城市的水资源利用效率较低，而且近几年呈现出一定的衰减趋势，究其原因主要是高耗水产业太多，节水技术推广度太低。实际上，目前中国用水设施建设较发达国家仍然落后，农村自用水井、水库及城市输水管网均存在严重的滴漏现象，居民生活用水方式较为粗放（尹庆民等，2016），水资源浪费较为严重。

2.3 水资源利用实证分析

2.3.1 引言

水资源是人类文明不可或缺的自然资源，也是工业生产不可替代的战略性资源，随着工业经济的发展，世界各国对水资源的需求日益扩大，而中国水资源整体呈现人均占有量少、空间分布不均的现状，已成为制约中国工业经济可持续发展的重要问题。在此情形下，探索工业用水影响因素，从而控制工业用水量，缓解水资源短缺问题已成为重要课题。

近年来，国外对工业用水的研究相对较少，更多针对总用水量的影响因素进行研究。例如，Srijana 和 Sajjad（2013）通过建立模型，证明人口快速增长与气候变化是影响拉斯维加斯山谷水资源可持续利用的重要因素；Babel 等（2014）研究发现气候变化是影响水资源的重要因素；Kang 等（2017）通过对 825 名西班牙裔美国人进行调查，得出消费者的用水态度对水资源可持续利用具有显著影响的结论。

而国内对工业用水影响因素的研究已有较多成果，主要集中在产业结构因素、经济发展因素、自然地理因素、社会因素等方面。例如，章平（2010）通过对深圳市的实证研究，证明产业结构对工业用水量具有较大影响；余维等（2012）通过对近十年研究文献的回顾，指出近年来工业用水效率的影响因素包括自然地理因素、经济发展水平、工业发展水平、社会因素等；李静和马潇璨（2014）的研究表明：工业用水不仅与技术水平及工业污染治理情况有关，还与现行水价具有很大关系；乔凯和韩延玲（2016）通过分析新疆工业用水效率及其影响关系，得出人均 GDP、城市化率、工业产值占比是工业用水效率重要影响因素的结论。

基于不同的研究方法，所得到的研究结果往往不尽相同。国内学术界对工业用水影响因素的研究方法主要包括回归分析法、LMDI（logarithmic mean Divisia index，即对数平均迪氏指数）法、主成分分析法、VAR（vector auto-regression，即向量自回归）模型等。在近几年对工业用水影响因素的研究中，杨大楷和汪若君（2011）通过回归分析，探究经济发展水平、产业结构等因素对工业用水循环利用的影响方向与影响程度；刘翀和柏明国（2012）采用 LMDI 法，从工业行业经济规模效应、经济结构效应、用水定额效应三个角度分析安徽工业用水消耗变化的驱动因素与影响程度；姜蓓蕾等（2014）运用主成分分析法对我国工业用水效率的影响因素及其变化情况进行分析；雷玉桃和黎锐锋（2015）以 VAR 模型为基础，探究中国工业用水与其影响因素之间的长期动态作用机理。

考虑到回归分析法、LMDI 法与主成分分析法等研究方法仅能分析工业用水与其影响因素的单方向关系，而不能探究其双向影响机制，这将导致模型产生变量内生性偏差，从而影响研究结果，本节以中国 1998~2015 年的相关数据为基础，采用 VAR 模型，分析工业用水与其影响因素的双向动态关系。

2.3.2 研究方法与指标数据说明

1. 研究方法

VAR 模型最早由 Sims（1980）提出。该模型将每个内生变量作为系统中全部内生变量的滞后项来构造 VAR 模型，进而估计所有内生变量的动态双向关系并进行预测。模型的一般形式如下（吴振信等，2011）：

$$Y_t = \alpha + \sum_{i=1}^{p} \beta_i Y_{t-i} + \varepsilon_t \qquad (2\text{-}1)$$

模型含有 n 个变量，其中，Y_t 为两个时间序列构成的向量；p 为模型滞后期阶数；β_i 为（$n \times n$）的系数矩阵；Y_{t-i} 为 Y_t 的 i 阶滞后变量；ε_t 为误差项，在本模型中为随机扰动项，满足期望为零，与 Y_t 及各滞后期不相关的假定，即 $E(\varepsilon_t) = 0$，$E(\varepsilon_t Y_{t-i}) = 0$，$i = 1, 2, \cdots, p$。

2. 指标数据说明

影响工业用水的因素有很多方面，如经济发展因素、产业结构因素等，考虑到数据的可获得性与可信性，本节选取工业用水量反映工业用水情况；选取人均 GDP 作为经济发展因素，反映经济发展对工业用水的影响程度；选取第二产业增加值与第三产业增加值的比值作为产业结构因素，反映水资源条件对工业用水的影响。

其中，工业用水量数据来源于水利部公布的《中国水资源公报》（1998~2015 年）[①]；人均 GDP 与第二、三产业增加值数据来源于国家统计局公布的《中国统计年鉴》（1998~2015 年）[②]。

为保证所采用面板数据的可比性，消除人均 GDP 和第二、三产业增加值数据中存在的价格波动，本节将各年数据分别根据人均 GDP 和第二、三产业增加值指数调整为可比价数据。同时，为消除时间序列数据中可能存在的异方差和剧烈波动，便于考察工业水资源及其影响因素的关系，本节对工业用水量、人均 GDP、第二产业增加值与第三产业增加值的比值数据做了对数化、差分处理，并将处理后的数据分别命名为 IW（工业用水量）、IG（人均 GDP）与 IS（第二产业增加值与第三产业增加值的比值）。

2.3.3 中国工业用水与其影响因素的双向动态关系研究

本节以工业用水量与人均 GDP（经济发展因素）、第二产业增加值与第三产业增加值的比值（产业结构因素）为指标构建 VAR 模型，分析工业用水及其影响因素的动态影响机制。具体思路包括两步：第一步，采用变量平稳性检验、模型平稳性检验、协整关系检验进行 VAR 模型可行性分析；第二步，在确立模型稳定且工业用水与其影响因素具有长期均衡关系的前提下，应用脉冲响应分析与预测方差分解分析，考察工业水资源和其影响因素的双向动态影响关系及相互影响程度。

1. VAR 模型可行性分析

1）滞后阶数的确定与参数估计

确定滞后阶数是构建 VAR 模型的关键之一。滞后阶数过小，残差可能存在自相关，不利于反映所构造模型的动态特征；滞后阶数过大，模型中的待估参数过多，模型的自由度将不够，因此需正确确定滞后阶数的大小。本节综合采用似然比检验（likelihood ratio test，LR）、最终预测误差准则（final prediction error criterion，FPE）、赤池信息准则（Akaike information criterion，AIC）、施瓦茨信息准则（Schwarz criterion，SC）、汉南-奎因准则（Hannan-Quinn Criterion，HQ），将滞后阶数定为 2，具体结果如表 2-4 所示。

---

① 《中国水资源公报》（1998~2015 年），http://www.mwr.gov.cn/zwzc/hygb/szygb/.
② 《中国统计年鉴》（1998~2015 年），http://www.mwr.gov.cn/zwzc/hygb/szygb/.

表 2-4　VAR 模型滞后阶数的确定

滞后阶数	LR 检验	FPE 准则	AIC 准则	SC 准则	HQ 准则
0	—	5.07×10^{-9}	$-10.586\ 12$	$-10.441\ 26$	$-10.578\ 71$
1	$46.164\ 19^{1)}$	3.44×10^{-10}	$-13.308\ 14$	$-12.728\ 70$	$-13.278\ 47$
2	$15.615\ 36$	$2.19 \times 10^{-10\ 1)}$	$-13.918\ 18^{1)}$	$-12.904\ 16^{1)}$	$-13.866\ 25^{1)}$

1)为相应检验选择的最大滞后阶数

在滞后阶数为 2 的基础上，对 VAR 模型进行参数估计，构建 VAR（2）模型，参数估计结果如表 2-5 所示。

表 2-5　VAR 模型参数估计结果

变量	IW	IG	IS
IW(−1)	1.188 822	0.819 326	0.765 176
IW(−2)	− 0.246 462	− 0.661 231	− 0.903 382
IG(−1)	− 0.558 874	− 0.354 077	− 0.141 977
IG(−2)	0.103 354	− 0.349 939	0.289 142
IS(−1)	0.527 069	0.100 439	0.023 014
IS(−2)	0.343 910	0.302 979	− 0.021 748
C	0.452 984	− 1.073 428	0.952 632

可得 VAR（2）模型为

$$\begin{bmatrix} IW \\ IG \\ IS \end{bmatrix} = \begin{bmatrix} 1.188\,822 & -0.246\,462 \\ 0.819\,326 & -0.661\,231 \\ 0.765\,176 & -0.903\,382 \end{bmatrix} \begin{bmatrix} IW(-1) \\ IW(-2) \end{bmatrix} + \begin{bmatrix} -0.558\,874 & 0.103\,354 \\ -0.354\,077 & -0.349\,939 \\ -0.141\,977 & 0.289\,142 \end{bmatrix} \begin{bmatrix} IG(-1) \\ IG(-2) \end{bmatrix}$$
$$+ \begin{bmatrix} 0.527\,069 & 0.343\,910 \\ 0.100\,439 & 0.302\,979 \\ 0.023\,014 & -0.021\,748 \end{bmatrix} \begin{bmatrix} IS(-1) \\ IS(-2) \end{bmatrix} + \begin{bmatrix} 0.452\,984 \\ -1.073\,428 \\ 0.952\,632 \end{bmatrix}$$

（2-2）

2）变量平稳性分析

VAR 模型的构建需以平稳的时间序列为基础，因此在建立工业用水量（IW）、人均 GDP（IG）、第二产业增加值与第三产业增加值的比值（IS）的 VAR 模型前，需对时间序列数据进行平稳性检验。为此，本节采用 ADF 检验法（augmented Dicky-Fuller test，即增广迪基-福勒检验法）对工业用水量与其影响因素进行单位根检验。由检验结果（表 2-6）可知：工业用水量（IW）、人均 GDP（IG）、第二产业增加值与第三产业增加值的比值（IS）在 5%的显著水平下均为非平稳序列，而其一阶差分时间序列在 5%的显著水平下均为平稳时间序列，即三者均为一阶单整序列，可进行协整关系检验。

表 2-6　单位根检验结果

变量	ADF 检验值	1%显著水平	5%显著水平	10%显著水平	显著性概率	结论
IW	0.372 935	− 2.717 510	− 1.964 420	− 1.605 600	0.779 800	非平稳
IG	− 0.534 497	− 2.728 250	− 1.966 270	− 1.605 030	0.468 100	非平稳
IS	− 1.826 580	− 2.708 090	− 1.962 810	− 1.606 130	0.065 600	非平稳
DIW	− 2.176 610	− 2.717 510	− 1.964 420	− 1.605 600	0.032 300	平稳
DIG	− 6.173 310	− 2.728 250	− 1.966 270	− 1.605 030	0.000 000	平稳
DIS	− 5.339 750	− 2.717 510	− 1.964 420	− 1.605 600	0.000 000	平稳

3）模型平稳性检验

为保证研究结果的有效性，需对所构建的 VAR（2）模型进行 AR 根检验，若 VAR（2）模型中特征根模的倒数均小于 1，即均位于单位圆曲线之内，则该模型稳定，否则模型不稳定。检验结果如图 2-26 所示。

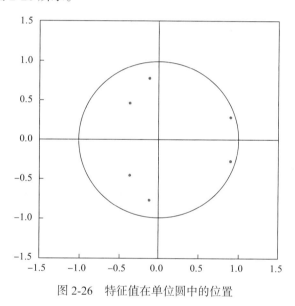

图 2-26　特征值在单位圆中的位置

由检验结果可知，模型特征根模的倒数均小于 1，位于单位圆曲线之内，表明 VAR（2）模型稳定，可进行广义脉冲响应分析与方差分解分析。

4）协整关系检验

协整关系表明了变量间具有长期稳定的均衡关系。常用的协整关系检验方法有 Johansen 协整检验法和 EG 两步法检验（Engle-Granger cointegration test），本节采用 Johansen 协整检验法对工业用水量（IW）、人均 GDP（IG）、第二产业增加值与第三产业增加值的比值（IS）进行检验，检验结果如表 2-7 所示。

表 2-7　Johansen 协整检验结果

变量	原假设协整关系个数	迹统计量	5%水平临界值	显著性概率	结论
IW-IG	存在零个协整关系**	30.831 21	25.872 11	0.011 1	拒绝原假设
	至多存在一个协整关系	11.079 69	12.517 98	0.085 9	不能拒绝原假设

变量	原假设协整关系个数	迹统计量	5%水平临界值	显著性概率	结论
IW-IS	存在零个协整关系**	21.425 44	18.397 71	0.018 3	拒绝原假设
	至多存在一个协整关系	1.667 710	3.841 466	0.196 6	不能拒绝原假设
IG-IS	存在零个协整关系	9.416 623	15.494 71	0.328 2	不能拒绝原假设
	至多存在一个协整关系	1.446 677	3.841 466	0.229 1	不能拒绝原假设

***、**和*分别表示在1%、5%和10%的水平上显著

注：A 指标-B 指标表示 A 与 B 之间的协整关系检验

由检验结果可知，在 95%的置信区间内，工业用水量（IW）和人均 GDP（IG）之间、工业用水量（IW）和第二产业增加值与第三产业增加值的比值（IS）之间的协整检验均拒绝"存在零个协整关系"的原假设，表明在 5%的显著性水平下，工业用水量（IW）和人均 GDP（IG）、第二产业增加值与第三产业增加值的比值（IS）之间各存在一个协整关系，即存在长期均衡关系。

2. VAR 模型分析

VAR 模型是一种非理论性模型，其系数在实际应用中较难解释，一般通过脉冲响应分析与预测方差分解分析的方法，了解模型中各内生变量对其自身与其他内生变量的扰动所做出的反应，分析 VAR 模型的动态情况。本部分基于建立的 VAR（2）模型，运用脉冲响应函数分析工业用水与经济发展因素、产业结构因素之间的双向动态影响关系，并通过方差分解分析法了解其影响程度。

1）脉冲响应分析

脉冲响应函数衡量了解释变量一个标准误差的变动对被解释变量的冲击，可以用来反映 VAR 模型中各内生变量当前值和未来取值的对被解释变量的影响。本节运用脉冲响应函数分析工业用水与其影响因素之间的动态影响关系，将冲击响应期设置为 10 期，具体结果如图 2-27 所示。

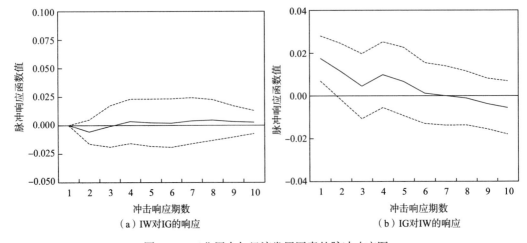

（a）IW对IG的响应　　　　　　（b）IG对IW的响应

图 2-27　工业用水与经济发展因素的脉冲响应图

（1）工业用水与经济发展因素动态关系研究。

图 2-27 为脉冲响应图，其中，纵轴表示脉冲响应函数值，横轴表示冲击响应期数，虚线表示正负两倍的标准差偏离带（±2S.E.），实线表示脉冲响应值的大小。由图 2-27（a）可以看出，当对经济增长（IG）施加一个单位的正向冲击时，对工业用水（IW）先产生负向影响，之后产生正向影响。当期响应为 0，表现出一定滞后性，在第 2 期达到负向最大值，随后减小，并于第 3 期达到正值，之后这种响应又有所减少。整个分析期内，工业用水对经济增长的累计响应值为 0.034 81，即经济增长对工业用水的总体影响为正，表明在经济发展的进程中，工业用水量随经济增长而有所增加。

由图 2-27（b）可以看出，当给予工业用水一个正向的冲击后，经济增长在当期达到正向最大值，随后持续减小，在第 7 期左右减小至 0，随后经济增长对工业用水扰动的响应逐渐增加，且为负向。在整个分析期内，经济增长对工业用水的累计响应值为 0.037 741，表明工业用水对经济增长产生正向影响，工业用水增加对经济增长有促进作用，但后期响应值为负，说明工业用水持续增加将对经济增长产生抑制作用。

（2）工业用水与产业结构因素动态关系研究。

根据图 2-28（a）可知，当对产业结构（ISY）施加一个单位正向的冲击后，工业用水（IW）的当期响应为 0，随后逐渐增加，在第 6 期达到最大且为正向，之后呈缓慢下降趋势。整个冲击响应期内，工业用水对产业结构的累计响应值为 0.171 379，表明产业结构变化对工业用水量有正向影响，即第二产业与第三产业的比值增加，工业用水量增加。

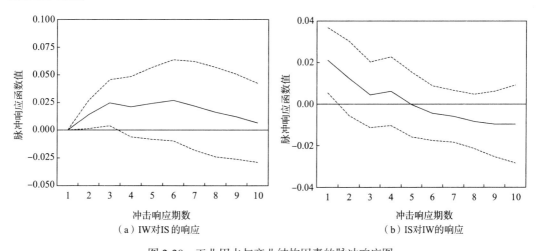

图 2-28　工业用水与产业结构因素的脉冲响应图

而由产业结构（ISY）对工业用水（IW）一个单位的冲击响应情况来看［图 2-28（b）］，产业结构在当期的响应值为 0.021，达到最大，随后持续减小，在第 5 期左右，产业结构的响应值等于 0，之后负向增加。在整个冲击响应期内，产业结构对工业用水的累计响应值为 0.004 864，为正值，表明工业用水量对产业结构变化产生正向影响，说明随着工业用水量的增加，第二产业与第三产业的比值也随之增大，但中期之后，产业结构响应值为负，表明工业用水持续增加将对产业结构变化产生负面影响。

2）预测方差分解分析

为探究工业水资源与工业经济增长之间相互影响程度，本节对面板数据进行方差分解分析。其主要原理是通过计算各扰动项对 VAR 模型的预测均方误差，分析每一个结构冲击对其他内生变量变化的贡献度，进而评价不同结构冲击的相对重要性。各变量方差分解如表 2-8 所示。

表 2-8 各内生变量方差分解表（单位：%）

时期	对工业用水量的方差分解			对经济增长的方差分解	对产业结构的方差分解
	IW 对 IW	IG 对 IW	ISY 对 IW	IW 对 IG	IW 对 ISY
1	100.000 00	0.000 000	0.000 000	51.174 94	37.092 85
2	79.716 30	3.000 390	17.283 31	56.885 86	43.952 55
3	70.206 82	1.244 151	28.549 03	38.470 19	41.821 60
4	72.693 82	0.984 688	26.321 49	40.991 56	42.252 51
5	71.985 11	0.770 497	27.244 40	41.926 76	42.185 44
6	69.723 86	0.643 654	29.632 49	40.420 74	42.851 43
7	68.825 64	0.716 390	30.457 97	39.850 87	43.765 66
8	68.364 59	0.861 751	30.773 66	39.252 80	45.005 96
9	67.868 17	0.934 499	31.197 33	39.555 00	46.965 96
10	67.606 98	0.996 145	31.396 88	40.678 55	48.532 00
均值	73.699 13	1.015 217	25.285 66	42.920 73	43.442 60

注：A 指标对 B 指标的含义表示 A 对 B 的方差贡献度

由表 2-8 可以看出如下内容。

（1）工业用水量（IW）的波动主要来自于其自身的冲击，第 1 期与第 2 期方差贡献度分别为 100% 与 79.72%，随后缓慢减少，平均方差贡献度达到 73.70%；经济增长（IG）对工业用水量（IW）的平均方差贡献度较低，为 1.02%，即经济增长解释了工业用水量 1.02% 的方差；产业结构（ISY）对工业用水量（IW）的平均方差贡献度相对较高，为 25.29%，即工业用水量预测方差的 25.29% 是由产业结构扰动引起的。由此可知，产业结构变化对工业用水量的影响相对较大。

（2）工业用水量（IW）对经济增长（IG）与产业结构（ISY）的平均方差贡献度分别为 42.92% 与 43.44%，结合脉冲响应分析，表明工业用水量对经济增长与产业结构变化有促进作用，分别解释经济增长与产业结构预测方差的 42.92% 与 43.44%，可以看出工业用水量对经济发展与产业结构变化的影响较大。

2.3.4 中国用水量与经济增长关系的讨论研究

在前期研究中，本节曾基于 VAR 模型对中国农业用水与经济增长的双向关系进行分省研究。具体思路主要包括四步：①确定 VAR 模型的滞后阶数，对变量进行平稳性检验，为协整分析奠定基础，并进行 VAR 模型的参数估计与 VAR 模型的平稳性检验，以构建稳定的 VAR 模型；②进行协整分析，以检验水资源与农业经济增长是否具有长期均衡关系；③在确立水资源和农业经济增长长期均衡关系的前提下，应用误差修正模型确定水资源与农业经济增长短期和长期的因果关系；④对变量进行预测方差分解分析，以考察水资源和农业经济增长的双向动态影响关系及相互影响程度。

但是在此过程中遇到一些困难，具体如下。

（1）运用分省数据时，各省农业用水量与农业总产出数据存在不同程度的不平稳情况，仅青海与西藏数据达到一阶单整的条件，无法进行下一步分析，且依据这样的数据建立出来的 VAR 模型拟合度较低。

（2）在不考虑变量平稳性的情况下，构建 VAR 模型，出现自由度不足的问题，需要扩大样本量或减小滞后阶数。但是，由于《中国水资源公报》中未公布分地区用水量数据，而《中国统计年鉴》中仅公布 2004~2015 年的分省农业用水量数据，无法扩大样本量；且通过 LR 检验、AIC 准则、SC 准则等综合检验，滞后阶数为 1，不可减小，无法解决自由度不够的问题。

基于以上情况，本节仅研究了中国工业用水与其影响因素的双向动态关系，而各省农业用水与经济增长的双向关系还有待进一步探究。

2.4　结论与政策建议

2.4.1　主要结论

1. 水资源"南多北少"，时空分布不均

全球淡水资源仅占水资源总量的 2.53%，而且存在明显的分布不均问题，巴西、俄罗斯和加拿大等 9 个淡水资源丰富的国家拥有全球淡水资源的 60%，其中，加拿大由于人口较少，人均水资源也在全球位列前茅，相比之下，作为人口大国的中国，水资源却十分短缺。中国水资源还存在"南多北少"的水资源空间分布不均问题，七大流域中以珠江和长江水资源总量占比最高；在时间分布上，自 2000 年以来，中国降水量呈现出增减循环波动的趋势。

2. 水资源利用效率有所上升，但总体不高

在水资源利用上，中国农业、工业、生活用水量前期基本保持上升态势，近几年才有所下降。从用水效率来看，这三大产业的用水效率均有所上升，其中万元工业增加值用水量下降尤为明显。但水资源利用量上升的同时也伴随着废水排放量的增多等问题，加之自然社会环境等多种因素的影响，中国仍然面临严峻的水资源供需矛盾和水生态系统恶化等问题，针对这些问题，中国政府也采取了多项水管理措施，目前也取得了显著成效。

3. 非常规水源开发利用政策成效初显

近几年来，集雨工程在甘肃、青海等干旱地区不断展开，有效缓解了这些地区的干旱、吃水难问题，与此同时，雨水回用在城市建筑上也收益颇丰；在海水淡化上，中国技术水平发展迅速，目前众多海水工程项目、地下再生水水厂及其他水利设施都已经投入使用，有些方面已经可以和发达国家相媲美。从总体上看，中国非常规水源开发利用近几年发展迅速，年均增长率达到 20%左右，但全国非常规水源利用总量占常规水源用水总量的比重仍较低，其资金投入、相关管理制度、技术设施等还需要进一步提高，中国水资源得到充分利用仍然任重而道远。

4. 工业用水与经济增长、产业结构之间存在长期均衡关系

本节采用中国 1998~2015 年的时间序列数据，构建 VAR 模型，分析工业用水与其影响因素的长期双向动态影响关系及相互影响程度。通过协整关系检验可知，工业用水与经济增长、产业结构之间均存在协整关系，说明工业用水与经济增长、产业结构存在长期均衡关系，可进一步探究其相互影响关系与长期动态作用程度。

5. 工业用水与经济增长、产业结构之间存在双向促进关系

由脉冲检验结果可知，当对经济增长与产业结构施加正向冲击时，二者对工业用水的总体影响为正，表明在经济发展的进程中，工业用水量随经济增长与产业结构变化而有所增加。而对工业用水量给予正向冲击时，经济增长与产业结构变化整体响应结果为正向，即工业用水量的增加对经济增长与产业结构变化同样具有正向影响，但是在中后期，这种冲击变为负值，表明工业用水量的持续增加可能会对经济增长与产业结构产生负面效应。

6. 产业结构对工业用水的影响程度明显强于经济增长对工业用水的影响

经预测方差分解分析可知，与经济增长相比，产业结构变化对工业用水量的平均方差贡献度较高，对工业用水量的影响较大，可重点从产业结构角度入手，控制工业用水量的增长。而工业用水量对经济增长与产业结构的方差贡献度较高，表明工业用水量对经济增长与产业结构变化有较大影响。结合脉冲响应分析结果，该影响整体呈现正向，但中后期转为负向，可知整体上看，工业用水量对经济增长与产业结构有促进作用，但需控制工业用水量的过度增长，避免其对经济增长与产业结构变化产生较大的抑制作用。

2.4.2 政策建议

1. 促进经济发展与工业用水协调发展

通过上文研究发现，经济增长与工业用水整体呈现长期双向促进关系。因此，在推动经济发展的同时，一方面，应控制由经济增长造成的工业用水扩张；另一方面，应重视工业用水减少可能对经济发展造成的抑制作用，使经济发展与工业用水协调一致。

2. 调整产业结构，发展节水型工业

第一、第二产业是耗水量较多的产业，而第三产业是耗水量最少的产业，调整产业布局，大力发展第三产业，有利于缩减工业用水量。同时，工业是第二产业的重要组成部分，其中化学原料和化学制品制造业、非金属矿物制品业等均为高耗水行业，对于这些行业应采取严格的管理措施，引入节水技术，淘汰耗水量高的设备，优化工业结构，转换工业发展方式，发展节水型工业，从而达到减少工业用水消耗的目的。

3. 加大科技投入，提高工业用水效率

除经济发展与产业结构因素之外，还需对工业用水自身进行控制。通过加大对节水治污设备研发的经费支持，引入国外先进的节水技术，推广水资源循环利用系统，鼓励科技创新，对落后技术进行改造，为提高工业用水效率提供技术支持，达到从源头上减少工业用水消耗的效果。

2.5　案例：水资源利用与经济增长关系分析

近年来，关于中国水资源能否支撑经济增长的问题受到了广泛关注，多数学者就这一问题展开讨论，得出了不尽相同的结论。

一种观点认为，目前中国水资源存在巨大缺口，水资源成为制约经济发展的一个重要方面，如果不能很好地解决水资源短缺问题，中国目前的经济增长势头必将是不可持续的。Fogel 和山口瑞彦（2014）认为中国经济目前的发展具有很大的增长潜力，但是不得不面对水资源匮乏的问题，他们指出如果解决了水资源缺乏的问题，中国经济至少可以实现20~30 年的增长。Consonery（2012）认为目前中国已经处于水资源缺乏的制约阶段，随着中国工业化和城市化进程加快，耗水量不断增加会导致中国水资源面临严重困境。张培丽（2011）将中国未来经济增长的速度设定为 7% 的基础上，对水资源消耗进行了预测，研究发现到 2030 年中国水资源需求量将会达到 10 780 亿立方米，而根据中国目前的《全国水资源综合规划》设定的目标，到 2030 年全国用水总量力争控制在 7 000 亿立方米以内，这就产生了巨大缺口，意味着一旦水资源缺乏，那么中国水资源将难以支撑经济的高速增长。

也有学者采用不同的方法对未来中国水资源的情况进行分析，认为随着技术水平的提高以及用水结构的改变，不应该用目前的水资源消耗去预测未来的水资源使用量，否则会造成偏差。柯礼丹（2004）认为水资源使用量的增长类似于人口增长，在经济发展的初始阶段随着经济的增长用水量持续增长，但是当经济发展到一定水平之后，用水量的增长会呈现递减的趋势。这种水资源增长的方式十分类似于 EKC 曲线的"倒 U 形"增长。Barbier（2004）通过将水资源作为要素纳入经济增长模型，并建立回归模型进行检验，得出水资源的使用与经济增长存在着"倒 U 形"的关系。张亮（2013）研究发现发达国家的水资源使用基本都经历了库兹涅茨"倒 U 形"的变化规律并得到了拐点变化的临界值。张培丽等（2015）通过借鉴韩国、日本等经验构建用水系数发现，在城市化进程中用水系数会维持在较高水平，一旦工业化进程完成，用水系数也会相应地下降。

总体而言，目前对于水资源和经济增长的关系尚没有统一的结论，而且对于水资源消耗的预测多数没有将水污染纳入其中，中国水资源区域分布和部门分布极不均匀，在西北地区面临水资源总量匮乏的问题，但是在中东部地区水资源的缺乏更多的是可利用水资源总量的缺乏，导致这一问题的一个重要原因就是日益严重的水污染，因此本案例将水污染纳入 EKC 模型之中，探讨在水污染的情况下，水资源利用与经济增长的关系，以及未来中国水资源能否支撑经济增长。

2.5.1 EKC 曲线

诺贝尔经济学奖获得者 Kuznets（1955）在研究经济增长和收入分配的关系时发现，人均收入水平的提高扩大了收入分配的不平等性，但是当人均收入达到一定水平时这种不平衡关系出现转折，两者呈现"倒 U 形"的关系。Grossman 和 Krueger（1992）将这一理论引入环境污染和收入增长的理论中，发现两者同样存在"倒 U 形"的关系，这一模型被广泛称为 EKC 模型。

学者们对 EKC 曲线的研究主要集中在两个方面，第一个方面是环境指标与人均收入的关系。EKC 曲线的表现形式，一般可以分为"倒 U 形"、"U 形"、"N 形"或者"同步形"。"倒 U 形"被认为是标准的 EKC 曲线形式，随着经济增长，环境问题不断恶化，但是在经济达到一定水平的条件下环境得到有效治理，环境状况有所改善，多数环境问题研究都试图证明这一曲线的存在。"U 形"意味着环境问题与经济增长之间存在"悖论"，随着收入的增加，环境问题得到改善，但是经济继续增长将引起环境的急剧恶化，Edwards 等（2005）利用世界银行 1980~1999 年的数据研究水资源和经济关系时发现，水资源短缺的国家其经济增长反而较为迅速，认为这可能与发展中国家劳动密集型产业集中的产业结构相关。"N 形"增长意味着经济增长和环境相互之间的关系并不是始终保持一致的，或者说经济增长和环境之间的关系受到了其他因素的干扰。例如，产业结构、人口及环境治理措施等都会引起环境偏离 EKC 曲线产生不规律波动，一旦这一波动达到一定程度必然会影响 EKC 曲线的状态。"同步形"意味着经济增长会导致环境污染却不能使环境得到改善。EKC 曲线只能说是发达国家的历史经验，发展中国家目前的发展环境不同于发达国家的发展进程，如果不重视环境治理，过分依赖经济增长自动调节环境只能带来灾难性后果。

EKC 曲线研究的第二个方面集中在阈值点的检验，包括在什么经济水平下 EKC 曲线能够达到拐点、拐点如何实现及在什么情况下会实现。中国目前处于经济上升期，环境拐点尚未实现，对这一问题的讨论主要是预测未来中国环境拐点是否与发达国家历史经验一致，为环境政策提供参考。

水资源作为重要的环境资源也是经济增长的必要要素投入，一直未受到应有的重视。目前中国的水资源短缺问题和水污染问题日益严重，在这种情况下讨论水资源 EKC 曲线的存在可以为中国水资源治理提供有益借鉴。但是目前对十水资源 EKC 曲线的检验仅仅停留在水资源总量 EKC 曲线的存在问题上。水资源包含的内容广泛，能够作用于经济增长的要素主要是可利用水资源，因此本节将从水资源 EKC 曲线、水污染的 EKC 曲线及水资源 EKC 曲线影响因素等几个方面进行综合讨论，研究中国目前水资源状况能否支撑未来的经济增长。参考现有的研究成果，考虑水资源的使用除了与经济增长的关联外，还受到产业结构和技术进步等因素的影响。

2.5.2　模型建立与指标选取

本节采用 EKC 理论分析水资源和水污染的关系，一般而言设定的数量模型以人均 GDP 和水资源的二次方程为主，然而考虑影响水资源的因素较多，其他因素的冲击可能带来 EKC 曲线的偏离，且 EKC 曲线表现形式不一，因此建立水资源与经济增长的三次项拟合模型。模型基本表达式为

$$WT_{it} = \alpha_{it} + \beta_1 \ln gdp_{it} + \beta_2 (\ln gdp_{it})^2 + \beta_3 (\ln gdp_{it})^3 + \delta X_{it} + \varepsilon_{it} \qquad (2\text{-}3)$$

$$WP_{it} = \alpha_{it} + \beta_1 \ln gdp_{it} + \beta_2 (\ln gdp_{it})^2 + \beta_3 (\ln gdp_{it})^3 + \delta X_{it} + \varepsilon_{it} \qquad (2\text{-}4)$$

其中，WT 为水资源总量；WP 为污水排放总量；i 和 t 分别为区域和时间维度，选取我国 31 个省（自治区、直辖市）2006~2015 年的面板数据；lndgdp 为人均 GDP 的对数，以 1979 年为不变价格计算；α 和 ε 分别为常数项和误差项；β 和 δ 为待估参数；X 为控制变量。

待估参数 β_1、β_2 和 β_3 反映了 EKC 曲线的形状以及经济增长和水资源的相互关系。

（1）$\beta_1 = \beta_2 = \beta_3 = 0$，水资源与经济增长不存在相互关系。

（2）$\beta_1 > 0$，$\beta_2 = \beta_3 = 0$，水资源与经济增长表现出线性关系，曲线线性增长表示伴随经济增长，水资源用量极大增加或水环境急剧恶化。

（3）$\beta_1 < 0$，$\beta_2 = \beta_3 = 0$，水资源与经济增长呈现递减的关系，经济增长引起水资源消耗递减或者水污染状况改善，这对于理解水资源总量的使用更有意义。

（4）$\beta_1 > 0$，$\beta_2 < 0$，$\beta_3 = 0$，为标准的"倒 U 形"曲线，是 EKC 曲线的标准形式，在经济初期阶段，环境恶化，伴随着经济水平的提高，环境有所改善。

（5）$\beta_1 < 0$，$\beta_2 > 0$，$\beta_3 = 0$，与"倒 U 形"曲线得到恰好相反的结论。

（6）$\beta_1 > 0$，$\beta_2 < 0$，$\beta_3 > 0$，经济增长与水资源呈现三次曲线的关系，即"N 形"曲线，对于模型（2-4）来说，表示在一段时期内经济与水污染的关系呈现"倒 U 形"，但是如果不采取措施，随着经济增长环境同样会出现恶化状况。

（7）$\beta_1 < 0$，$\beta_2 > 0$，$\beta_3 < 0$，表现为倒"N 形"关系，与"N 形"曲线的过程相反。

可以说情形（6）和情形（7）合并曲线表达了经济增长不同阶段的水资源总量或者水污染的震荡波动关系，说明经济增长和水资源的关系经历了十分复杂的阶段，出现这种情况的原因可能是存在其他因素影响水资源或者水污染的状况，因此需要在模型中加入控制变量以更好地理解这一问题。在控制变量的选择上，以水污染的影响因素为例，根据

Grossman 和 Alan（1995）针对社会经济活动带来的环境后果设定模型，表达形式为

$$污染水平 = P \cdot A \cdot T = people \cdot \frac{GDP}{people} \cdot \frac{pollution}{GDP} \tag{2-5}$$

式（2-5）表明污染水平和人口、人均 GDP、排污强度相关，另外污染物排放和产业结构同样密切相关，具体表达形式为

$$污染物 = GDP \cdot \sum_i \frac{第i产业排放总量}{第i产业增加值} \cdot \frac{第i产业增加值}{GDP} \tag{2-6}$$

同样水资源使用量也可以按照式（2-6）的方式来表示，这就意味着水资源使用总量和水污染情况都受到人口、经济总量和产业状况的影响。本节基于我国 31 个省（自治区、直辖市）2006~2015 年的面板数据进行分析，数据主要来源于历年《中国统计年鉴》、《新中国 60 年统计资料汇编》、EPS 数据库及各省统计年鉴和统计公报，并从以下方面选择模型控制变量（X）。

1. 产业结构（ISY）

按照配第—克拉克定律，产业结构升级是从第一产业向第二、第三产业转移的过程，因此第三产业比重越高表示产业结构水平越高，借鉴徐敏和姜勇（2015）构造的产业结构升级指数：$ISY = \sum_{i=1}^{3} x_i \cdot i, i = 1,2,3$，其中，ISY 为产业结构的升级指数；$x_i$ 为第 i 产业在三个产业中的比重，这一指标反映产业间的升级转移。

图 2-29 为我国 31 个省（自治区、直辖市，不包括港澳台地区）的产业结构升级指数，从 2015 年来看，各地区的产业结构升级指数都位于 2.2 以上，其中北京的产业结构水平最高，达到 2.791，其次为上海和天津，产业结构升级指数均在 2.5 以上，产业结构水平较低的四个地区是新疆、广西、吉林、安徽。通过对比各地区在 2006 年和 2015 年的产业结构升级指数，可以发现各地区的产业结构水平较 2006 年均有所提高，其中海南提高最大，其次为上海和山西，吉林、安徽和广西指数的提高值最小。

2. 技术进步（rd）

随着技术水平的提高，节水技术和水资源污染治理效果更为明显，可以促进水资源使用总量的减少以及水污染程度的降低。水资源作为要素投入，投入减少意味着企业投入成本的降低，而水污染排放的减少可以降低污染税费等支出。本节使用地区 R＆D 投入占地区生产总值的比重表示研发水平。

图 2-30 为我国 31 个省（自治区、直辖市，不包括港澳台地区）的技术进步指数，2006年技术进步指数大于 1 的有北京、天津、辽宁、吉林、上海、江苏、湖北、广东、四川和陕西 10 个地区，其中北京、陕西和上海最高。相比于 2006 年，这 10 个地区中，仅吉林和陕西 2015 年技术进步指数降低，其余地区均表现出上升的趋势，其中天津、上海和广东增幅最高。而 2006 年技术进步指数取值小于 1 的 21 个地区在 2015 年技术水平均得到了提高，除内蒙古、广西、云南、西藏、青海、海南、宁夏、贵州、新疆及江西 10 个地区仍然处于 1 以下，其他地区均增长至 1 以上。

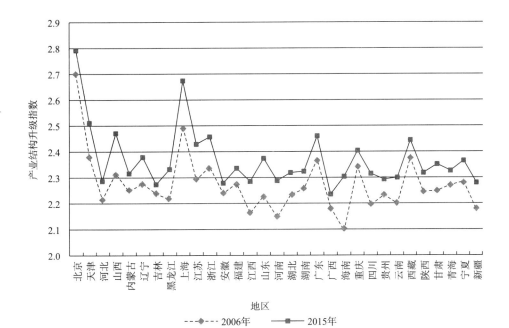

图 2-29　我国 31 个省（自治区、直辖市）的产业结构升级指数

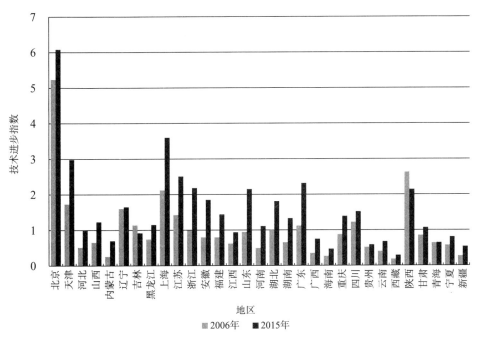

图 2-30　我国 31 个省（自治区、直辖市）的技术进步指数

3. 外商直接投资（FDI）

根据环境经济学研究，外商直接投资对环境产生极其重要的影响，"污染天堂"假说认为，外商直接投资企业更倾向于选择环境标准较低的区域，造成污染的集中和污染的扩

散及转移，中国吸收的外商直接投资多流向劳动和资源密集型产业，这类产业一方面资源投入量大，造成水资源的消耗；另一方面，如果存在"污染天堂"，水资源污染将会进一步加剧，政府为了吸引外商投资，可能降低区域环境准入标准，但也会引起差异化竞争，欠发达地区往往倾向于降低环境准入标准，而发达地区往往会选择提高环境准入标准。这一指标同时检验了"污染天堂"假说是否存在。本节选用直接利用外资额占 GDP 比重来表示此指标，汇率以当年平均汇率进行换算。

图 2-31 为我国 31 个省（自治区、直辖市）2015 年和 2006 年外商直接投资指数的差值，可以看出，天津、河北、山西、吉林、黑龙江、安徽、河南、重庆、四川、贵州、云南、西藏和甘肃 13 个地区 2015 年的外商投资额占地区生产总值的比重较 2006 年出现下降，其中安徽、重庆、四川、河南四个地区降幅最大；在外商直接投资指数上升的 18 个地区中，福建、江苏、辽宁和青海四个地区比重上升的幅度最大，都在 3%以上。

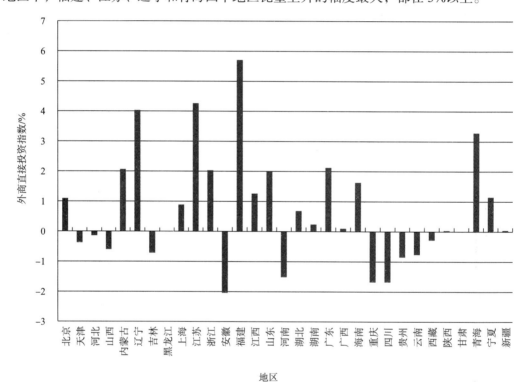

图 2-31　我国 31 个省（自治区、直辖市）2015 年和 2006 年的外商直接投资指数差值

4. 环境规制强度（envir）

环境治理最重要的一个方面就是监管力度，对水资源的有效监管可以促使水资源利用效率的提高和污染水平的降低，政府对环境的规制没有独立的工具，对环境规制的度量也存在较大差异。由于环境立法和环境标准由中央政府统一规划，地方拥有的权限相对较小，地方政府的区域环境治理工作主要表现在环境监管力度、环境治理和环境处罚上，多数学者将主要污染物加权平均，作为环境规制代理变量。由于 2010 年以后《环

境统计年鉴》才开始公布二氧化硫排放达标率，因此本节在选择环境规制强度的代理变量时，考虑分权体制下地方财政支出的相对独立性，以环境污染治理支出占 GDP 比重来表示。主要数据来源于环境数据库，环境数据库缺失部分按照历年《中国统计年鉴》进行补全。

图 2-32 为我国 31 个省（自治区、直辖市）的环境规制强度，对比 2006 年和 2015 年发现，除西藏之外，各地区环境污染治理支出占 GDP 比重均有所下降，随着中国整体的环境水平的上升，中国在环境污染治理方面的投资将有所下降。在各地区中，环境污染治理投资占比最大的是北京、上海和广东，这三个地区也是经济最为发达的三个地区，与此同时，这三个地区投资比重的变化量也非常小。投资比重下降幅度达到 22% 的两个地区为天津、山东，降低幅度次之的为江苏、福建、河南、贵州和陕西，降幅都在 14% 左右。

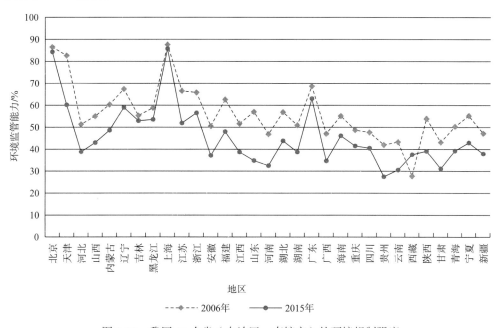

图 2-32　我国 31 个省（自治区、直辖市）的环境规制强度

2.5.3　经济增长与水资源关系的实证分析

1. 经济增长与水资源消耗

作为主要的要素投入，经济增长意味着水资源投入总量的增长，因此基于模型（2-1）进行回归分析，为了考察经济增长和水资源消耗总量的关系，分别将人均 GDP 的一次项、二次项和三次项进行回归并加以对比，将产业结构（ISY）、技术进步（rd）、外商直接投资（FDI）和城市化水平（UR）作为控制变量，得到表 2-9 的回归结果。

表 2-9 水资源使用总量与经济增长回归分析结果

变量	一次方程模型		二次方程模型		三次方程模型	
	模型（2-1）	模型（2-2）	模型（2-3）	模型（2-4）	模型（2-5）	模型（2-6）
lndgdp	0.023 9***	0.013 0***	−0.107 9***	−0.036 4***	1.217 3***	1.155 3***
(lndgdp)^2	—	—	0.020 3**	0.008 3**	−0.385 8***	−0.361 2***
(lndgdp)^3	—	—	—	—	0.040 5***	0.037 6***
ISY	—	−0.000 7**	—	−0.000 7***	—	−0.000 5**
RD	—	−0.060 8***	—	−0.053 6***	—	−0.032 3***
FDI	—	−0.071 3*	—	−0.070 0**	—	−0.138 5*
UR	—	0.131 0*	—	0.151 9**	—	0.156 4**
常数项	4.846 7***	4.878 4***	5.053 3***	4.966 6***	3.646 4***	3.735 2***

***、**和*分别表示在 1%、5%和 10%的水平上显著

　　根据表 2-9 的估计结果，仅考虑人均 GDP 作为主要解释变量时，水资源使用总量与经济增长呈现正向关系，没有控制变量的情况下，经济增长每变动 1 个百分点会引起水资源消耗总量增加 0.023 9 个百分点；加入控制因素的情况下，经济增长变动 1 个百分点导致水资源消耗总量增加 0.013 0 个百分点，两个估计结果较为接近且显著性较好。

　　在加入经济增长的平方项的情况下，经济增长的一次项系数估计为负，二次项为正，且在 5%的水平上显著，这符合条件（5）的 $\beta_1 < 0, \beta_2 > 0, \beta_3 = 0$ 的曲线约束，即经济增长和水资源消耗之间的关系为"U 形"曲线，加入控制变量的情况下未改变曲线的趋势，但是影响了曲线的平滑程度。其含义是在经济发展的初期阶段，随着经济的增长水资源消耗量下降，达到拐点以后，伴随经济增长，水资源消耗量增加。对比经济情况，中国改革开放以来经济发展的进程是产业结构从第一产业向第二、第三产业发展，在初始阶段，农业部门劳动力大量涌向劳动密集型制造业，这一时期农业用水量急剧下降，而工业体系尚不完善，劳动密集型企业的水资源消耗较少，且具有规模的工业企业部门尚未形成完整的体系。随着工业部门的发展，工业体系逐渐完善，工业在国民经济部门中占据主导地位，第三产业的迅速发展也导致用水量增加，而在这一过程中，农业用水量并不会显著增加，这是因为农业用地规模发生变化，且节水措施的实施改善了灌溉条件，进而减少水资源的使用。因此，水资源主要消耗在大规模发展起来的第二产业和第三产业。

　　考虑经济增长的三次项对曲线的影响得到模型（2-5）和模型（2-6）的估计结果，可以看出一次项和三次项为正，二次项为负契合了条件（6）：$\beta_1 > 0, \beta_2 < 0, \beta_3 > 0$，经济增长与水资源呈现三次曲线的关系，即"N 形"曲线。"N 形"曲线其实可以看做"U 形"曲线和"倒 U 形"曲线的结合，第一阶段，随着经济增长水资源消耗量有所下降，达到一定程度后上升，符合"倒 U 形"曲线的特征；第二阶段，我国水资源消耗呈现出"U 形"发展特征，这一现象的解释与考虑经济增长二次项的情况一致，可以看出增加控制变量同样未改变曲线的形状，这一情况说明中国水资源使用总量与经济发展的关系较为复杂，存在两个转折点，未来水资源管理不到位可能导致水资源使用缺口，成为中国经济增长的制约因素。

　　从控制变量来看，产业结构（ISY）、外商直接投资（FDI）和技术进步（rd）的提高

会使水资源使用的总量减少,这是形成中国水资源使用总量曲线的根本原因。本节构建的产业结构指标偏重于第三产业的发展,由于第三产业水资源消耗系数较小,尤其是金融、邮电等行业用水系数较小,而固定用水的农业和第二产业中的制造业部门,如造纸、采矿和冶炼等权重较小,随着我国产业结构的发展,低端制造业比重逐渐减少,因此用水总量下降,但是减少的数量并不明显,未来随着经济规模的扩大,用水量可能仍然会增加;外商直接投资主要集中在中国中西部地区,由于外商投资偏重劳动密集型产业,主要依靠丰富的劳动力,因此用水量较大的行业较少,另外,外商直接投资带来技术溢出效应,投资地区的技术水平也有利于水资源消耗的减少;研发水平较高的地区具有较为先进的节水技术,农业水利工程开发减少了农业用水,同时提高农业用水效率,减少工业废水排放,进行水资源的综合回收处理等,加强了水资源的循环利用,相当于增加了水资源总量,以统计指标表示的水资源消耗则相对减少;城市化水平(UR)的回归系数均为正,说明城市化使水资源消耗增加,城市化是人口的集中,人口的增加使生活用水剧增,加大了水资源的压力,人口过度集中导致地下水过度开采,引发一系列水资源问题,另外,城市是工业和服务业集中的地方,也会增加水资源的压力,未来中国城市化进程中为了防止水资源危机必须处理好城市规模与水资源总量的关系。

2. 经济增长与水污染

水资源从资源角度来看是要素投入的主要组成部分,经济增长伴随着水资源消耗总量的增加;另外也涉及环境问题,水资源污染是当前环境污染的一个重要方面,直接影响居民的健康和正常生活。水资源总量减少的一个原因是水资源污染,这一情况在中国东部和中部地区较为明显,虽然季风性气候带来大量降雨,但是由于污染导致水资源无法使用,因此水资源的 EKC 曲线需要考虑伴随经济增长水污染总量是否增加。结合模型(2-2),本节在模型中加入控制变量环境规制强度(envir),按照与水资源总量相同的回归方法,得到模型(2-7)~ 模型(2-12)的回归分析结果,具体如表 2-10 所示。

表 2-10 水污染与经济增长

变量	一次方程模型		二次方程模型		三次方程模型	
	模型(2-7)	模型(2-8)	模型(2-9)	模型(2-10)	模型(2-11)	模型(2-12)
lndgdp	0.331 0***	0.290 4***	0.439 5***	0.426 3***	2.468 5***	2.300 7***
$(lndgdp)^2$	—	—	− 0.016 7**	− 0.022 9**	− 0.638 5***	− 0.604 1***
$(lndgdp)^3$	—	—	—	—	0.062 1***	0.059 1***
ISY	—	− 0.002 8**	—	− 0.002 7***	—	− 0.002 4*
RD	—	0.012 5***	—	− 0.007 7***	—	− 0.002 4
FDI	—	0.317 6***	—	0.315 2**	—	0.205 9***
UR	—	0.359 2***	—	0.415 8*	—	0.141 4*
envir	—	− 4.180 3***	—	− 4.124 6***	—	− 0.428 9
常数项	10.697 0***	10.612 5***	10.526 9***	10.698 0***	10.372 8***	8.429 1***

***、**和*分别表示在 1%、5%和 10%的水平上显著

根据表 2-10 的回归结果可以看出，水污染与经济增长同样存在着较为复杂的关系，但是表现却与水资源使用总量和经济增长之间的关系有较大差异。模型（2-7）和模型（2-8）估计结果显示，在考虑经济增长一次项的情况下，随着经济的增长水污染总量增加，在没有控制变量的情况下，人均 GDP 每变动 1 个百分点，会引起水污染变动 0.331 0 个百分点，加入控制变量后降低到 0.290 4 个百分点，变动幅度较小且在 1%的水平上显著，说明估计较为稳健，意味着经济增长会带来水污染的恶化。

引入经济增长二次项，检验 EKC 曲线效应是否存在，得到模型（2-9）和模型（2-10）的估计结果。可以看出，经济增长的一次项为正，二次项为负，这和条件（4）一致，因此水资源污染和经济增长之间存在环境库兹涅茨效应，是标准的"倒 U 形"曲线，即在经济增长的初期阶段，随着经济增长水资源污染问题日益严重，伴随经济的继续增长，水资源污染问题得到相应的改善。按照中国目前的经济状况，随着经济的增长，水资源污染问题不断加剧，但是水资源好转的迹象并不十分明显，本节得到的"倒 U 形"曲线只能说明这一趋势在中国水资源污染治理中是存在的，至于伴随经济增长水污染问题能否得到改善还需要考虑较多的因素，且目前中国处于"倒 U 形"曲线的上升阶段，还是拐点发生以后的水污染治理阶段尚无法得到结论。

为了验证 EKC 曲线在中国是否一定发生，在未来经济增长的情况下这一条件是否能够持续，引入经济增长三次项进行回归，回归结果见表 2-10 中的模型（2-11）和模型（2-12）。可以看出，经济增长的一次项和三次项为正、二次项为负，曲线符合条件（6）：$\beta_1 > 0, \beta_2 < 0, \beta_3 > 0$，且在 1%的水平上显著，这就意味着，虽然中国存在 EKC 曲线但是水污染仍然可能继续恶化，在曲线的前半部分属于"倒 U 形"，随着经济增长到一定阶段，水污染得到改善，但是这一改善不是可持续的，在改善到一定阶段迎来曲线的第二个拐点，这时候水资源污染问题再次恶化。这种情况的发生，意味着依靠经济增长自动改善环境是不可取的，如果不对水污染问题进行强有力的外部控制，将继续阻碍经济增长。

在控制变量中，产业结构（ISY）和环境规制强度（envir）的回归系数为负且显著性较好，产业结构的升级淘汰了大量高污染企业，主要产业部门向服务业和高新技术产业转移，减少了工业废水的直接排放。环境监管的实施对于水资源污染治理的效果较为明显，回归系数较高，环境监管直接促进了高污染企业的迁出与关停。根据环境"污染天堂"假说，较高的环境管制阻碍了外部污染企业的进入，起到了改善环境的作用，其中模型（2-12）的环境规制强度回归系数不显著，说明在环境管制不能有效实施的情况下，即使存在 EKC 曲线，随着经济增长水污染问题将得到一定程度上的缓解，但是这并不能长期改善水环境，会造成环境问题的反弹。外商直接投资（FDI）和城市化（UR）的估计系数为正且较为显著，外商直接投资使环境恶化，除了可以从"污染天堂"假说角度解释以外，还可以从外商直接投资的产业分布来解释，外商投资企业集中的地区，其产业偏重于第二产业，而工业污染正是水污染的主要来源。城市化水平的提高，排放大量的生活废水，人口过于集中导致水的自净能力严重超载，加剧了水污染，大量的可利用淡水资源进入居民生活循环，但是排放的生活废水无法进入可利用淡水资源循环。

值得注意的是，技术进步（rd）的系数估计在不同模型中符号方向不一致且显著性不一致。在模型（2-8）中，研发支出并未缓解水资源污染问题，反而起到了相反的作用，而在模型（2-10）中，研发支出缓解水污染问题，更符合预期。从统计意义上看这两个系数估计都在1%的水平上显著，结合现实情况，研发支出对于水资源污染是否有作用难以判定，可以肯定的是大量的研发支出提高了水污染治理的技术水平，提高了水资源的利用效率，但是却更容易陷入"杰文斯悖论"（Jevons paradox）当中。技术进步真的可以解决水资源污染？在资源环境领域，对于环境问题的解决多数寄希望于技术进步带来资源利用效率的提升，但是杰文斯（Jevons）却对这一问题提出了质疑。杰文斯在研究煤炭开采效率时发现，煤炭开采的效率是不断提高的，但是伴随而来的是煤炭使用量的激增，人类反而面临着资源枯竭和环境污染的巨大困扰，这一问题被称为"杰文斯悖论"。当然这一理论并非否认科技进步的作用，而是促使人们理性地认识科技进步，追求真正可以保护生态环境的技术进步。水资源污染问题并不是政策、技术可以解决的，一个很重要的方面是社会共有价值观的构建，理性地认识科技进步与环境污染，将环境保护视为责任而非控制，否则任何政策和市场调节都是无效的。在水资源污染治理问题解决的过程中，很容易造成"一刀切"的局面，如果企业异质性较小，这一做法可以节约规制成本，降低企业对政府的寻租行为和抑制地方政府与中央政府之间的博弈；一旦企业异质性较大，那么"一刀切"的水污染治理行为无疑限制了部分行业的发展，以这些行业为主要产业的地区经济就会受到损失，这样再高的技术投入也难以解决水污染问题。

3. 拐点的测算

根据经济增长和水资源消耗总量以及水资源污染状况的分析发现，在二次项情况下经济增长与水资源使用总量之间存在着"U 形"曲线关系、经济增长与水污染存在"倒 U 形"曲线关系，因此本节根据 EKC 曲线确定经济增长和水污染之间的拐点，也就是经济增长带来水资源污染变化的阈值点。对表 2-10 的模型（2-11）进行偏导求解：

$$\frac{\partial \hat{WP}}{\partial \text{lndgdp}} = 0.439\,5 - 0.033\,4\text{lndgdp} \tag{2-7}$$

二阶偏导 $-0.033\,4 < 0$，令一阶偏导等于零，得到拐点值 dgdp = 518 493.43，即人均收入超过 518 493.43 元时，中国水资源污染情况可能伴随经济增长得到改善；而样本期内，中国人均 GDP 的平均值为 36 254.906 7 元，多数地区远远低于这一水平，说明要解决水污染问题必须解决未来中国经济增长问题，特别是在区域经济发展水平差异日益扩大的情况下，如何保证原本经济落后地区的水污染问题得到改善就显得十分重要。图 2-33 是 2015 年我国 31 个省（自治区、直辖市）人均生产总值的柱状图，图中直线为拐点值，可以看出多数省（自治区、直辖市）仍然处于拐点值以下，各省（自治区、直辖市）经济状况差别十分显著，说明随着经济增长，水污染问题仍然在加剧。

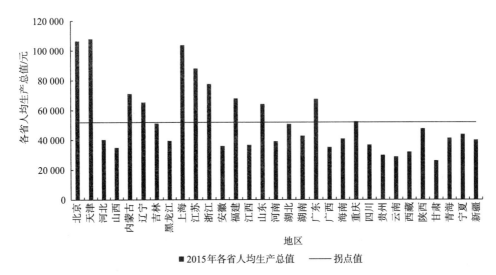

图 2-33　2015 年我国各省（自治区、直辖市）人均生产总值和拐点值

2.5.4　结论与建议

在中国经济社会发展的过程中，片面要求经济增长导致生态环境的急剧恶化，自然资源过度开采导致的一系列问题阻碍了经济增长。目前中国对于生态环境保护的重要性还未深刻理解，相对于化石资源枯竭，水资源枯竭的速度更加迅速；相对于空气污染，水污染对居民健康有着更为直接的影响。实现水资源的可持续利用不仅是实现经济可持续的要求，也是人类生存的要求。中国水资源时间、空间分布不均匀，人均水资源拥有量较低，以至于地下水枯竭、河流污染、水源退化等一系列问题发生。根据本节的研究，经济增长影响了水资源总量和加剧了水资源污染，如果不能很好地解决水资源问题，未来的经济增长可能难以维持，为此从以下方面提出保持水资源总量、减少水资源污染的建议，以期为水资源保护提供政策参考。

1. 加快产业结构升级

根据本节的研究，产业结构升级降低了水资源消耗总量，同时降低了水污染总量，进行产业结构升级改造是经济增长的基本动力之一，也是实现水资源保护的有效措施。中国产业结构还有很多不合理之处，第二、第三产业的发展与发达国家和地区具有较大差距，农业和工业中的低端制造业比例仍然较高，第三产业中的生产性服务业比重较低，导致中国经济发展不得不面对严重的结构性不平衡问题。另外，地区产业结构不平衡，虽然东部地区产业向中西部转移，但是中西部尚不具备部分产业的发展条件，限制了产业结构升级。随着我国"人口红利"的消失，大量的劳动密集型外商企业纷纷外迁至东南亚国家，出现外资撤离潮，如果不进行产业升级，将对就业产生不利影响。从水资源和产业结构分布来看，部分缺水地区却发展高耗水产业，不合理的产业配置极大地浪费了有限的水资源，限制了经济增长。因此，保护水资源要从产业结构下手，产业结构的升级要与当地的经济状况、水资源状况和未来发展潜力相契合,发展适合本区域的特色产业,防止盲目布局产业带来的水源破坏,大力发展第二、第三产业特别是生产性服务业。

2. 加快水资源技术革新

根据本节的研究,研发支出对于水资源总量的保护十分有利,但是对于水污染起到的作用不明显甚至出现相反的作用,这一现象可以解释为"杰文斯悖论"。同时,并非是技术投入不利于水资源的保护和水污染的治理,而是因为伴随经济增长,水资源需求的增长量远远大于因研发投入增大而带来的水资源供给量的增加。在水资源治理的过程中,片面强调技术并不是明智的选择,但绝不可忽视技术进步的作用。农业灌溉技术、工业用水效率、废水处理效率和雨水收集能力等的进步都可以有效地保护水资源,要大力地扶持类似的技术,同时从水资源浪费的根源入手,与技术提高相互配合,才能有效地发挥技术进步的优势。在一些中小企业中,技术研发成本十分高昂,出台相应措施,提高小企业水资源利用效率和减少水资源排放,帮助小企业渡过技术难关,增强企业节水意识和技术创新意识,对工业用水效率的提高十分有益。

3. 建设全面节水型社会

治理水污染时,产业结构、技术投入任何一方面都不能单独作用于水资源的保护,外商投资结构和城市化等一系列外部因素都将制约水资源管理。中国目前处于城市化加速阶段,城市化是未来一段时间社会发展的必然趋势。然而,城市化虽然尚未完成,但也已经凸显出一系列水资源问题,如东部地区过度开采地下水导致海水倒灌,中部地区河流污染严重,西部地区大量淡水盐碱化加剧了城市用水紧张,过度的城市化使水资源的自净能力难以发挥作用。在城市化过程中推进以水资源保护为约束的新型城市化势在必行,另外水资源保护牵涉到的不仅是经济发展更是人类发展,水资源的清洁关系到居民的健康,水资源的保护应该深入人心,提高全社会范围的水资源保护意识,从居民、企业到政府共同发力才是水资源可持续利用的有效保障。

参 考 文 献

操信春,杨陈玉,何鑫,等. 2016. 中国灌溉水资源利用效率的空间差异分析[J]. 中国农村水利水电,(8):129-131.

姜蓓蕾,耿雷华,卞锦宇,等. 2014. 中国工业用水效率水平驱动因素分析及区划研究[J]. 资源科学,(11):2231-2239.

柯礼丹. 2004. 人均综合用水量方法预测需水量——观察未来社会用水的有效途径[J]. 地下水,26(1):1-5.

雷玉桃,黎锐锋. 2015. 中国工业用水影响因素的长期动态作用机理[J]. 中国人口·资源与环境,(2):1-8.

李静，马潇璨. 2014. 资源与环境双重约束下的工业用水效率——基于 SBM-Undesirable 和 Meta-fron- tier 模型的实证研究[J]. 自然资源学报，（6）：920-933.

刘翀，柏明国. 2012. 安徽省工业行业用水消耗变化分析——基于 LMDI 分解法[J]. 资源科学，（12）：2299-2305.

钱正英. 2001. 中国可持续发展水资源战略研究综合报告[A]//中国水利学会. 中国水利学会 2001 学术年会论文集[C]. 北京：中国水利学会.

乔凯，韩延玲. 2016. 新疆工业用水效率及影响因素分析——基于超效率的 DEA 和 Tobit 模型[J]. 新疆社会科学，（5）：37-43.

秦剑. 2015. 水环境危机下北京市水资源供需平衡系统动力学仿真研究[J]. 系统工程理论与实践，35（3）：672-676.

任俊霖，李浩，伍新木，等. 2016. 长江经济带省会城市用水效率分析[J]. 中国人口·资源与环境，（5）：101-105.

司渭滨. 2013. 中国北方城市污水再生利用系统建设管理模式研究[D]. 西安建筑科技大学博士学位论文.

汤奇成，张捷斌，程维明. 2002. 中国西部地区水资源供需平衡预测[J]. 自然资源学报，（3）：327-332.

吴振信，薛冰，王书平. 2011. 基于 VAR 模型的油价波动对我国经济影响分析[J]. 中国管理科学，（1）：21-28.

徐敏，姜勇. 2015. 中国产业结构升级能缩小城乡消费差距吗?[J]. 数量经济技术经济研究，（3）：3-21.

杨大楷，汪若君. 2011. 工业用水循环利用影响因素差异分析——基于全国重点城市的面板数据[J]. 经济问题，（7）：82-85.

杨茗. 2016. 城市雨水的利用方法及进展[J]. 应用化工，（9）：1771-1774.

尹庆民，邓益斌，郑慧祥子. 2016. 要素市场扭曲下我国水资源利用效率提升空间测度[J]. 干旱区资源与环境，（11）：91-93.

余维，汪奎，赵远翔. 2012. 我国工业用水效率研究进展[J]. 人民长江，（2）：70-74.

张亮. 2013. 未来十年中国水资源需求展望[J]. 发展研究，（11）：12-18.

张培丽，王晓霞，连映雪. 2015. 我国水资源能够支撑中高速经济增长吗[J]. 经济学动态，（5）：87-97.

张培丽. 2011. 我国经济持续稳定增长下的水资源安全[J]. 经济理论与经济管理，（9）：17-26.

章平. 2010. 产业结构演进中的用水需求研究——以深圳为例[J]. 技术经济，（7）：65-71.

张义，张合平. 2013. 基于生态系统服务的广西水生态足迹分析[J]. 生态学报，33（13）：4111-4122.

Babel M S，Maporn N，Shinde V R. 2014. Incorporating future climatic and socio-economic variables in water demand forecasting：a case study in Bangkok[J]. Water Resources Management，28（7）：2049-2062.

Barbier E B. 2004. Water and economic growth[J]. Economic Record，80（248）：1-16.

Consonery N. 2012-12-10. A $123 trillion China？Not likely[EB/OL]. http://www.foreign policy.com/articles/2010/01/07a-123-trillion-China not likely/.

Edwards J A，Al-Hmoud R B，Yang B H. 2005. Water availability and economic development signs of the invisible hand？An empirical look at the Falkenmark index and macroeconomic development[J]. Natural Resources Journal，45（4）.

Fogel R W，山口瑞彦. 2014. $123,000,000,000,000 China's estimated economy by the year 2040：be warned[R]. Consumer Reports：125.

Grossman G M，Krueger A B. 1992. Environmental impacts of a North American Free Trade Agreement[J]. Social Science Electronic Publishing，8（2）：223-250.

Grossman M，Alan K. 1995. Economic growth and the environment[J]. The Quarterly Journal of Economics，（110）：353-377.

Kang J，Grable K，Hustvedt G，et al. 2017. Sustainable water consumption：the perspective of Hispanic consumers[J]. Journal of Environmental Psychology，50：94-103.

Kuznets S. 1955. Economic growth and income inequality[J]. American Economic Review，45（45）：1-28.

Sims C A. 1980. Macroeconomics and reality[J]. Econometrica，48（1）：1-48.

Srijana D，Sajjad A. 2013. Evaluating the impact of demand-side management on water resources under changing climatic conditions and increasing population[J]. Journal of Environmental Management，（114）：261-275.

第 3 章

水资源管理现状及发展

本章针对水资源管理现状及发展，首先，简要分析水资源管理的内涵和相关原则，并由外及内，总结和对比世界各国的水资源管理制度及其特点，再分析中国水资源管理的四个阶段；其次，以中国水资源管理体制为例，从水市场、水权、水定价及流域生态环境补偿等角度进行经济学视角分析；再次，通过 DEA 模型和 Malmquist 指数相结合的方法测定水资源管理的有效性；最后，针对以上内容，总结出相应的政策建议。此外，在案例分析部分，以安徽省"十五""十一五""十二五"三个规划期间的经济发展水平和水资源管理规划为背景，探究经济发展水平与水资源应用之间的联系，并评估全省的水资源管理效率。

3.1 水资源管理现状

在人类经济发展和生产生活中，水资源都是占有重要地位的自然资源之一。各个国家和地区为了获得水源，持续不断地投入大量资金对水资源的开发、利用、分配和调度进行管理，但依然出现很多问题，如水污染问题严重、污水处理与回收利用工作进展缓慢等，由此更加凸显水资源管理的重要性。

3.1.1 水资源管理的内涵

水资源管理是对已经发现的水资源从登记、分配、开发、供水、用水、回收、污水处理和保护等系统的管理，包括对自然水资源的管理和对社会水资源的管理（李焕雅和王春元，2001）。中国主要通过规定水资源的所有权归属于国家，对水资源进行两阶段分配，即通过初始分配和再分配等措施管理自然水资源。

现代水资源的社会性通过经济性、伦理性、垄断性表现出来，作为经济资源中社会水资源类的水产品或水商品已然成为国民经济的组成部分。社会水资源的管理则规避以往开发水资源时的粗放式、掠夺式开发，以水资源可持续发展为目标，不仅要满足当代人的需要，同时还要考虑子孙后代的需要（宁立波和徐恒力，2004）。

3.1.2 水资源管理的基本原则——一体化

水资源一体化管理最初在 1992 年都柏林 21 世纪水与环境发展问题国际研讨会上提出，水资源的多重属性决定了对水资源进行管理时需要遵循若干基本原则（杨立信，2009；世界气象组织和联合国教科文组织，2001；王瑗等，2008；杜鹏和徐中民，2007），如图 3-1 所示。水资源管理需要以流域整体性为基础，通过协调经济社会的发展、公平性和生态可持续性，以期达到水资源的可持续利用，从而促进社会经济获得更大的发展，生态环境也能够保证不被过度破坏。

图 3-1　水资源管理的基本原则

3.1.3　世界主要国家水资源管理体制比较

在水资源管理中的组织机构、组织职权和职责认定的管理行为被称为水资源管理体制，也称水资源管理的组织体系。世界上现行的水资源管理体制大致可以分为区域、行政、流域、综合四种。

美国联邦政府将水资源的管理权利下放给直属联邦机构的内务部垦务局（United States Bureau of Reclamation，USBR）、农业部的土壤保持局和国家环境保护局等一些部门，这些部门分别在行使本部门权利的同时，既分工合作又相互制约（康洁，2004；刘春生等，2011）。澳大利亚基于联邦政府、州政府和地方政府的管理结构，在该地区实行流域管理与行政管理结合的体制，对水资源（包括地下水）、水环境和水权市场统一管理（池京云等，2016），与此同时，澳大利亚对所有的工程任务在前中后期都会做出可行性评估报告，以求最低限度使用自然水（邹玮，2013）。

美国、澳大利亚这些国家实行区域管理体制，水资源管理以区域政府为主。通常情况下此类国家国土面积较大，水资源管理体制分级有利于各级职权明确。在处理跨区域的流域水资源管理问题时，多采用的做法是成立流域管理机构，如美国的田纳西河和密西西比河流域管理局，以及澳大利亚的墨累-达令河流域管理委员会（史璇等，2012）。

与采用区域管理体制的美国、澳大利亚等国比较来看，英国和法国的国土面积相对较小，流域管理体制更容易在国内推行。另外，流域管理需要负责管理的方面包含了给排水、污水处理与回收、工农业用水分配、水环境治理和防洪减灾（王瑗等，2008；胡燮，2008），所以两种管理体制的特征决定了其运行部门的职责不同，具体见表3-1。

表 3-1　主要国家水资源管理体制特点

国家	特点
美国、澳大利亚	1. 倾向于区域管理向流域管理过渡，从简单的注重自身河流到注重整个集水区管理的转变，从局部的流域内水资源管理转变为对全部环境要素管理 2. 区域部门和流域管理机构的合作。通过法律赋予流域管理机构相应的权责义务，还赋予流域管理机构跨部门与跨区域综合管理的职能，试图建立一种全局性分配管理模式 3. 管理方式的合理化与多样化。在强调整体管理和调控的前提下，追求资源性商品管理的市场化，以此提升水资源利用效率，这既有法律规定的地方政府管理，又有市场化的私人资本企业在运作
英国、法国	1. 以流域为基础的水资源管理。流域水资源管理主要是对区域和行业进行管理，政府出面协调终端的服务与被服务对象 2. 流域管理体制运行的法律制度保障。在法律规定的权利范围下，各政府部门、民间组织和企事业单位各司其职，规避越权违法行为的产生（胡燮，2008；沙景华等，2008） 3. 公众参与机制。广泛的公众参与（孙海涛，2016），不仅体现了制度发展的完善，最重要的是各项管理决策能够充分表达出不同团体、组织和个人的意见与利益

3.1.4　水资源管理体制的历史发展

研究水资源管理体制的发展趋势，需要了解水资源管理的发展情况，不同阶段的水资源管理催生管理体制的改变。国外水资源管理已有两百多年历史，美国、澳大利亚、日本、法国等国的水资源管理体制大致经历了图 3-2 中的四个阶段（孙炼和李春晖，2014）。

图 3-2　水资源管理体制的历史发展

3.1.5　中国水资源管理现状

国内最早出现现代意义上的水资源管理，可追溯到民国时期颁布的《水利法》。新中国成立后又经过三个发展阶段（1949~1978 年、1978~1990 年、1990 年至今）才大致形成当下的管理体制（周同藩和柳建平，2009），这一历程的四个阶段，详细如图 3-3 所示。

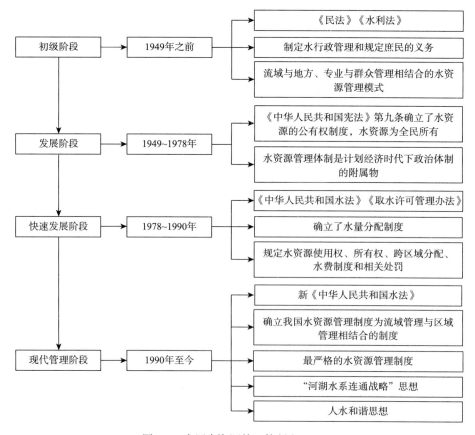

图 3-3　中国水资源管理体制发展历程

2002 年公布修订后的新《中华人民共和国水法》（以下简称《水法》），标志着我国正式形成全新的水资源管理体制，它一方面结合流域管理与行政区域管理，另一方面规定流域管理机构在工作区域内可以行使的法律权利和监督职责。2009 年我国再次提出的最严格水资源管理制度概念，标志着最严格水资源管理制度考核工作正式开展。现代水资源管理指导思想包括水资源可持续利用、人水和谐理论、最严格水资源管理制度的"三条红线"等，为中国水资源统一管理的现代化和系统化指明了建设方向，其管理体系主要从以下三个方面考虑。

（1）水资源开发利用许可机制。对用水户取用水的总量进行控制，基于人水和谐理念，研究如何建立省市县三级区域的水资源开发利用许可及审批机制。

（2）基于用水效率的水权交易机制。对于采用节水技术提高水资源利用率、进行节水的用户采取奖励手段，国家相关部门需研究制订一套弹性水权交易方案（如现行阶梯水价）。

（3）水功能区的排污收费机制。基于和谐论思想建立水功能区排污收费机制，之前可根据各地实际情况组织专家制订用户排污总量的分配方案，提高纳污能力配置效率（左其亭和李可任，2013）。同时对于自主进行减排的排污用户采取奖励手段，充分利用可以流通部分的排污权的经济价值，促进企业加大对污水处理投资力度，深化经济体制改革，保护生态环境，推进人与自然的和谐发展。

3.2　水资源管理的经济学视角分析

由于水资源特殊的循环供应再生过程，人们往往觉得它是取之不尽用之不竭的，所以忽视了其稀缺性和重要性，导致对水的经济价值观念十分薄弱。正确认识到水资源的现状，对水资源加以管理已成为各国关注的一个焦点问题，进一步从经济学的角度对水资源管理要素和成效加以分析研究是十分必要的。

3.2.1　水市场机制分析

水资源具有社会属性，又因为水的经济价值而具有商品属性。20 世纪 70 年代人们对水资源是否具有商品属性产生了不少讨论，直到 1992 年联合国环境与发展大会上通过的《21 世纪议程》才对此做出了明确定义。不可否认，水具有经济价值，有供需两种动态，同时它的使用需要成本，这些都造就其商品属性，进一步衍生出水市场的概念。

政府和市场是资源配置的两大基本途径，之前中国对水资源的配置多是通过行政手段实现，但是事实证明，这种模式通常会造成水资源的浪费和水利用率低下。当前的众多研究则表明，市场才是配置水资源的高效机制。中国水市场的交易对象是国有水资源的经营权和使用权，属于资源产权的范畴。政府对水权交易起管理和监督作用，同时也是由政府决定取水总量。水市场运行机制包括供求和价格竞争，交易双方为了实现利益最大化，会间接引导水资源达到最大利用效率。

郑忠萍和彭新育（2005）认为中国水市场可以分为流域内的和跨流域的水市场，在建设水市场的过程中，不仅需要明确水的自然属性，还要充分意识到水作为商品的特性，为保障水市场有条不紊地运行，有必要建立较为完善的输水系统；流域内的水市场具体可以分为三级，一级水市场的管理者应该是供水公司，二级水市场则应该由相关行政单位负责，三级水市场则应该致力于农村和农业用水，而且水市场应该和期货市场一样形成信息公开制度，形成正规的交易程序（黄薇和陈进，2006）。在价格上，一级水市场具有垄断性，其水资源的卖方是国家，水价通常固定，国家作为水权的最终所有者，可以将一定数量的水权有偿转让给一级用水户，一级用水户也可以再次转让给二级用水户（马东春，2009）；而在二级水市场中，可以通过竞价和拍卖的方式来进行交易，水资源价格变动较为自由；三级水市场则需要通过相关行政部门审批才可进行交易（杨向辉等，2006）。

3.2.2 水权管理体系研究

水权制度对水的有关权益归属进行安排，包括明确政府与用户、用户与用户间的权责关系。水权管理制度还对用户取用水、排污及改变水循环的行为进行规范，从而提高水资源配置率和用水效率，以达到可持续发展的目标。中国目前采用的是跨国家和跨地方行政的水资源管理形式，地方政府拥有国家分配的权利，而各水利、资源等管理部门也拥有部分权利，加上中国水资源管理方式相对单一，这些方式都在一定程度上限制了中国水权制度的发展（张莉莉和王建文，2012）。

中国《水法》规定水资源所有权为公民所有，即水的所有权属于国家。中国学者马东春（2009）认为在该情况下，中国水权管理制度的建设需考虑水的使用权与收益权；刘卫先（2014）认为这不仅仅意味着国家和政府拥有对水资源开发和利用的权利，国家还需要对水资源履行有效的保护和管理职责。

在水权分类上，学者汪恕诚（2001）认为中国水权制度主要由水资源所有权、使用权、水权转让三部分组成。水权的种类大致有三种，即生活用水权、生态环境水权、经济用水权，其中取水许可证的分配要经过论证申请程序，遵循可持续发展、公平与效率、因地制宜原则；而孙媛媛和贾绍凤（2016）则依据空间、时间、需求和生态等理论，将中国水权重新划分为河岸权、优先占有权、轮水权、需求权重水权和生态水权五种类型。

在具体水权分配上，基于最严格的水资源管理制度的背景，窦明等（2014）提出分别与开发利用控制红线、用水效率控制红线和限制纳污红线相对应的取水权、用水权和排污权制度及相应的交易工作流程；张丽娜等（2014）也基于该背景研究了中国流域的初始水权分配问题，确定了针对省区和政府两个子系统的水权分配模型。

3.2.3　水定价理论研究

水定价机制有边际成本定价、公共水资源配置、水市场机制和基于用户配置四种机制。从水定价机制的几种形式可以看出，水定价主体选择与水权形式和水分配机制紧密相连。水权的四种形式为共有水权、滨岸权、优先水权、可交易水权，前三种由政府统一定价，最后一种形式的定价通过水权市场决定。

水市场机制与边际成本定价相比，有三个好处：首先，降低信息化成本，政府定水价理论上是一个能够形成水资源配置最优化的方法，只是需要信息提供和容错实验；其次，如果现行的水权以资本的方式内化进入土地的价值中，水权被稀释，农民会觉得政府定价行为是不恰当的；最后，假设政府组织是廉政清明、不受影响的主体，可以设计并实施合适的价格。但是这种假设是不存在的，与不完善的市场状态比较，也难以区分出它们的优点和缺点。总之，水定价制度安排从水价使用到政府定水价，再到市场定价制度，是以效率为顺序的制度变迁。由于存在市场失灵的可能性，水价制定过程中往往需要政府宏观干预。

3.2.4　流域水环境的生态补偿

流域水环境生态补偿是流域水环境和生态补偿交叉形成的一个概念，其中"生态补偿"是此概念的核心内容。生态补偿主要是通过资金、实物、政策和智力等方式对水源等上游区域的水资源管理部门或政府以及受到水污染的区域进行补偿（周大杰等，2005）。

国内对流域水环境的生态补偿的研究已经取得一定进展，很多学者基于不同背景分析了中国不同流域的补偿标准。例如，陈兆开等（2008）就明确指出珠江流域的水环境生态补偿主体是受益于生态环境、对生态环境造成损坏的对象及国家和相关政府，补偿对象则是对维护和建设珠江水生态环境做出贡献的以及为了保护水环境而放弃相关经济发展利益的相关部门；谢晓敏等（2013）也通过计算崇左市的化学需氧量（chemical oxygen demand，COD）占废水排放总量的比重与其和南宁市的生产总值的比值来计算二者的补偿系数和补偿金额；侯春放等（2015）则是针对寇河流域，以 COD 计算流域的水环境容量，从而确定了西丰县在不同流域水流量下对下游流域的水生态补偿资金。

但也有学者指出中国目前的流域水环境的生态补偿仍然存在一些问题。第一，在河流的上游地区的水资源管理情况通常会带给下游地区正面或者负面影响，在具体实施过程中，认定补偿主客体就是首要问题（张志强等，2012）；第二，现阶段中国生态补偿多为政府主导下的生态环境治理、退耕还林还草等机制，这些项目均是短期投资，缺乏长期建设；第三，系统理论与补偿原则不完善，从而无法构建完整的制度体系，可以有效推广适用的模式和政策也就更少；第四，缺乏完整法律体系，目前没有出台专门针对流域生态补偿的法律法规。

3.3 水资源管理有效性评价

3.3.1 水资源管理政策工具分析

目前，中国水资源管理面临重重困难和巨大压力，在理论层面已经由管理向治理进行转变，政策工具也走向多元化，要实现中国水资源管理的可持续发展，必然要建立起政府、市场和社会协同治理的模式，使水资源管理从理论和管理工具上实现变革。

水资源管理最根本的目的是处理好社会经济发展和水资源利用两者之间的关系，这一措施包括两方面的含义：一方面是对水资源的管理进行科学的分配，协调好区域与部门之间的关系，并优化供水体系；另一方面是在管理的过程中需要综合运用法律、行政、经济等手段确保水资源管理的强制性和有效性。

目前中国水资源形势不容乐观，除了人均占有量低、供需矛盾突出及污染严重外，仍然面临着严重的管理问题。水资源管理涉及多个部门之间的相互博弈，因为缺乏统一的制度而导致水资源管理和利用效率低下、水价不合理及水权不明确等问题，随着对水资源管理认识的不断深入，中国水资源管理的理论和政策工具不断丰富。

首先，理论上从行政化管理到多元化管理。行政化管理保证了水资源管理的强制性，但是居民和企业的认识和参与不足，特别是地方政府为了经济发展，往往首先放宽对自然环境保护的监管，政府监管不到位、企业和居民不参与导致了严重的水资源浪费和污染，暴露出严重的弊端。水资源市场调节理论认为，要通过经济手段对水资源管理进行调控，但是正如一切经济行为都存在市场调控的弊端一样，由于水资源关系到居民的生存和企业的发展，在某些情况下水资源成为生活必需品，部分地区水资源紧缺，采用市场手段加剧了水资源的不平衡性，阻碍企业扩大生产。水资源管理理论认为，水资源管理既是国家的环境保护和安全生存战略，也牵涉到居民生活和企业发展，因此需要将各主体纳入水资源管理中来，如政府对水资源进行宏观管理调控，普及水资源保护常识，配合经济手段促进居民和企业节约用水，提高利用效率；居民和企业应该参与到水资源政策制定中，特别是水资源监管领域，避免地方政府牺牲水资源环境来换取政绩的行为，加强居民和企业的社会监督。

其次，中国的水资源政策工具不断丰富，形成了政府化工具、市场化工具、社会化工具和信息化工具四种主要管理工具。政府主要从政策层面制订区域水资源保护计划，由于水资源基础设施是公共物品，所以需要政府进行投资，这是政府进行水资源管理的第一个途径。第二个途径是制定水价，价格在一定条件下可以调节水资源的供需，维持水资源利用的均衡性。第三个途径是利用社会化和信息化工具，这主要是通过居民和企业参与水资源的管理和监督，对社会用水行为和政府行为进行监管来实现的，虽然这一体系具有合理性，但是目前实施尚不成熟，特别是缺乏居民对政府行为的监督，政府和企业对水资源管理政策实施的有效性难以保证，因此需要加强这一体系的建设，提高水资源管理的有效性，建立起政府、居民和企业三者之间网络化治理模式，发挥水资源管理中监督工具的作用。

3.3.2　区域水资源管理效率评价

区域水资源构成了区域经济社会发展的基本条件，水资源可持续利用是区域可持续发展的基础，水资源管理的目的是提高水资源利用的有效性和合理性，水资源利用的目的是创造生产价值。在水资源管理中，既要最大限度地保持经济发展，又要采取措施保护有限的水资源，这就要求提高水资源的利用效率，同时要对水资源管理工具的有效性进行评价。在此基础上，本节通过 DEA 模型和 Malmquist 指数相结合的方法测定水资源的利用效率。

1. 指标选取

水资源管理工具有效性的评价标准即为水资源利用效率标准，政策工具能够有效发挥作用的地区，水资源利用效率一般都较高。由于水资源管理工具的有效性难以定量评价，另外由于区域水资源存量的差异，本节将水资源的利用效率作为政策工具有效性的评价指标。资料显示，水资源使用中消耗最多的是工业和农业用水，水资源作为工业生产的要素投入，在电力、造纸等行业部门参与生产，使产出数量增加带动 GDP 增长。农业生产也是同样道理，农业部门的水资源消耗主要是灌溉用水，带来农业产量的增加，因此本节在通过 DEA 模型进行效率评价时，将水资源的工业投入和农业投入，以及经济总量产出和粮食产量产出作为模型的投入产出变量，具体变量选择如下。

（1）投入要素：用水总量（亿立方米）、工业用水量（亿立方米）、农作物播种面积（万公顷）、有效灌溉面积（万公顷），这些投入变量用来表示各地区水资源的消耗总量和农业灌溉用水量、工业用水量，构成了各地区的主要水资源消耗。

（2）产出要素：粮食产量（万吨）、GDP 总量（亿元），农业水资源投入主要提高粮食产量，工业水资源消耗增加国民生产总值，用这两个指标来表示水资源产出的有效性。

2. 数据来源及描述性分析

针对以上指标，本节选择我国 30 个省（自治区、直辖市）（考虑实证模型的设定，将四川和重庆合并）2006~2015 年的面板数据，全部数据来源于历年《中国统计年鉴》。

2006~2015 年，我国 GDP 总量一直保持较高的增长态势，图 3-4 是我国用水总量随 GDP 总量的变化情况，可以发现，随着 GDP 总量的提高，我国用水总量在 2006~2013 年持续增加，但是用水总量增长的速度相较于 GDP 增长的速度要慢很多，因此，中国万元 GDP 用水量是逐年下降的，用水效率逐步提高，2014 年，在 GDP 总量继续增加的前提下，用水总量出现下降，中国万元 GDP 用水量也首次降到 100 立方米以下。

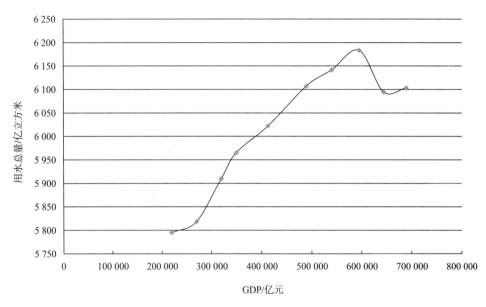

图 3-4　我国用水总量随 GDP 总量的变化情况

2006~2015 年，我国农作物播种面积一直在上升，2015 年农作物总的播种面积达到 16 637.381 万公顷，相对于 2006 年增长了 9.35%，与此同时，有效灌溉面积一直保持增长趋势，2015 年有效灌溉面积相比于 2006 年上涨了 18.15%。在此期间，中国农业用水量变化浮动较为频繁，如图 3-5 所示，可以发现随着农作物播种面积的增长，农业用水量先下降，在 2007~2009 年上升，然后 2010 年下降，2011~2013 年上升，在这 8 年间，经历了两个"一年降、三年升"的波动周期，2014 年和 2015 年用水量继续下降，但农业用水量增长的速度小于实际灌溉面积的增长速度，总体上，中国农业用水效率是下降的。

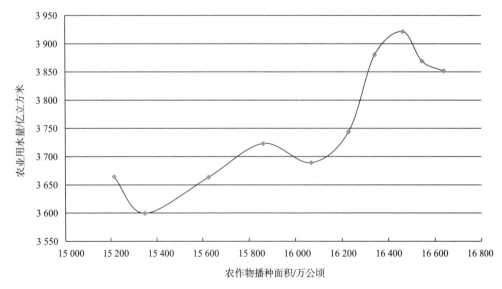

图 3-5　我国农业用水量随农作物播种面积的变化情况

3. 实证分析

由于 DEA 模型无须对数据量纲进行处理即可进行相对有效性分析，因此直接使用原始数据进行效率评价。假设存在 n 个 DMU（decision marking unite，即决策统一）、m 个投入要素和 s 个产出要素，投入和产出数据构成数据集合 $X_j = (x_{1j}, x_{2j}, \cdots, x_{mj})^\mathrm{T}$ 和 $Y_j = (y_{1j}, y_{2j}, \cdots, y_{sj})^\mathrm{T}$，则对第 j_0 个单位评价的模型为

$$\min \theta \ \text{s.t.} \begin{cases} \sum_{j=1}^{n} X_j \lambda_j + s^- = \theta X_0 \\ \sum_{j=1}^{n} Y_j \lambda_j - s^+ = Y_0 \\ \lambda_j \geqslant 0, j = 1, 2, \cdots, n \\ s^+ \geqslant 0, s^- \geqslant 0 \end{cases} \tag{3-1}$$

其中，θ 为决策单元的全要素效率；λ 为决策单元的组合比例，所有单元的 λ 值大于 1 表示规模报酬递增，小于 1 表示规模报酬递减，等于 1 表示规模报酬不变；s^-、s^+ 为松弛变量，表示投入的不足或者冗余，模型（3-1）中若 $\theta^* = 1$ 且 $s^{-*} = 0, s^{+*} = 0$，则称为 DEA 模型有效。

在 DEA 模型的基础上引入方向性距离函数，可以得到 Malmquist 指数：

$$M_0^{t+1} = \left[\frac{D^t(x_0^{t+1}, y_0^{t+1})}{D^t(x_0^t, y_0^t)} \cdot \frac{D^{t+1}(x_0^{t+1}, y_0^{t+1})}{D^{t+1}(x_0^t, y_0^t)} \right]^{\frac{1}{2}} \tag{3-2}$$

$$\text{MI} = \frac{D^{t+1}(x_0^{t+1}, y_0^{t+1})}{D^t(x_0^t, y_0^t)} \left[\frac{D^t(x_0^{t+1}, y_0^{t+1})}{D^{t+1}(x_0^{t+1}, y_0^{t+1})} \cdot \frac{D^t(x_0^t, y_0^t)}{D^{t+1}(x_0^t, y_0^t)} \right]^{\frac{1}{2}} \tag{3-3}$$

Malmquist 指数可以分解为技术效率的变动和技术变化率，限于篇幅，本部分仅给出 Malmquist 指数得到的全要素生产率，表 3-2 为评价结果。

表 3-2　各地区 2006~2015 年 Malmquist 指数

地区	2006~2007 年	2007~2008 年	2008~2009 年	2009~2010 年	2010~2011 年	2011~2012 年	2012~2013 年	2013~2014 年	2014~2015 年
北京	0.532	0.824	0.810	1.318	0.679	1.333	0.680	0.430	0.810
天津	0.538	0.824	0.817	1.321	0.676	1.429	0.646	0.450	1.713
河北	0.724	0.797	0.811	1.274	0.706	1.351	0.655	1.409	1.641
辽宁	0.662	1.086	0.672	1.253	0.837	1.193	0.635	2.513	1.107
上海	0.380	1.407	0.747	0.800	1.125	1.257	0.610	2.352	1.092
江苏	0.494	1.201	0.757	0.835	1.176	1.175	0.590	2.630	1.066
浙江	0.742	1.083	0.804	0.861	1.132	1.167	0.626	2.455	1.110
福建	0.779	0.939	0.975	0.840	1.080	1.194	0.626	0.844	0.940
山东	0.628	0.896	1.193	0.758	1.029	3.517	0.384	0.462	0.888
广东	0.637	0.572	0.378	0.845	1.214	3.248	0.448	0.543	0.836

续表

地区	2006~2007 年	2007~2008 年	2008~2009 年	2009~2010 年	2010~2011 年	2011~2012 年	2012~2013 年	2013~2014 年	2014~2015 年
海南	1.11	0.354	0.386	0.842	1.273	2.886	0.482	0.539	0.792
山西	0.675	0.809	0.827	1.312	0.689	1.374	0.503	2.385	1.700
内蒙古	0.615	0.848	0.852	1.225	0.711	1.516	0.657	2.372	1.081
吉林	0.618	1.095	0.692	1.309	1.175	1.208	0.629	2.377	1.162
黑龙江	0.481	1.021	1.008	0.823	1.125	1.225	0.639	2.331	1.080
安徽	0.682	1.159	0.869	0.848	1.109	1.175	0.621	2.767	0.744
江西	0.707	0.902	1.041	0.819	1.091	1.269	1.035	0.483	0.906
河南	0.597	0.850	1.273	0.752	1.000	3.665	0.366	0.495	0.876
湖北	0.598	0.847	1.283	0.658	1.111	3.399	0.384	0.518	0.869
湖南	0.633	0.816	1.359	0.843	1.135	3.271	0.399	0.539	0.824
广西	0.743	1.251	0.362	0.845	1.253	3.040	0.433	0.513	0.780
四川	1.179	1.172	0.360	0.841	1.247	3.206	0.420	0.711	0.923
贵州	1.199	1.070	0.357	0.914	1.212	3.212	0.334	1.060	0.913
云南	1.167	0.924	0.348	1.008	1.226	1.582	0.714	0.992	0.835
西藏	1.149	0.318	0.308	1.011	1.592	0.986	0.798	0.989	0.835
陕西	1.383	0.442	0.317	1.292	1.285	0.956	0.784	0.938	0.855
甘肃	1.381	1.262	0.430	1.001	1.121	1.098	0.800	0.869	0.853
青海	1.328	2.258	1.354	1.020	1.092	1.150	0.778	0.854	0.824
宁夏	1.375	2.200	1.345	1.017	1.109	1.138	0.801	0.830	0.840

根据表 3-2 可以看出，我国 29 个省（自治区、直辖市）的水资源管理效率大多数较低，水资源利用的全要素生产率基本呈现先上升再下降的形态，在初始阶段，西部地区水资源管理效率高于中部和东部，西部经济水平相对落后，经济活动对水资源的影响相对较小，但是随着经济水平的不断发展，西部地区水资源管理效率有所下降，在面对经济社会冲击时，西部地区由于生态脆弱性以及治理技术落后和资金的缺乏，在应对水资源破坏时面临困难；中部地区水资源管理效率与东部基本一致，虽然经济水平落后于东部，水资源管理技术相对落后，但是中部地区位于长江流域中上游，生态环境修复能力较强，主要水资源消耗为农业灌溉用水，工业消耗水资源相对较少；而东部地区一直以来面临人均水资源短缺问题，位于长江流域下游，污染扩散较慢，以及经济水平较高，吸引大量人口集聚，加剧了水资源负担，特别是东部工业发展较早，工业用水量大，造成了东部地区较为低下的水资源管理效率。

3.3.3 区域水资源管理效率的影响因素分析

以往的研究中往往忽略水资源管理效率的空间关联，因此本节采用探索性空间数据分析（exploratory spatial data analysis，ESDA）中的全域空间相关性和局域空间相关性指标，

全域空间相关性的测度指标一般使用 Moran's I 和 Geary's C:

$$I = \left[n\sum_{i=1}^{n}\sum_{j=1}^{n} \boldsymbol{w}_{ij}(x_i - \overline{x})(x_j - \overline{x}) \right] \Big/ \left[\sum_{i=1}^{n}\sum_{j=1}^{n} \boldsymbol{w}_{ij} \sum_{i=1}^{n}(x_i - \overline{x})^2 \right] \tag{3-4}$$

$$C = \left[(n-1)\sum_{i=1}^{n}\sum_{j=1}^{n} \boldsymbol{w}_{ij}(x_i - x_j)^2 \right] \Big/ \left[2\sum_{i=1}^{n}\sum_{j=1}^{n} \boldsymbol{w}_{ij}(x_i - \overline{x})^2 \right] \tag{3-5}$$

其中，n 为样本量，这里指样本内我国 30 个省（自治区、直辖市）；x_i，x_j 为第 i 地区和第 j 地区的水资源管理效率；$\overline{x}$ 为平均效率；$\boldsymbol{w}_{ij}$ 为空间权重矩阵。为了更加准确地反映区域之间的空间关联，本节构建以下空间权重矩阵，即地理距离矩阵（$\boldsymbol{w}_1$）和经济地理矩阵（$\boldsymbol{W}_2$）：

$$\begin{cases} \boldsymbol{W}^d = (1/d_{ij})^2 ; \boldsymbol{W}_1 = \dfrac{\boldsymbol{W}^d}{\sum_j \boldsymbol{w}^d}, i \neq j \\ \boldsymbol{W}_1 = 0, i = j \end{cases}$$

$$\begin{cases} \boldsymbol{W}^e = \boldsymbol{W}^d \bullet \mathrm{diag}(\overline{Y}_1/\overline{Y},\overline{Y}_2/\overline{Y},\cdots,\overline{Y}_n/\overline{Y}), \boldsymbol{W}_2 = \dfrac{\boldsymbol{W}^e}{\sum_j \boldsymbol{w}^e}, i \neq j \\ \boldsymbol{W}_2 = 0, i = j \end{cases}$$

根据表 3-3 中的空间自相关检验，我国 30 个省（自治区、直辖市）的 Moran's I 和 Geary's C 检验结果基本满足存在空间相关性的条件，说明各省（自治区、直辖市）的 Malmquist 指数存在空间关系，在进行定量分析时，如果忽略了空间关联而建立模型可能导致模型估计的偏差较大。

表 3-3　W_1 权重下 Moran's I 和 Geary's C 检验结果

时间	I 指数	Z 值	C 指数	Z 值
2006~2007 年	0.452***	0.093	0.528***	0.096
2007~2008 年	0.421***	0.093	0.506***	0.095
2008~2009 年	0.099*	0.093	0.799**	0.095
2009~2010 年	0.376***	0.093	0.677***	0.095
2010~2011 年	0.465***	0.090	0.519***	0.101
2011~2012 年	0.197***	0.093	0.764***	0.095
2012~2013 年	0.050	0.092	0.900	0.099
2013~2014 年	0.406***	0.093	0.627***	0.095
2014~2015 年	0.194***	0.087	0.937	0.110

***、**和*分别表示在 1%、5% 和 10% 的水平上显著

本部分研究区域水资源管理效率的影响因素，以 Malmquist 指数为被解释变量，由于 Malmquist 指数基本介于 0~3，属于受限因变量，且因变量存在空间相关性，因此，建立受限因变量的空间杜宾模型：

$$\mathrm{MI}_{it} = \alpha + \beta X_{it} + \delta W \bullet M_{it} + \theta W \bullet X_{it} + \mu, \mu = \lambda W \bullet \mu \tag{3-6}$$

其中，MI_{it} 为 Malmquist 指数；i 为截面维度；t 为时间维度；μ_i 为空间时间效应；$\theta=0$ 且 $\lambda=0$ 为空间滞后模型（spatial lag model，SLM）；$\lambda=0$ 为空间杜宾模型（spatial Dubin model，SDM）；$\theta=0$ 且 $\delta=0$ 为空间误差模型（spatial error model，SEM）；X_{it} 为解释变量。

选取的主要解释变量为：①产业结构（ISY）。根据理论分析，农业用水和工业用水是主要用水消耗，以农业和工业产值所占比例来表示的产业结构对水资源使用效率具有重要影响，随着产业结构的变化，第一产业向二、三产业转移，意味着农业用水向工业用水转移。②水利基础设施建设（WF）。水利设施较为完善的地区水资源使用效率一般较高，不同于其他自然资源，由于水资源的特殊形态以及季节分布的差异性，多雨季节和少雨季节雨量分布不均匀，大量的水利设施起到了调节水资源时间和空间分布的作用。③人均用水量（PUSE）。考虑人口较多的地区对用水量的需求，尤其是城市化进程加速，大量人口进入城市，给城市供水带来巨大压力，因此人口也是影响水资源使用效率的重要因素。④水资源价格（price），水资源供应受到价格影响明显，研究普遍认为中国水资源价格偏低是导致水资源使用效率低下的主要原因，水价较高可以促进企业改善用水效率，促进居民节约用水。

空间计量模型在进行估计之前需要进行模型选择，首先，对比空间误差模型（SEM）和空间滞后模型（SLM），一般使用 LM（lagrange multiplier）检验，显著性较好的模型为合适模型，在 LM 检验无法判别时则对比两个模型的稳健 LM 检验。根据本节的检验结果，在 W_1 权重下 LM 空间滞后检验的 p 值为 0.054 0，LM 空间误差的检验结果为 0.719 0，选择空间滞后模型，在 W_2 权重下得到相同的模型选择结果。其次，对比空间杜宾模型（SDM），得到在两种空间权重矩阵下，LM 检验的 p 值分别为 0.054 3 和 0.003 4，在 10% 和 1% 的水平下显著。最后，选择空间杜宾模型，表 3-4 为模型估计结果。

表 3-4　空间杜宾模型估计结果

变量	W_1 权重	W_2 权重
ISY	1.104 8***	0.614 1**
WF	1.921 7**	1.377 9**
PUSE	− 1.344 7*	− 0.636 2*
price	0.009 5***	0.005 5***
$W\cdot$IS	− 1.210 0*	− 0.316 1
$W\cdot$WF	1.212 3***	1.037 8**
$W\cdot$PUSE	0.398 1**	1.946 1*
$W\cdot$price	− 1.142 7***	− 1.171 2

***、**和*分别表示在 1%、5% 和 10% 的水平上显著

根据表 3-4 的回归结果，产业结构（ISY）对水资源管理效率提高具有促进作用，在两种空间权重矩阵下，分别引起用水效率变动 1.104 8 和 0.614 1 个百分点。随着产业水平的提高，区域的水资源管理资金增加、技术提高，相对于农业用水，工业用水更容易监管，产业结构升级同时意味着产业内部结构的优化，高新技术企业以及规模化产业取代了高耗水的造纸等行业，使区域用水结构得到改善。邻近区域产业结构升级（$W\cdot$ISY）会使本

区域的用水效率下降，由于采用 DEA 模型与 Malmquist 指数结合的区域用水效率分析，得到的是相对效率，邻近区域产业升级本身并不会带来本地区用水效率变化，但是会使本地区距离生产前沿面的进步速度相对下降，这也验证了产业结构（ISY）系数为正的估计结果是合理的。

水利基础设施建设（WF）促进了用水效率的提升，这是因为水利本身就是水资源管理的主要内容，加强对水资源的时间和空间调控，能够将多余的水资源进行储存和调配，减少了水资源的流失；水利基础设施的投资也包括对水资源污染的治理，减少了水资源恶化的趋势，为区域发展提供了良好的水资源保障，$W \cdot WF$ 的系数估计同样为正，其含义是邻近区域基础设施建设水平的提高能够带动本区域水资源利用和管理效率的提升。由于水资源的流动性特征，流域内的各地区水资源相互联系，某一地区加强水利建设、治理水源污染，会整体改善区域内的水资源环境。

人均用水量（PUSE）则对区域水资源管理效率产生反向作用，随着区域内人口的增加，人均水资源拥有量减少，水资源分配的可调整性大大降低，导致水资源的短缺，管理成本提高。水资源价格（price）则有利于水资源管理和利用效率的提升，目前中国水价较低，特别是工业用水成本远远低于其他发达国家，大量的水资源浪费问题影响了水资源的管理效率。价格调控是经济管理最常用的一种方法，在进行水资源管理时，制定合理的价格是保障水资源高效利用的重要手段。在现阶段，水资源价格提升有利于水资源使用效率的提升，同时要认识到过高的水价同样损害经济发展，因此根据水资源政策寻找水资源合理价格非常重要。

3.4 结论与政策建议

3.4.1 主要结论

通过总结国际上的水资源管理，我们发现：①水资源是经济发展和社会生活必不可少的资源，其管理是对自然水资源、社会水资源和知识水资源的综合管理。维护与水资源管理相关的管理学、经济学、法学及生态学等的知识产权将逐渐成为未来世界各国的发展趋势。世界各国在具体的水资源管理政策上各有特色，但大部分国家遵从的都是水资源一体化管理的原则，追求水资源管理中的政府和社会各界人士的共同参与，以实现水资源的可持续利用为最终目标。②在水资源管理政策上，各国管理方式多样化，在主要的水资源管理政策上，美国、澳大利亚和加拿大等发达的国家，国土面积较大，倾向于区域管理原则，而面积较小的英国和法国等，则倾向于流域管理体制。③从时间上来看，国内外水资源管理进程也经历了一个漫长的变化，总结起来大致经历了四个阶段，从最初的单目标阶段到多目标开发阶段、流域综合管理体制形成阶段、可持续发展阶段，改善了多年来仅仅取水用水的现状，各国的水资源管理模式渐渐形成，随后管理体制逐步规范，目前全球已经形成水资源可持续发展的理念。

水资源的管理需要国家加强宏观调控，中国政府制定水资源管理制度和水资源开发利用规划的过程中，不仅考虑具体国情，还借鉴其他国家先进水资源管理经验，建立具有中国特色的水资源管理体系。从时间上看，中国水资源管理也大致经历了四个阶段，直到1990年第三个阶段结束，中国才形成了较为完整的水资源管理体制，在内容上主要针对的是水资源的开发利用许可、水权交易、水污染的治理和限排。

中国一直以来都面临着严重的水资源短缺和水质污染问题，在利用效率上也比发达国家低，进行水资源管理有利于协调生态、水资源和社会经济的发展，缓解中国当前的水资源矛盾，提高水资源利用效率，促进水资源的可持续利用。通过对中国水资源利用效率进行实证分析，我们发现：①我国30个省（自治区、直辖市）的水资源管理效率不是很高，2006~2015年，水资源利用的全要素效率先升后降，2010~2012年水资源管理效率达到有效的省（自治区、直辖市）最多，2012~2013年只有江西省达到有效。从区域上来看，2006~2008年西部管理效率较高，随着时间的推移，西部经济水平逐步上升，工业用水量开始上涨，用水效率下降，2008~2011年中部较高，2011~2012年东西部相当。②产业结构的优化升级，可以提高水资源管理效率，水利基础设施的投资也有助于提高区域内的水资源管理效率，而人均用水量的增加会提高水资源的管理成本从而降低管理效率，水资源价格作为控制用水量的工具之一，在实施过程中可以提高对水资源利用的效率。除了本地区的这些指标会影响到当地的水资源管理效率外，邻近区域的产业结构优化和水利基础设施的投资也会提高其水资源管理效率。

3.4.2 政策建议

结合以上分析内容，针对中国水资源管理，本节提出以下政策建议。

1）转变管理目标和管理思想

第一，在树立水管理目标时要向综合性目标转变，注重水质水量问题的同时兼顾考虑水资源与社会生产、人类生活和生态环境的协调关系。第二，坚持推进水资源管理体制改革，合并多余部门，明确各部门职责范围，建立统一水务部门，消除"多龙治水现象"，实现"一龙治水"，对中国水资源进行管理，提高管理工作效率。第三，继续完善《水法》制定的流域管理与区域管理相结合的水资源管理模式，建立水资源管理督察制度，加强公众监督，保障用水者的合法权益，赋予流域管理机构更多实权。中国幅员辽阔，不同地区的地方政府应积极借鉴其他地区先进管理模式，在具体实践中坚持科学发展观指导思想，探索制定出适合本地区的水资源管理体制。

2）完善相关法律法规

在现有《水法》基础上建立流域水法，使中国流域管理机构依法管理，加快推进水资源市场化建设，包括水产权交易制度化、水价制定市场化，完善流域生态补偿机制。建立适应市场经济体制要求的水资源管理体制，也是建立以水资源产权市场交易为基础的系统构架。在水权交易方面，推进灌区管理体制改革，将水权赋予用水者，采用比例和优先水权相结合的初始水权确定方式，建立水权交易登记制度，完善水权交易法规体系。

3）推广使用节水型新技术

目前，全民节水意识仍然不强、节水设施设备配套不齐全、节水成效未能完全显现，为解决此类问题，除正常法律法规体系建设外，还可以在特殊时期采取强制手段确保节水项目如期建设。政府应设立专项科研资金，资助科研团队进行节水技术创新，建立激励机制，吸引更多的科技人才投入其中。各地应抓住最严格水资源管理制度提出的契机，优化当地的产业结构，加大水利设施建设的资金投入，在此过程中需要根据本地区土壤、气候、基建等情况采取相应的节水型新技术，推广行之有效的节水方式，加快推进节水型项目的实施，提高水资源利用率。

3.5　案例：安徽省水资源管理制度效率评估

水资源管理制度的有效实施是地区水资源可持续利用的重要保障，对解决区域内水资源短缺，缓解水资源供需矛盾，提高用水效率具有重要意义。近年来，安徽省紧随国家水资源管理的步伐，在水资源管理上成效颇丰，因此对其管理效率进行评估，总结各年份水资源管理过程中的经验和教训，对提高安徽省水资源管理水平十分重要，同时也可为中国其他地区加强水资源管理提供参考。

本案例将针对安徽省 2000~2015 年的水资源管理情况，以全省"十五""十一五""十二五"三个规划期间的水资源管理规划为背景，首先分析安徽省近 16 年来的经济发展状况和主要的水资源管理制度；其次结合线性回归模型，探究安徽省经济发展与水资源之间的关系；再次简要概述安徽省在水资源管理方面取得的成效，运用 DEA 模型，从投入产出的角度，定量评估安徽省水资源管理效率；最后对以上分析结果进行总结，并提出相应的建议，从而为相关部门加强安徽省水资源管理，制定相应的措施，以及总结历年水资源管理经验、完善水资源管理制度提供相应的参考资料。

3.5.1　安徽省经济社会发展分析

1. "十五"期间安徽省经济社会发展分析

"十五"期间，安徽省大力倡导新型工业化道路，以调整和优化产业结构为目标，生产总值、第二产业产值、第三产业产值一直保持逐年增长的趋势，如图 3-6 所示。其中地区生产总值由 2000 年的 2 902.09 亿元上升到 2005 年的 5 350.17 亿元，2005 年的第一、第二、第三产业产值分别为 2000 年的 1.3 倍、2.13 倍、1.94 倍，三大产业产值占比由 2000 年的 25.6%、36.4%、38%转变为 2005 年的 17.8%、41.6%、40.6%。固定资产投资增加 1 721.18 亿元，农林牧渔业、工业产值分别增长 30.29%、107.58%，由此可见，"十五"期间，安徽省"三农"支持政策得到有效实施，农业生产的数量和质量均得到加强，工业结构调整和转型的成效显著，逐步走向现代化。

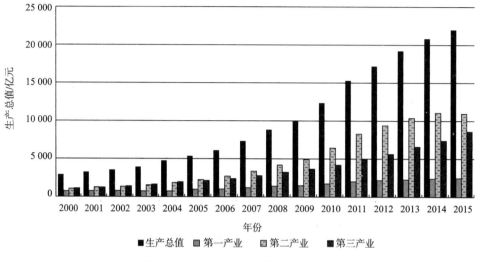

图 3-6　2000~2015 年安徽省生产总值

在城乡结构调整方面，安徽省 2005 年的城市化率达到 35.5%，较 2000 年上升 7.5 个百分点。城乡居民生活条件也得到显著改善，可支配收入年均增长幅度约为 11.6%。如图 3-7 所示，2005 年的城镇居民人均可支配收入和农村居民人均纯收入分别较 2001 年上升了 49.43%、30.74%。

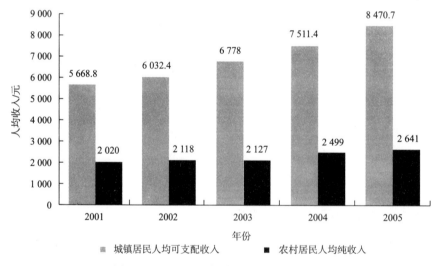

图 3-7　2001~2005 年安徽省人均收入情况

在资源环境方面，安徽省"十五"期间环保投资累计达到 164.7 亿元，拥有国家级生态示范区建设试点累计达到 30 个，2005 年建成城市绿地面积 4.19 万公顷，森林覆盖率达到 24%。在此期间，针对环境违法行为，安徽省各级监察部门对 2 362 家严重污染企业实行限制排放、结构整改、停止生产、资金处罚等措施，取缔严重污染的企业近 400 家，淮河流域万吨以下的小造纸厂基本全数关闭，在这些措施下，淮河、巢湖等流域的污水入河量在"十五"期间得到有效降低。

2. "十一五"期间安徽省经济社会发展分析

"十一五"期间安徽省深入贯彻实施"861"行动计划，2010 年安徽省生产总值上升至 12 359.33 亿元，年均增长率超过 13%，经济发展相对稳定，是安徽省自"七五"期间以来，发展速度最为平稳的一年。与"十五"期间相比，"十一五"期间安徽省的经济总量在我国 31 个省（自治区、直辖市）中进步了一名，累计完成固定资产投资 118.74 亿元。

在工业上，安徽省继续加强工业产业在全省经济中的比重，将工业化率提升了 5.7 个百分点，全省 37 个工业行业增加值都显著增长，并且进一步优化全省的产业结构，大力发展创新型企业，高新技术产业产值在规模以上的工业产值的占比高达 29%。"十一五"期间全省以实现农业产业化为指导方针，实现农业跨越式发展，提前实现农业产业化"532"的各个项目目标，发展规模以上龙头企业 4 800 个。在此期间，全省农民收入高速增长，2010 年的收入大约为 2005 年的两倍。

"十一五"期间，安徽省新增城市绿地面积 0.85 万公顷，人均绿地面积达到 10.95 平方米，森林覆盖率上升至 27.5%，绿化覆盖率也保持逐年增长，2010 年达到 37.5%。"十一五"以来，安徽省以禁止污水排入巢湖为治理准则，开展了巢湖污水治理措施，使巢湖水质得到明显改善。2003 年，安徽省将新安江流域的水污染治理和保护纳入本省的经济发展规划中，随着相关治理项目的实施，新安江的水质逐步稳定。

3. "十二五"期间安徽省经济社会发展分析

如图 3-6 所示，"十二五"期间安徽省生产总值增长迅速，由 2010 年的 12 359.33 亿元增长到 2015 年的 22 005.6 亿元，规划期间平均增长了 13.01%。2015 年的人均生产总值为 35 997 元，安徽省开始步入中等偏上收入阶段。三大产业的结构进一步调整，第一产业占比下降 2.8%，第二产业下降 0.6%。其中，第一产业产值增长 42.09%，通过"671"转型倍增计划的实施，全省粮食生产取得"十二连增"，与 2010 年相比，上涨了 14.9%。在规模以上的工业中，高耗能产业增加值占比下降了 2.3%，而高新技术、战略性新兴产业的产值占比分别上升了 7.6%、6%。

2014 年，安徽省作为国家新型城市化试点省份，调整了巢湖市的行政区划分，改革本省的户籍制度，积极推进城市化进程。2015 年城市绿地面积达到 9.38 万公顷，绿化覆盖率提高到 41.2%。"十二五"期间，安徽省实施减排责任制，推动工程、结构、管理三大减排方式，建立生态补偿机制，截止到 2015 年，总计完成淮河、长江、巢湖三大流域的环保规划项目 504 个。

3.5.2　安徽省水资源管理制度

1．"十五"期间安徽省水资源管理概况

新中国成立以来，安徽省水利建设取得令人瞩目的成绩，省委省政府投入大量人力物力兴建水利设施，建筑堤坝、水电站，疏通河道，进行水电整改，加强了对水资源的管理与保护。进入21世纪，社会经济和城市化建设发展速度加快，水利建设同发展之间的矛盾日益凸显。主要问题表现为以下几点：①防洪工程建设仍未完善，此项工作的不足直接体现在安徽省1991年、1998年和1999年遭遇三次较大洪水时的经济损失巨大。"十五"期间安徽省达到抵御1954年洪水标准的地区只有一半，淮河流域的蓄洪区建设不达标，全省只有少数城市满足国家防洪标准限值。②水环境生态问题严重。"十五"期间除了少数山区水库以及长江干流，剩下水体，如淮河、巢湖等均遭受一定程度的水污染。同时，水土流失情况仍在加剧，流失面积占区域面积比例接近20%。③水资源管理体制不完善，缺乏完整的水资源保障体系。水权市场和水价制定无法满足各方意见要求，水利运行的良好机制仍没有形成，安徽省在水资源管理、信息统计、工作调查、水利科研等方面有待改善。

针对当时水资源管理方面的问题，安徽省水利厅制定并采取政策措施有：①确立政府主导型管理方式，加强政府宏观调控；②加大水利建设资金投入，合理分配使用；③探索水资源管理体制改革，尝试水资源的市场化建设；④鼓励各方积极参与水利科研工作，转变成果推广应用，借鉴国外先进水质监测经验，提高水质监测科技水平。

2．"十一五"期间安徽省水资源管理概况

1）成绩简介

"十一五"期间安徽省水资源管理工作稳步推进，在采取最严格水资源管理制度后，水资源利用率显著提升。主要用水指标，如万元GDP用水量、万元工业增加值、工业用水重复利用率和农业灌溉水利用系数均有显著提高。关于水资源的法律法规建设逐步完善，相继出台《安徽省水文条例》《安徽省水能资源开发利用管理意见》等文件，水行政执法规范性、合法化不断加强。在水资源管理体制改革方面，重点在水利工程管理和水费征收方面做出改变，《安徽省取水许可和水资源费征收管理实施办法》的颁布实施，使水资源市场化探索迈出重要的一步。

2）存在问题

水权制度建设有待加强，水权使用相关受益方权责界定不明晰，尚未完全落实《水法》规定的流域管理制度与区域管理制度。水资源市场化建设方面的水价制定及征收体系、水利工程项目投融资等仍处于起步阶段，未完全适应新形势下的市场经济规律。

3）水资源管理改革

从水资源管理方面入手，水资源管理制度要以水权为重点，制定水资源开发利用综合规划，建立省内水资源配置初始方案，推进节水型社会建设试点工作，考虑在需求管理、经济调节和节水技术上建立新的节水机制。

3．"十二五"期间安徽省水资源管理概况

1）阶段成果

"十二五"是安徽省经济加速发展的五年，与此同时，水利建设工作同样大步向前。水利工作以科学发展观和可持续发展为指导思想，将计划实施"水利安徽"战略升级为省级战略。工程水利、生态水利、民生水利、资源水利建设加速进行，水资源保障和水生态保护等"五大体系"建设不断完善。

2）存在问题

虽然在水资源管理方面取得阶段性成果，但构建水资源配置体系、建设水利基础设施和水资源环境污染治理等方面相应问题仍有待解决。最严格水资源管理制度处于建设初期，各项涉水管理体制运行仍未稳固，水利信息化系统尚未完善。水利基础设施建设落后、水资源配置体系不完整、水资源短缺制约经济发展问题未得到有效解决。

3）水资源管理改革

继续改进水资源管理制度中的不足之处，坚持推进水务一体化改革，进行新形势下的农村水利改革工作。在已有《安徽省取水许可和水资源费征收管理实施办法》基础上，继续执行计量收费制度，规范水费征收。坚持立法先行，针对安徽省实际情况完善在节水型社会建设、水资源保护和农村水利管理等方面的法规体系，使水利部门有法可依，执法从严。政府层面应该简化水资源相关方面行政审批制度，规范政府行为，开展水资源节约保护和《水法》的宣传工作。

3.5.3　安徽省水资源利用与经济发展关系分析

水资源的开发利用将会直接影响经济社会水平的发展，水资源短缺、水质污染及洪涝灾害等问题的频发将制约本地区经济的发展，经济水平的高低将会直接影响当地水利事业的资金投入多少、水利建设技术水平的高低及水资源管理制度的完善与否。

1．指标的选取及数据处理

工业、农业、生活等用水量的高低不仅反映当地用水效率的高低，也反映了当地经济水平的高低。因此，本节以地区生产总值为因变量，农业用水量、工业用水量及生活用水量为自变量，采用多元线性回归分析方法，分析安徽省水资源利用对全省经济发展的影响。

根据《安徽省统计年鉴》的数据，选取相关指标数值，然后分别对2000~2015年安徽省生产总值与农业用水量、工业用水量、生活用水量数据，采用初值化方法，进行无量纲化处理，得出以下结果，如表3-5所示。

表3-5　各指标无量纲化数据

年份	生产总值（Y）	农业用水量（X_1）	工业用水量（X_2）	生活用水量（X_3）
2000	1.00	1.00	1.00	1.00
2001	1.12	1.13	1.18	0.98

续表

年份	生产总值（Y）	农业用水量（X_1）	工业用水量（X_2）	生活用水量（X_3）
2002	1.21	1.15	1.25	0.98
2003	1.35	1.05	1.39	1.02
2004	1.64	1.09	1.57	1.20
2005	1.84	1.02	1.68	1.26
2006	2.11	1.22	1.98	1.21
2007	2.54	1.08	2.08	1.30
2008	3.05	1.36	2.12	1.36
2009	3.47	1.50	2.33	1.44
2010	4.26	1.49	2.34	1.50
2011	5.27	1.51	2.25	1.58
2012	5.93	1.41	2.47	1.54
2013	6.63	1.45	2.45	1.57
2014	7.18	1.28	2.30	1.59
2015	7.58	1.41	2.32	1.63

2. 模型设定

利用 EViews 软件绘制各指标取值变化曲线图，如图 3-8 所示，2000~2015 年安徽省生产总值与农业用水量、工业用水量、生活用水量均呈现逐渐上升趋势，可以说随着经济社会的发展，各项用水量均有所增加。其中，安徽省生产总值上升趋势最明显，农业用水量、工业用水量、生活用水量上升趋势较平缓。安徽省生产总值及农业用水量、工业用水量、生活用水量影响因素存在明显的差异，但这四者具有相似的变动方向，说明这四者可能存在某种相关性。因此，本节将模型设定为线性回归模型：$Y_i = \beta_1 + \beta_2 X_1 + \beta_3 X_2 + \beta_4 X_3 + \mu$。

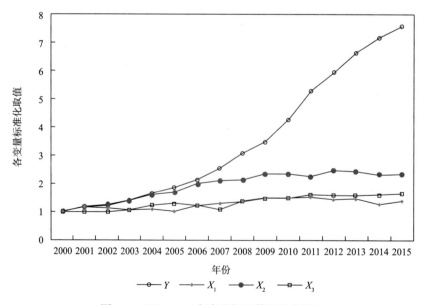

图 3-8　2000~2015 年各指标取值变化曲线图

3. 参数估计

根据上述设定的线性回归模型形式 $Y_i = \beta_1 + \beta_2 X_1 + \beta_3 X_2 + \beta_4 X_3 + \mu$ 及 2000~2015 年《安徽省统计年鉴》的数据，运用 EViews 软件对模型的参数进行估计，得出如表 3-6 所示的结果。

表 3-6　模型参数估计结果（一）

变量	系数	标准差	t - 统计量	P 值
C	-10.0507	2.0977	-4.7912	0.0040
X_1	0.4596	2.2677	0.2027	0.8428
X_2	-2.0496	1.5392	-1.2217	0.2077
X_3	12.7878	3.1189	4.1000	0.0015
R^2	0.8748	被解释变量的均值		3.5114
调整的 R^2	0.8435	被解释变量的标准差		2.3192
回归标准误	0.9174	AIC 准则		2.8778
残差平方和	10.1002	SC 准则		3.0710
对数似然函数值	-19.0228	HQ 准则		2.8877
F-统计量	27.9521	杜宾-沃森统计量		0.8677
P 值	0.0000			

根据表 3-6 的数据，该模型的参数估计结果存在一定的多重共线性。于是计算这三个解释变量的相关系数，计算结果如表 3-7 所示。

表 3-7　各解释变量的相关系数

变量	X_1	X_2	X_3
X_1	1.000000	0.853175	0.867342
X_2	0.853175	1.000000	0.907802
X_3	0.867342	0.907802	1.000000

根据表 3-7 的相关系数矩阵，这三个解释变量间的相关系数较高，则它们之间存在一定的多重共线性。

4. 多重共线性处理

接下来，对这三个解释变量的原始数据进行对数变换处理，进一步对以下模型进行估计：$\ln Y_i = \beta_1 + \beta_2 \ln X_1 + \beta_3 \ln X_2 + \beta_4 \ln X_3 + \mu$，估计结果如表 3-8 所示，并得到最终方程：

$$\ln \hat{Y}_i = -4.5575 + 1.5412 \ln X_1 - 1.1186 \ln X_2 + 3.4937 \ln X_3$$

$$\left(R^2 = 0.9473, \overline{R}^2 = 0.9342, F = 71.97 \right)$$

表 3-8　模型参数估计结果（二）

变量	系数	标准差	t-统计量	P 值
C	-4.5575	1.7780	-2.5634	0.0248
$\ln x_1$	1.5412	0.4893	1.0197	0.0279
$\ln x_2$	-1.1186	0.7707	-0.2424	0.0125
$\ln x_3$	3.4947	1.7779	5.5331	0.0007
R^2	0.9473		被解释变量的均值	9.0062
调整的 R^2	0.9342		被解释变量的标准差	0.7070
回归标准误	0.1814		AIC 准则	-0.3641
残差平方和	0.3948		SC 准则	-0.1710
对数似然函数值	6.9124		HQ 准则	-0.3542
F-统计量	71.9701		杜宾-沃森统计量	0.8488
P 值	0.0000			

5. 模型检验

1）统计检验

拟合优度：根据表 3-8 的数据可以得到 $R^2 = 0.9473$，修正的可决系数 $\overline{R}^2 = 0.9342$，说明模型对样本的拟合很好。

F 检验：针对 H_0：$\beta_1 = \beta_2 = \beta_3 = 0$，给定显著性水平 $\alpha = 0.05$，根据 $F = 71.97 > F_\alpha(3,12)$，应拒绝原假设 H_0：$\beta_1 = \beta_2 = \beta_3 = 0$，说明回归方程显著，即农业用水量、工业用水量、生活用水量因素联合起来确实对安徽省生产总值有显著影响。

t 检验：所有系数估计值高度显著。

2）经济意义检验

针对估计结果，假定其他变量不变，或者说其他变量变化相对不明显时，农业用水量每增加 1 亿立方米，安徽省生产总值平均增加 1.5412 亿元；工业用水量每增加 1 亿立方米，安徽省生产总值平均减少 1.1186 亿元；生活用水量每增加 1 亿立方米，安徽省生产总值平均增加 3.4937 亿元。

在 2000~2015 年，中国经历了"十五"计划、"十一五"计划和"十二五"计划，安徽省经济社会发展经历了从着重发展工业（包括重工业、轻工业），依靠基础设施建设以及投资工业发展拉动经济增长，转向调整产业结构，大力发展新兴产业、创新科技产业及现代化服务业。在这 16 年间，伴随着经济社会发展，工业和城市发展越来越迅速，人口不断增多，需水量不断增加。并且中国人均水资源占有量贫乏、地区分布差异很大，安徽省的水资源总量较为匮乏，水资源供需矛盾越来越严重。安徽省水资源的开发利用也经历了翻天覆地的变化，水资源利用越来越广泛，但是利用效率较低，浪费现象严重，保护水资源，实施严格的水资源开发利用制度也越来越受到重视。伴随中国总体经济发展结构（包括安徽省经济发展结构）的转变，人口增长趋于平缓，城市化发展速度放慢，安徽省水资源的利用也凸显这种变化。工业上费水、费电、环境不友好型企业逐渐被淘汰，科技创新型及环境友好型企业逐步替代传统行业；新型农业发展迅速，农业灌溉用水量变化不明显，伴随着现代化农业发展，农业用水量总体平缓增长；随着经济发展，人民生活水平提高，城市化程度提高，居民生活用水量增加较为迅速，居民生活各方面用水需求增多。综上所述，上述模型参数与目前经济社会发展状况基本符合。

3.5.4　安徽省水资源管理成效评析

1. 安徽省水资源管理成效

多年以来，安徽省一直面临着水资源短缺、水土流失、洪灾防护及治理水平低等问题。本节将运用 2005~2015 年《安徽省统计年鉴》及《安徽省水资源公报》相关数据进行分析。

"十五"规划期间，安徽省将水利事业的发展目标集中在污水处理和防洪等方面，2005 年基本建成临淮岗洪水控制工程、汾泉河治理工程，污水治理、病险水库排险及城市防洪等工作进度进一步加快。《2005 年安徽省水资源公报》数据显示，安徽省 2005 年废水入河量为 22.13 亿吨，劣五类水质河长占比为 40.2%，与 2004 年相比，三类以下水质河长占比有所下降，湖泊水质也有所上升。在水资源利用方面，2005 年全省耗水总量较 2004 年减少 3.43 亿立方米，万元 GDP 用水量为 386.1 立方米，长江流域水资源利用效率最高，淮河流域次之。

"十一五"期间，安徽省的万元 GDP、万元工业增加值用水量分别下降了 197 立方米和 141 立方米，工业用水效率得到较大提升。在农业用水方面，增加节水灌溉面积 11.029 万公顷，节水灌溉系数提升至 0.49。在水生态环境修复方面也收获颇丰，不仅增加水土流失治理面积 18.065 万公顷，而且在政府的有效管理之下，2010 年全省水利工程建设的防洪减灾取得 260 亿元左右的效益，并建立了 1 106 个饮水工程，解决了 296.72 万人的饮水安全问题，全省劣五类水质河长占比仅为 18.1%，较 2005 年下降了 22.1 个百分点。

"十二五"期间，安徽省完成近 313 项中小河流治理项目，改造了 9 处大型灌排泵站，累计建成节水灌溉面积 383.78 万公顷，完成 465 亿元的农村水利建设投资，是"十一五"期间的 2.24 倍。2015 年农业灌溉水有效利用系数达到 0.524，农田亩均用水量为 282.4 立方米，较 2010 年下降了 76.2 立方米，万元工业增加值用水量下降了 58 立方米。在水资源生态建设方面，安徽省目前拥有 26 个国家级或省级水生态文明建设城市试点。

图 3-9 为 2000~2015 年安徽省水利固定资产投资情况，近 16 年来总体呈现出上升趋势，2015 年固定资产投资达到 2 021.01 亿元，约为 2000 年的 45 倍。截止到 2015 年，累计投资 11 416.38 亿元。其中，"十五"期间投资额为 545.59 亿元，"十一五"期间为 3 260.26 亿元，"十二五"期间为 7 565.3 亿元。

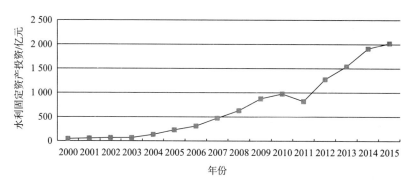

图 3-9　2000~2015 年安徽省水利固定资产投资情况

　　近年来，安徽省一直十分关注农村水资源现状，2000~2015 年在农村改水上的资金投入一直在上升（图 3-10），2015 年资金投入额达到 276 961 万元，受益率达到 96.8%；农村自来水普及率由 2000 年的 36.8%上升至 2015 年的 72%。在污水治理方面，投资金额波动较明显，2007 年投资金额最高，达到 59 004 万元，之后出现下降，基本保持在 20 000 万元上下浮动，相比较于安徽省逐年增长的废水排放总量，相关部门有必要进一步加强水污染治理方面的投资。

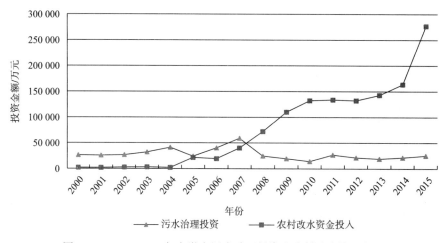

图 3-10　2000~2015 年安徽省污水治理投资和农村改水资金投入

2. 水资源管理效率评价研究现状

　　目前，中国针对水资源现状的研究主要表现在水资源管理制度、开发利用现状、利用效率、承载力或压力及水资源可持续利用评价等方面，对于水资源管理制度的研究，大多集中在理论分析上，很少有关于水资源管理效率评价的定量分析。

　　王晓娟（2005）分析了农业灌溉管理制度对农业用水效率的影响，发现提高水价和建立相应的水资源使用者协会可以提高农业灌溉用水效率；陈敏（2010）对石羊河的水资源管理情况，运用 DEA 模型进行有效性评价，认为居民生活用水、第二产业污水排放等会严重影响水资源管理效率；潘护林等（2012）针对干旱地区的水资源管理绩效，从环境、社会、经济、管理等角度建立指标评价体系，结合层次分析法确定权重，发现甘州地区水资源管理绩效在经济效益和社会公平性等方面有显著提高；林丽梅（2014）从服务能力、服务效率等角度对城镇污水处理在进行市场化改革中取得的成效进行了评价；李秋萍（2015）针对中国流域生态补偿制度，对长江流域的水资源生态补偿效率进行测度，发现长江流域的生态效率较高，但还有很大的提升空间；熊宇斐等（2016）以塔里木河为例，运用非参数检验等方法，从水量变化情况入手，发现统一管理措施能够提高流域干流来水量。

3. 模型及指标选取

针对安徽省的水资源管理效率，本节将运用 DEA 模型，选取相应的投入产出指标，定量分析安徽省近几年的水资源管理效率。

为充分体现安徽省"十五"、"十一五"及"十二五"期间的水资源管理成效，针对安徽省水利事业资金投入及管理现状，选取了 2000~2015 年相关水利事业发展及供水用水情况的数据，具体如图 3-11 所示。在水资源管理资金投入方面，选取了水利固定资产投资、污水治理投资及农村改水资金投入三个指标，除此之外，选取了节水灌溉面积和水土流失治理面积两个指标，用以衡量安徽省在农业节水和水土资源治理两方面的投入。为准确衡量不同水资源管理投入下的成效，本节从用水量和污水排放量两个方面出发，加之考虑到数据获取的难易程度，选取农业用水量、工业用水量、废水排放总量及农村自来水普及率作为产出指标。各指标数据分别来自 2001~2016 年的《安徽省统计年鉴》。

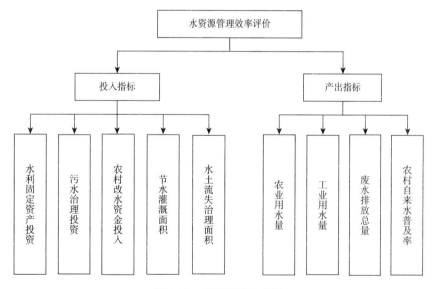

图 3-11　指标选取结构图

4. 实证分析

1）安徽省 2000~2015 年水资源管理投入产出效率分析

通过 DEA 模型，运用 DEAP 2.1 软件，分析安徽省 2000~2015 年水资源管理效率，输出结果如表 3-9 所示。

表 3-9　安徽省 2000~2015 年水资源管理效率值

年份	技术效率	纯技术效率	规模效率	规模报酬
2000	1.000	1.000	1.000	—
2001	1.000	1.000	1.000	—
2002	0.983	0.984	0.999	irs
2003	0.957	0.957	1.000	—
2004	1.000	1.000	1.000	—
2005	1.000	1.000	1.000	—
2006	1.000	1.000	1.000	—
2007	1.000	1.000	1.000	—
2008	0.990	1.000	0.990	drs
2009	1.000	1.000	1.000	—
2010	1.000	1.000	1.000	—
2011	1.000	1.000	1.000	—
2012	1.000	1.000	1.000	—
2013	1.000	1.000	1.000	—
2014	1.000	1.000	1.000	—
2015	1.000	1.000	1.000	—
均值	0.996	0.996	0.999	

注：技术效率=纯技术效率×规模效率；drs 为规模报酬递减，irs 为规模报酬递增，—为规模报酬不变

通过分析以上结果，可以得到以下五个结论。

第一，水资源管理投入相对有效。2000~2015 年安徽省水资源管理的纯技术效率取值仅有 2002 年和 2003 年不为 1，其余年份取值均为 1，这表明安徽省近 16 年来的水资源管理投入能够落到实处，资金投入和水利建设相对有效。2001~2002 年，安徽省各项水资源管理投资均有所上升，其中，水利固定资产投资额上升了 20.55%，但是各产出指标数值较 2001 年基本持平。2003 年，各项投入指标较 2002 年出现小幅上升，但用水量和废水排放量却呈现增长的趋势。

第二，水资源管理投入基本满足需求。从规模效率一列的各年份取值来看，仅 2002 年和 2008 年取值不为 1，其余年份取值均为 1。也就是说，安徽省仅 2002 年和 2008 年的水资源管理投入不能够满足本省的需求，其余年份投入都相对充足。

第三，水资源管理投入总体较为合理。从技术效率一列看，仅 2002 年、2003 年和 2008 年水资源管理技术效率值不为 1，表明安徽省水资源管理的投入不是很合理，成效也不是十分显著，其余 13 年的管理投入则相对合理。安徽省应仔细分析各年份水资源管理投入成效的高低，总结经验，进一步完善安徽省的水资源管理投入结构。

第四，水资源管理投入总体均衡。通过比较纯技术效率和规模效率两列，发现 2003 年规模效率为 1，但是纯技术效率仅为 0.957，即水资源管理资金投入合理，而利用效率却是较低的。总体上，安徽省 2000~2015 年的水资源管理投入产出是均衡的。但 2008 年

的纯技术效率为 1，而规模效率值小于 1，资金投入合理程度不高。

第五，水资源管理规模报酬有待提高。纵观安徽省这 16 年的水资源管理规模报酬，仅 2002 年为规模报酬递增，2008 年为规模报酬递减，其余年份均处于规模报酬不变。2008 年，政府应该加大相应的管理投入，有助于提高水资源管理效率；而对于 2002 年，政府应该提高各项投入的利用效率，盲目地增加管理投入并不会带来效率的提高。

2）安徽省三个五年规划期间水资源管理投入产出效率分析

为反映安徽省"十五""十一五""十二五"期间的水资源管理效率，首先，对各指标值进行处理，除了农村自来水普及率取五年的平均值，其余指标均将五年的数值进行加总求和；其次，运用 DEAP 2.1 软件分析安徽省三个五年规划期间的水资源管理效率，运行结果如表 3-10 所示。

表 3-10　安徽省三个五年规划投入产出效率值

时期	技术效率	纯技术效率	规模效率	规模报酬
"十五" 期间	0.997	0.997	1.000	—
"十一五" 期间	1.000	1.000	1.000	—
"十二五" 期间	1.000	1.000	1.000	—
均值	0.999	0.999	1.000	

注：—为规模报酬不变

可以看出，"十五"期间，安徽省水资源管理规模效率取值为 1，投入较为充足，但纯技术效率取值为 0.997，水资源利用效率不高；而"十一五"和"十二五"期间水资源管理效率均为规模报酬不变，技术效率取值也为 1，水资源管理方面的资金投入和水利设施建设相对充足，其水资源管理经验值得借鉴。

3.5.5　结论与建议

1. 主要结论

1）水资源管理政策逐步完善，改进措施持续推进

近 16 年来，安徽省委省政府在水资源管理上取得的长足进步，是众多水利人心血与汗水的结晶，同时也为将来水资源管理工作顺利开展奠定了基础。尽管"十五"到"十二五"期间水资源管理体制改革方面工作重点略有不同，但在以下几个方面做到了持续性改进：①立法工作不断完善，多部与水资源管理相关的法律法规已经修订草案或者颁布实施；②淮北、合肥稳步推进节水型社会建设，并取得阶段性成效；③贯彻落实最严格水资源管理制度，严守水利部设定的"三条红线"；④开展节约用水宣传工作，致力于提升全民节水意识；⑤在经济发展新常态下进行水资源市场化探索和水市场的建立工作。

2）工业用水增长对经济发展有负向影响

通过分析安徽省农业用水量、工业用水量及生活用水量对全省经济发展的影响，发现农业用水量和生活用水量的增长对生产总值产生正向影响，而工业用水量增长则对经济发

展产生负向影响，工业用水量每增加 1 亿立方米，安徽省生产总值平均减少 1.118 6 亿元。因此安徽省有必要减少高耗水企业，进行相应的产业结构调整，减少地区内的工业用水量。

3）产业结构逐步优化，水资源治理有序进行

近 16 年来，安徽省一直以产业结构调整和优化为目标。2015 年的固定资产投资提高到 2000 年的 17 倍，第一、第二、第三产业结构已经由 2000 年的 25.6∶36.4∶38 调整为 2015 年的 11.2∶51.5∶37.3。农业也逐步实现产业化，在"十二五"期间实现农业的"十二连增"。高耗能、高污染企业逐步被高新技术产业代替，并加大对工业污染排放的监察力度，实行减排责任制，不仅使新安江水质得到改善，还完成多项淮河、长江、巢湖等流域的治理和管理项目。

4）水资源管理成效初显，效率有待提升

通过分析安徽省"十五"、"十一五"及"十二五"规划期间的水资源管理成效，发现全省水资源管理投入逐年上涨，"十二五"期间水利投资是"十一五"期间的 2.4 倍，水土流失治理面积、节水灌溉面积均在上升，用水效率也有了显著性提高，2015 年农业灌溉水有效利用系数仅比全国水平低 0.012。近 16 年来，全省水资源管理效率基本处于规模报酬不变的水平，除了 2002 年和 2008 年管理投入不能满足需求外，在投入相对充足的年份中，也只有 2003 年的水资源管理投入成效相对较低，其余年份的管理投入利用都较为充分。

2. 政策建议

1）合理配置省内水资源，建立水权转让制度

建立合理有效的水资源分配制度是可持续发展的前提，尤其是在不同用水部门和不同地区之间，配置问题极为重要。收集整理不同区域和行业领域的发展规律，综合制定长远发展规划。在水权和水市场建立方面，坚持省水利厅治水思路，逐步确定省内主要流域如长江和淮河的水资源使用权，建立水权转让制度。有关政府部门坚决执行《中华人民共和国水污染防治法》规定，加大执法力度，一经发现立即查处。不断完善水资源统一管理工作，涉水事务严格按照规章制度执行，以最严格水资源管理制度为基础，控制用水总量，严守用水效率红线，使全社会形成水资源保护意识。

2）加强用水效率，提高资金利用水平

安徽省应该进一步控制全省的水资源供给量，提高水资源利用效率，促进雨水收集、污水回用等工程项目的建设，发展循环用水系统等节水技术，督促企业提高污水处理回用的效率，提高全省水资源的可持续利用水平。再者，对于各项水资源管理投入，政府应该加强水资源管理，加大监督执法力度，提高水利工程的建设水平，合理配置各项资金投入，提高资金利用水平。

3）进一步优化产业结构，支持绿色生产技术

安徽省应该将三次产业的结构进一步优化，以实现产业结构中高端水平为目标。大力发展高新产业、战略性新兴产业，推动农业生产逐步现代化，并且加快高污染高耗能企业改革，引导相关企业进行绿色改造，采用绿色生产技术，建立绿色低碳、低排放、低污染

的经济发展体系。

4）提高水资源管理力度，加强三大用水量管理

随着中国经济发展进入转型期，生态环境保护面临严峻挑战，水资源供需矛盾越来越突出，严格执行水资源管理制度，使其对农业用水、工业用水、生活用水需求的适应性更加灵活和更加有效，已经成为目前亟待解决的问题。因此，农业方面，应加快新型农业现代化的建设，加快淘汰过去用水效率低的灌溉模式；工业方面，要大力取缔一些浪费水资源的或者用水效率低下的企业，同时对这些企业设置高门槛准入制度，大力发展环境友好型节水企业；生活方面，一方面加大力度宣传水资源的重要性，逐渐培养公民的节水意识，另一方面可以设置阶梯式居民用水收费标准；此外，对于第三产业尤其是服务业用水也应加大管理力度。

参 考 文 献

陈敏. 2010. 基于 DEA 方法的石羊河流域水资源管理有效性评价[D]. 兰州大学硕士学位论文.

陈兆开，施国庆，毛春梅，等. 2008. 珠江流域水环境生态补偿研究[J]. 科技管理研究，（4）：74-76.

池京云，刘伟，吴初国. 2016. 澳大利亚水资源和水权管理[J]. 国土资源情报，（5）：11-17.

窦明，王艳艳，李胚. 2014. 最严格水资源管理制度下的水权理论框架探析[J]. 中国人口·资源与环境，24（12）：132-135.

杜鹏，徐中民. 2007. 公众参与理论、方法及其在水资源集成管理研究中的国际进展[J]. 地球科学进展，22（6）：592-597.

侯春放，程全国，李晔. 2015. 基于水环境容量的寇河流域生态补偿标准[J]. 应用生态学报，26（8）：2468-2471.

胡燮. 2008. 国外水资源管理体制对我国的启示[J]. 法制与社会，（5）：174-175.

黄薇，陈进. 2006. 跨流域调水水权分配与水市场运行机制初步探讨[J]. 长江科学院院报，23（1）：51-52.

康洁. 2004. 美日水资源管理体制比较[J]. 海河水利，（6）：19-20.

李焕雅，王春. 2001. 试论水资源内涵、外延及其管理[J]. 水利发展研究，1（6）：1-2.

李秋萍. 2015. 流域水资源生态补偿制度及效率测度研究[D]. 华中农业大学博士学位论文.

林丽梅. 2014. 城镇污水处理服务市场化改革成效评价[D]. 福建农林大学硕士学位论文.

刘春生，廖虎昌，熊学魁，等. 2011. 美国水资源管理研究综述及对我国的启示[J]. 未来与发展，34（6）：45-49.

刘卫先. 2014. 对我国水权的反思与重构[J]. 中国地质大学学报，14（2）：75-83.

马东春. 2009. 水权管理制度中政府管理职能及模式研究[D]. 清华大学硕士学位论文.

宁立波，徐恒力. 2004. 水资源自然属性和社会属性分析[J]. 地理与地理信息科学，20（1）：60-62.

潘护林，徐中民，陈惠雄，等. 2012. 干旱区可持续水资源管理绩效综合评价——以张掖市甘州区为例[J]. 干旱区资源与环境，26（7）：3-6.

沙景华，王倩宜，张亚男，等. 2008. 国外水权及水资源管理制度模式研究[J]. 中国国土资源经济，21（1）：35-37.

史璇，赵志轩，李立新，等. 2012. 澳大利亚墨累-达令河流域水管理体制对我国的启示[J]. 干旱区研究，29（3）：419-424.

世界气象组织，联合国教科文组织. 2001. 水资源评价——国家能力评估手册[M]. 李世明，张海敏，朱庆平译. 郑州：黄河水利出版社.

孙海涛. 2016. 水资源管理中的公众参与制度研究[J]. 理论月刊，（9）：104-110.

孙炼，李春晖. 2014. 世界主要国家水资源管理体制及对我国的启示[J]. 国土资源情报，（9）：14-22.

孙媛媛，贾绍凤. 2016. 水权赋权依据与水权分类[J]. 资源科学，38（10）：1893-1900.

汪恕诚. 2001. 水权和水市场——谈实现水资源优化配置的经济手段[J]. 水电能源科学，（1）：6-9.

王晓娟. 2005. 浅议灌溉管理制度改革[J]. 水利经济，（3）：42-43.

王瑗，盛连喜，李科，等. 2008. 中国水资源现状分析与可持续发展对策研究[J]. 水资源与水工程学报，19（3）：10-14.

谢晓敏，蹇兴超，冯庆革. 2013. 基于 COD 水环境剩余容量的流域生态补偿研究[J]. 中国人口·资源与环境，23（5）：103-105.

熊宇斐，张广朋，陈超群，等. 2016. 基于水量变化的塔里木河统一管理成效评价[J]. 自然资源学报，（11）：1807-1809.

杨立信. 2009. 水资源一体化管理的基本原则（上）[J]. 水利水电快报，30（10）：12-15.

杨向辉，陈洪转，郑垂勇. 2006. 我国水市场的构架及运作模式探讨[J]. 人民黄河，28（2）：43-44.

张莉莉，王建文. 2012. 水权实现的制度困境及其路径探析：以水权的内涵解读为基点[J]. 安徽大学学报，（5）：131-136.

张丽娜，吴凤平，贾鹏. 2014. 基于耦合视角的流域初始水权配置框架初析——最严格水资源管理制度约束下[J]. 资源科学，31（11）：2240-2246.

张志强，程莉，尚海洋，等. 2012. 流域生态系统补偿机制研究进展[J]. 生态学报，32（20）：6543-6552.

郑忠萍，彭新育. 2005. 我国水市场研究述评[J]. 华南理工大学学报，7（1）：24-27.

周大杰，董文娟，孙丽英，等. 2005. 流域水资源管理中的生态补偿问题研究[J]. 北京师范大学学报，（4）：131-134.

周同藩，柳建平. 2009. 我国水资源管理体制的演变及对流域管理的启示[J]. 中国农村水利水电，（1）：15-19.

邹玮. 2013. 澳大利亚可持续发展水政策对中国水资源管理的启示[J]. 水利经济，31（1）：48-52.

左其亭，李可任. 2013. 最严格水资源管理制度理论体系探讨[J]. 南水北调与水利科技，（1）：34-38.

第 4 章

中国水资源可持续利用研究

中国人均水资源拥有量基本在 2 000 立方米上下浮动, 相比较于世界人均水资源拥有量, 中国不到其四分之一, 水资源极度匮乏, 因此, 探讨如何保持中国水资源利用的可持续性具有重要意义。本章首先简要分析中国目前的水资源可持续利用现状, 并从全国用水量、水利发展、水生态文明城市建设及非常规水源的开采利用等方面对中国水资源可持续利用现状进行分析; 其次, 运用 IPAT 模型①对中国水资源可持续利用影响因素进行实证分析; 再次, 通过建立评价指标体系, 进一步评价中国 2000~2015 年水资源可持续利用程度; 最后进行案例分析, 通过对国祯环保皖北地区污水处理状况进行统计, 随机抽取 6 个污水处理系统在 2015 年的日处理数据, 寻求间歇活性淤泥法污水处理系统的绩效以及结构优化方案。

4.1 水资源可持续利用现状分析

4.1.1 水资源可持续利用理论的提出与研究进展

水资源的可持续利用理论以实现水资源生态系统的良性循环, 以及人口、资源、环境、社会四大系统协调一致发展为目标, 使水资源供给量能够满足目前社会发展的水资源需求量 (韩美等, 2015), 其思想源于 1987 年联合国环境特别委员会于《我们共同的未来》中提出的可持续发展理念 (杨剑, 2006)。

随着可持续发展理论的逐步成熟, 其在各个领域得到广泛运用, 与此同时, 世界水资源开发利用问题凸显, 水危机问题备受瞩目, 将可持续发展理论应用于水资源领域成为大

---

① 这个模型是美国生态学家埃里奇(Ehrlich)和康默纳(Comnoner)于 20 世纪 70 年代提出的。公式是 environmental impact (I) =population (P) × affluence (A) × technology (T), 即 IPAT 公式。也就是说, 这是一个用以评估环境压力的著名公式。这个公式表明, 影响环境的三个直接因素是人口、人均财富量 (或国内生产总值中的收益) 和技术以及相互间作用的影响。

势所趋，中国也逐步走向可持续发展道路，具体研究进展如图 4-1 所示（中国环境报社，1992；国务院，1994）。

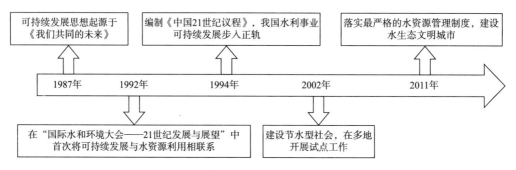

图 4-1　水资源可持续利用研究进展

随着中国水利事业可持续发展步入正轨，水资源可持续利用研究成为中国政府及专家学者的研究重点。1999 年起，钱正英同志等便围绕中国水资源问题，开展了"中国可持续发展水资源战略研究"项目的一系列研究工作，并于 2001 年针对中国严峻的水资源形势，正式从防洪减灾、农业用水及区域用水等八个方面提出适用于中国的水资源战略（钱正英，2001）。

随着相关水资源政策的实施，据水利部统计，中国"十五"期间解决了全国 6 700 万人口的饮水难问题；在"十一五"期间，农村集中式供水的人口比例提高了 20%，使 2.1 亿名农村居民告别饮水隐患（王浩和王建华，2012）；"十二五"期间，中国继续提出最严格的水资源管理制度，确立"三条红线"，严控水资源开发利用、用水效率及水功能区纳污。与此同时，中国于 2001 年提出的节水型社会建设也取得了显著成效，目前已有 300 多个国家级、省级试点，显著提高了各地区的用水效率，加快了中国节水型社会的建设进程。

4.1.2　中国水资源可持续利用概况

自中国实施最严格的水资源管理制度以来，全国多个地区考核合格且取得突出的成就。根据中国 2006~2015 年《全国水利发展统计公报》的数据，绘制图 4-2，可以发现，近 10 年以来，中国水利固定资产投资上升趋势明显，2015 年的投资额约为 2006 年的6.6 倍。

2014 年，中国重要江河湖泊水功能区水质达标率为 67.5%，2015 年再度上升至 70.8%。与 2010 年相比，全国 2015 年用水总量增加了 1.3%，但是从水资源利用效率来看，万元工业增加值用水量大幅降低，近 16 年来总计降低了 36.7%，农业灌溉水有效利用系数也已经超过 0.5，提高至 0.536 的水平，顺利完成中国"十二五"规划的控制目标。除此之外，为完成"新增高效节水灌溉面积 2 000 万亩"的任务，中国新增高效节水灌溉面积 2 145 万亩（1 亩 ≈ 666.67 平方米）。

截止到 2015 年底，全国治理水土流失面积约 115.58 万平方千米，并建成生态清洁型

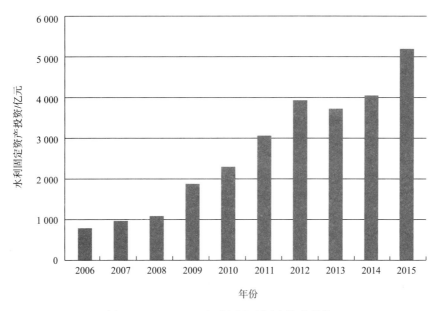

图 4-2 2006~2015 年中国水利固定资产投资

小流域 640 条，约为 2014 年修建的两倍。解决了 6 709 万名农村人口的饮水安全问题，农村集中式供水受益人口比例较上一年上涨 4.3%。

自中国开展水生态文明城市建设以来，截止到目前共设立了 105 个城市试点，其中，38 个试点成为国家生态文明先行示范区，7 个试点进入国家海绵城市试点行列。济南作为中国首个建设试点，在当地的水生态文明建设过程中，成功实现了"水网水位并举，多元联创共建"的模式，其成果已经通过了水利部的验收，全市取用水总量下降到 15.2 亿立方米，水功能区达标率增至 78.6%，农业灌溉水有效利用系数提高到了 0.65。

近几年来，中国废水和污水处理回用、雨水及苦咸水开发利用、海水淡化等非常规水源的开发利用取得了显著成就，成为中国水资源可持续利用的首要战略选择。非常规水源开发利用的迅速发展，从根本上补充了中国水资源的供给量，改善了中国水生态环境。在开发利用技术上，中国再生水回用和海水淡化等技艺已经和国外差距不大，在某些方面甚至略胜一筹，但总体上来说，中国水资源可持续利用较发达国家还是有一些差距，相关水利工程设施的生产率、自动化水平和精细程度等仍不够高（曹淑敏和陈莹，2015）。

4.2 水资源可持续利用影响因素分析

水资源合理有效利用对经济、人口、资源与环境的协调发展具有重大意义，深入分析其影响因素是加强中国水资源管理、保护和防治的重要基础，有助于了解水资源可持续利用现状。本节首先从自然环境、人口、经济等角度出发，对影响水资源可持续利用的因素进行理论分析；其次探讨各因素的影响机制；最后通过定义水资源压力指数，运用 IPAT

模型，对中国水资源可持续利用影响因素进行实证分析。

4.2.1 影响因素理论分析

1. 自然环境因素

水资源拥有量是水资源供给的重要保证，自然环境中的水资源具有一定的周期性，如江河湖海有丰水期、枯水期、洪水期，每年的地下水位变动，降雨量的增减，这些水资源的循环周期，能够保证陆地上的淡水自我更新、补充。循环系统在一定程度上能够补充水资源开发利用后的损失，循环往复，可以保持生态平衡，持续满足人类生产、生活需要。但是地球上的淡水资源储藏量只占总水量的 2.53%，十分有限，加之全球水资源时空分布不均，如果某一时间或某一地区水资源消耗量超过供给量，将直接打破水资源的生态平衡，甚至带来水资源流失、水质污染等一系列水环境问题，直接影响水资源的可持续利用。

2. 人口因素

一个国家人口的数量和居民素质将对环境造成直接的影响，人类作为利用水资源的第一大户，其繁衍生息无一不与水资源密切相关。人口规模越大，与之相联系的各种经济需求将会增加，居民对水资源的需求会越来越大，由此产生的污水排放量也会相应上升。

图 4-3 和图 4-4 分别为中国 2005~2014 年的人均水资源量和人均用水量的变化曲线。可以发现，中国人均水资源量基本在 2 000 立方米上下浮动，2010 年达到 2 310.41 立方米，是近十年以来最高，2011 年骤降至 1 730.20 立方米，达到近十年以来最低。2010~2011 年，中国人均用水量持续上升，超过 450 立方米。

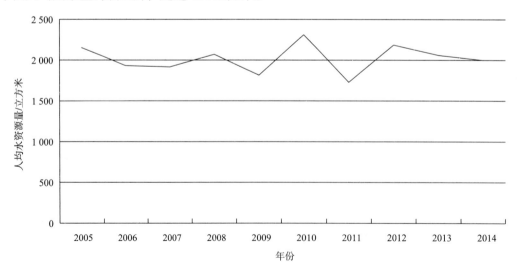

图 4-3　2005~2014 年中国人均水资源量

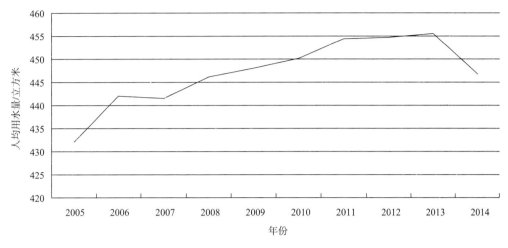

图 4-4　2005~2014 年中国人均用水量

根据联合国人口司 2016 年公布的数据，中国目前人口为 13.969 9 亿人，仍为世界第一人口大国，相较于 2005 年，中国人口上涨 6.82%。伴随着人口的增长，2014 年中国人均水资源量下降了 7.12%，用水总量却上涨了 8.2%，高达 6 094.86 立方米，其中，生活用水量上涨了 13.55%，高达 766.58 亿立方米，农业用水上涨 8.07%，工业用水上涨 5.52%。

由此可见，人口的增长以及水资源总量的下降并没有使人均用水量下降，反而有所上升，这从某种程度上反映了人口的增长使居民水资源需求增大，进一步加大了中国水资源供给的压力。

3. 经济因素

经济的发展需要利用大量的自然资源，经济发展的规模越大、速度越快，则从大自然中取用的水资源量和排放的污水量将会越多。而且不同的经济体具有不同的产业结构，不同的产业结构需水量和排污量也大有不同。与此同时，一国的经济水平也直接影响该国的水利建设，以及治理水污染的效率和资金投入。

国外学者 Grosaman 和 Kruger（1995）通过选取不同的指标，运用 EKC 曲线研究了人均收入对水资源环境的影响，并发现收入会影响这些指标的拐点；Shafik 和 Bandyopadhyay（1992）认为收入的增长会使清洁水增多，从而降低清洁水的短缺；国内学者唐德善等（2003）以太湖流域为例，分析了经济发展对水资源利用的影响，倡导中国应采取"人口–资源–环境–经济"的可持续发展模式；郑旭等（2013）拟合了生活 COD 输出量、工业 COD 排放量、工业废水排放量、生活污水排放量与人均 GDP 的曲线，认为水环境污染物的排放量与社会的经济发展存在显著的相关性，产业结构将直接影响工业污染物的排放，与此同时，经济的发展带来技术的同时，也会降低污染物的排放。

4. 技术因素

水资源在开发利用过程中主要包括自然水资源的开采、集雨工程、污水处理回用、蓄水、引水和提水等水利工程设施,建设这些基础设施的主要目的就是合理开发利用水资源,其建设质量和采用的技术直接影响中国水资源的可持续利用水平。

中国南水北调工程作为缓解华北一带水资源短缺的水利工程,自 2002 年实施以来,解决了沿线 20 多个城市的水资源短缺问题,有效改善了沿线的水资源质量,实现了水资源的有效配置,缓解了受水地区的生活、工业及农业用水问题。南水北调的中线工程是从长江支流汉江中上游的丹江口水库东岸引水,截止到目前,通水的时间长达两年,已经向北部地区提供 60.9 亿立方米的水资源,使京津冀豫地区约 4 000 万名居民受益(陈晨和刘坤,2016)。

技术的提高一方面会使生产函数得到优化,减少生产每单位产品消耗的资本和劳动等资源的投入,与此同时也会增加产出,减少生活、工业、农业等污水的排放;另一方面会提升水污染的治理效率,减少水环境的压力,提升水资源可持续利用效率。

5. 管理因素

水资源具有公共性,为避免不同社会团体为追求利益最大化而过度开采、浪费、污染水资源及垄断水市场等现象的出现,必须由政府出台相应的政策进行统一的管理。要想实现水资源的可持续开发利用,必须要有政府严格的监督和管理,以及与可持续发展理念相适应的水资源发展战略,用法律制度确立水资源管理体制,明确各部门的责任和义务,使水资源的开采、利用、配置、治理能够合理有序进行,保证水利工程建设、防灾减灾、水情监测等工作能够持续稳定地开展。

4.2.2　影响机制研究

研究水资源的可持续发展,其实就是衡量目前水资源现状与当前人口、经济、社会、环境之间的关系是否协调一致,与水资源供给需求是否一致,以及水资源压力的大小。对于任何一个国家或地区,都存在一个临界水资源量,水资源总量与其临界值之间的距离代表该地区的水资源压力。因此,研究水资源的可持续发展,实则研究水环境压力的大小。

本节选取中国 2005~2015 年的人均水资源量和国际上通用的重度缺水标准(1 000 立方米)的差值与该标准的比值,衡量该地区的水资源压力。根据 4.1 节总结的水资源可持续利用影响因素,选取年末人口总量、人均 GDP、万元 GDP 用水量、农业灌溉水有效利用系数等指标,运用 IPAT 模型定量分析这些指标对水资源可持续利用的影响。

4.2.3　水资源可持续利用影响因素实证分析

1. IPAT 模型的建立

IPAT 模型最早由美国学者贝利·科尔曼于 1971 年提出(张莉莎和童玉芬,2013),主要用于定量分析人口、经济、技术三大因素对环境污染的影响,其表达式为

$$I = P \cdot A \cdot T$$

其中，P、A、T 分别代表人口因素、经济因素和技术因素；I 代表环境指标。

由于该模型无法反映环境因素之间的相互影响，而且只能得出单位弹性，不能充分满足实际需求，1994 年，Dietz 和 Rosa 将模型改进为 STIPAT 模型，其表达式为

$$I = aP^b A^c T^d e$$

该模型可以进一步变化为

$$\ln I = \ln a + b\ln P + c\ln A + d\ln T + \ln e$$

将选取的指标代入模型可得

$$\ln I = C + b_1\ln P + b_2\ln G + b_3\ln W + b_4\ln F + \ln e$$

其中，C 为常数项；P、G、W、F 分别为年末人口总量、人均 GDP、万元 GDP 用水量、废水排放总量。

2. 指标数值分析

通过查阅《中国统计年鉴》，选取中国 2000~2015 年的年末人口总量、人均 GDP、万元 GDP 用水量、废水排放总量的数据，计算出中国这 16 年间的水资源压力指数，其值越大意味着水资源压力越小。如图 4-5 所示，中国近 16 年的水资源压力指数上下波动不定，没有明显的趋势，但基本都在 0.7 以上。其中 2010 年水资源压力最小，压力指数为 1.31；2002 年次之，为 1.21；2011 年水资源压力指数最小，也意味着该年水资源压力最大。

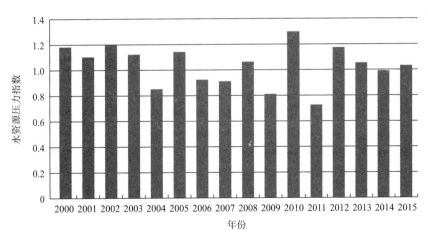

图 4-5　2000~2015 年中国水资源压力指数

3. 回归结果分析

考虑到各指标之间存在一定的相关性，将各指标数值取对数后，对数据进行多重共线性检验。由表 4-1 可以看出，第 5 个特征值既能解释年末人口总量方差的 100%，也能解释人均 GDP 方差的 96%，同时还能解释废水排放总量方差的 39%；从条件指数看，第 2~5 个条件指数都大于 10，因此有理由认为这些指标之间存在多重共线性关系。

表 4-1　多重共线性检验

模型	维数	特征值	条件指数	方差比例				
				常量	年末人口总量	人均 GDP	万元 GDP 用水量	废水排放总量
	1	4.997	1.000	0.00	0.00	0.00	0.00	0.00
	2	0.003	40.571	0.00	0.00	0.01	0.00	0.00
1	3	6.816×10^{-5}	270.765	0.00	0.00	0.00	0.99	0.00
	4	2.668×10^{-6}	1 368.497	0.00	0.00	0.03	0.00	0.61
	5	2.766×10^{-8}	13 439.939	1.00	1.00	0.96	0.01	0.39

考虑到指标间的多重共线性,接下来采用岭回归来对数据进行拟合,发现当 $K>0.2$ 时,模型的系数趋于稳定,因此取 $K=0.2$,此时对模型进行检验,发现 $R^2=0.876$, $F=34.59$,建立资源可持续利用影响因素模型如下:

$$\ln I = -10.168 - 0.346\ln P + 0.023\ln G - 0.019\ln W - 2.155\ln F$$

表 4-2 是 SPSS 软件的岭回归结果,可以看出,仅人均 GDP 对水资源压力指数影响为正,人均 GDP 每上升或下降 1%,水资源压力指数就上升或下降 0.023%。人均 GDP 的上升代表国家综合实力的提高,经济、科技水平逐步上升,在水利建设上的投资也有所增多,抵消了部分工业化进程带来的水资源压力。

表 4-2　SPSS 软件的岭回归结果

模型	非标准化系数	t	Sig.
(常量)	−10.168	−12.807	0.00
年末人口总量	−0.346	−1.342	0.01
人均 GDP	0.023	3.465	0.00
万元 GDP 用水量	−0.019	51.801	0.03
废水排放总量	−2.155	−0.713	0.00

年末人口总量、万元 GDP 用水量、废水排放总量对水资源压力指数的影响均为负,其中废水排放总量影响最大,废水排放总量每上升或下降 1%就会引起水资源压力指数下降或上升 2.155%。减少生活、工业、农业废水的排放,限制污水排放量,提高工业排污达标率对缓解水资源压力十分重要。

年末人口总量对水资源压力指数产生的影响仅次于废水排放总量,其每上升 1%,就会使水资源压力指数降低 0.346%。年末人口总量增加将直接带来水资源需求量的上升,与此同时会增加废水排放量,从而增大水资源压力。

万元 GDP 用水量对水资源压力指数的影响最小,其每上升 1%,就会使水资源压力指数降低 0.019%。在某种程度上,万元 GDP 用水量反映了中国农业、工业、服务业等在生产过程中的水资源利用效率。中国水资源利用效率较国外水平较低,长期以来没有太大浮动,目前对中国水资源压力造成的影响还不是很大,但是降低万元 GDP 用水量却是缓解中国水资源匮乏,降低水资源承载力的重要措施。

4.3　水资源可持续利用评价

评价一个地区内的水资源可持续利用水平对开发利用、合理配置及保护和管理水资源具有重要的意义。其评价主要包括两部分，首先是建立合适的评价指标体系，其次针对具体问题选择适用的评价方法。本节首先运用 DPSIR 模型，从驱动力、压力、状态、影响及响应五大因子出发，构建中国水资源可持续利用评价指标体系；其次结合模糊综合评价法和主成分分析法，分别从主、客观确定各指标权重，通过组合权重定量分析中国 2000~2015 年的水资源可持续利用程度。

4.3.1　水资源可持续利用评价研究现状

国内外学者对水资源可持续利用评价主要有两个方向：第一是选取一个角度或方法，确定相关的评价指标；第二是确定评价的方法，可以是一种，也可以是多种方法的结合。

在选取相关指标的研究中，Bossel（1999）提出了定向指标星图，从环境和经济社会等角度考虑水资源管理发展现状，建立了较为通用的水资源-社会经济-环境复合系统（RSWRS 系统）评估体系；中国学者宋松柏和蔡焕杰（2004）在此基础上进行了大量研究，建立了陕西地区水资源可持续利用评价指标体系；Rijsberman 和 van de Ven（2000）主要考虑水资源的承载能力以及生态系统和社会系统等方面；中国学者刘毅等（2005）、崔东文和郭荣（2012）等基于此，从水资源现状、利用效率、合理配置、可持续利用压力及能力等角度出发，分别评估了我国 31 个省（自治区、直辖市）、云南文山壮族苗族自治州等地区的水资源可持续利用情况；Juwana 等（2012）基于可持续发展理论提出评估水资源可持续利用的六大要素；Kondratyev 等（2002）从驱动力、状态、响应三个角度出发，为 DPSIR 模型的发展奠定了基础；中国学者周玲玲等（2014）结合 DPSIR 模型和水足迹理论选取相应的评价指标来建立适合评价我国水资源可持续利用的指标体系。

目前水资源可持续利用的评价方法主要有主成分分析法、层次分析法、模糊综合评价、人工神经网络法及投影寻踪模型等，主要在确定各指标权重中发挥作用。

4.3.2　水资源可持续利用评价指标体系的构建

DPSIR 模型包括驱动力、压力、状态、影响和响应五个大指标，在各个大指标下再选择合适的小指标，从而形成适当的指标体系，具体如图 4-6 所示。

考虑到水资源利用系统的特点以及环境经济学、循环经济学、可持续发展等相关理论基础，从宏微观层次，针对中国水资源可持续利用现状，建立科学全面的水资源可持续利用评价指标体系，具体如图 4-7 所示。通过《中国统计年鉴》《中国水资源公报》《全国水

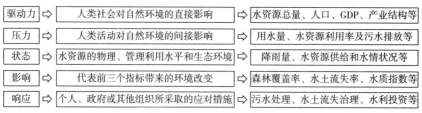

图 4-6   DPSIR 模型介绍

利发展统计公报》《中国水土保持公报》《中国水旱灾害公报》等资料查阅中国 2000~2015 年的各指标数据。

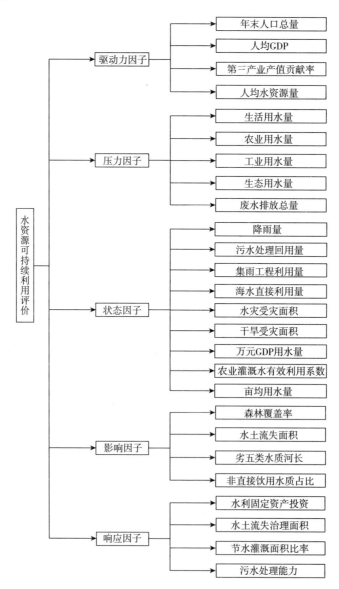

图 4-7   水资源可持续利用评价指标体系

4.3.3 水资源可持续利用评价模型建立

选定评价水资源可持续利用程度的指标后，寻找适合该指标体系且可以有效衡量各评价指标隶属于可持续利用程度的哪一个等级的方法。在选取指标的过程中，可以明显感受到各指标之间不仅仅存在数值上的差异，它们在评价可持续利用等级过程中所表现出来的重要程度也存在一定的区别。因此，为了使评价结果更加切合实际，本节采用综合主、客观权重确定方法，以各指标的组合权重值来进行评价。

目前常用的主观赋权方法主要有专家评价法、模糊综合评价法、层次分析法等；客观赋权通常通过数值模拟计算出各指标权重，应用较广泛的有主成分分析法、因子分析法、熵值法、变异系数法等。在主观权重的确定上，考虑到有些指标是成本型指标，有些是效益型指标，因此采用模糊综合评价法；客观权重方面，主要考虑到各指标之间存在一定的相关性，决定采用主成分分析法。

1. 主观权重——模糊综合评价法

模糊综合评价法是运用模糊数学，对各指标进行综合评价。设 $U = \left(u_1, u_2, \cdots, u_{16} \right)$ 为待评价的 16 年水资源可持续利用程度的集合，设 $V = \left(v_1, v_2, \cdots, v_{26} \right)$ 是最终指标值集合，U 中每一年的可持续利用程度通过 V 中的指标来衡量，设观测值矩阵为 $X = \left(x_{ij} \right)_{16 \times 26}$，其中，$a_{ij}$ 表示第 i 年的第 j 个指标的数值。

在评价过程中，有些指标是效益型指标，有些是成本型指标，因此采用相对偏差模糊矩阵评价法，建立理想方案如下：

$$V = \left(v_1^0, v_2^0, \cdots, v_{26}^0 \right) = (126\,743, 49\,992, 53.7, 2\,310.41, 574.92, 3\,432.81, 1\,139.13, 78,$$
$$415, 695.4, 48.2, 12.95, 714, 2\,704, 1\,162, 90, 0.536, 383, 21.6,$$
$$7\,934.99, 11.7, 62, 5\,252.2, 31\,217, 115\,547, 20\,245)$$

然后，将数据代入式（4-1）可得相对模糊偏差矩阵 $R_{16 \times 26}$，由于矩阵较大，在此不做具体展示。

$$r_{ij} = \frac{\left| x_{ij} - v_i^0 \right|}{\max\left\{ x_{ij} \right\} - \min\left\{ x_{ij} \right\}}, i = 1, 2, \cdots, 16; j = 1, 2, \cdots, 26 \qquad （4-1）$$

最后，采用变异系数法求取各指标权重，然后对 v_i 进行归一化即可得各指标主观权重，如表 4-3 所示。

表 4-3 各指标主观权重

指标	权重	指标	权重	指标	权重
年末人口总量	0.031 8	降雨量	0.029 6	森林覆盖率	0.048 5
人均 GDP	0.031 2	污水处理回用量	0.031 6	水土流失面积	0.080 4
第三产业产值贡献率	0.025 6	集雨工程利用量	0.030 4	劣五类水质河长	0.028 4

指标	权重	指标	权重	指标	权重
人均水资源量	0.0548	海水直接利用量	0.0374	非直接饮用水质占比	0.0618
生活用水量	0.0292	水灾受灾面积	0.0577	水利固定资产投资	0.0251
农业用水量	0.0244	干旱受灾面积	0.0428	水土流失治理面积	0.0474
工业用水量	0.0345	万元 GDP 用水量	0.0515	节水灌溉面积比率	0.0339
生态用水量	0.0403	农业灌溉水有效利用系数	0.0356	污水处理能力	0.0181
废水排放总量	0.0374	亩均用水量	0.0305	—	—

2. 客观权重——主成分分析法

主成分分析法又称主分量分析法或主轴分析法，主要用于将原来存在相关性的众多指标通过线性组合的方式，组合成几个线性无关的指标，并要求它们尽可能多地保留原始变量的信息。

由于本节选取的指标在数量级上存在较大的差异，为了消除各不同指标量纲和数量级的影响，在进行主成分分析之前，首先需要标准化各指标的原始数值；其次求解主成分并确定主成分的个数。由于本节数据计算出的前 5 个主成分的方差贡献率为 91.71%，所以本节选取 5 个主成分；最后根据主成分的方差贡献率及相应的特征向量，按式（4-2）求取综合得分模型中各原始指标的系数，并进行归一化即可得到各指标权重，如表 4-4 所示。

$$\beta_i = \alpha_i \alpha_{i1} + \cdots + \alpha_m \alpha_{im}, i = 1, 2, \cdots, p \qquad （4-2）$$

表 4-4 各指标客观权重

指标	权重	指标	权重	指标	权重
年末人口总量	0.0518	降雨量	0.0218	森林覆盖率	0.0419
人均 GDP	0.0488	污水处理回用量	0.0424	水土流失面积	0.0106
第三产业产值贡献率	0.0291	集雨工程利用量	0.0350	劣五类水质河长	0.0257
人均水资源量	0.0419	海水直接利用量	0.0482	非直接饮用水质占比	0.0410
生活用水量	0.0507	水灾受灾面积	0.0125	水利固定资产投资	0.0450
农业用水量	0.0181	干旱受灾面积	0.0188	水土流失治理面积	0.0334
工业用水量	0.0419	万元 GDP 用水量	0.0504	节水灌溉面积比率	0.0517
生态用水量	0.0478	农业灌溉水有效利用系数	0.0505	污水处理能力	0.0441
废水排放总量	0.0504	亩均用水量	0.0466	—	—

3. 组合权重——层次分析法-主成分分析法

组合权重是通过一定的数学模型，结合主、客观赋权法确定的权重。其具体计算步骤如图 4-8 所示。

现行的组合赋权主要为乘法归一化和线性加权两种，前者在指标个数相对较多且各自的权重分配比较均衡的情况下用得较多，但乘法的使用会造成权重倍增；后者则能规避这

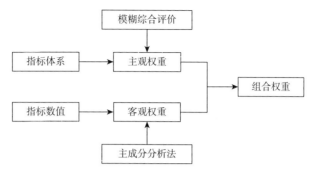

图 4-8　组合赋权法步骤

一缺点，但需要确定偏好系数 λ，通常取 $\lambda = 0.5$。

设各指标主客观权重分别为 $(\alpha_1, \alpha_2, \cdots, \alpha_n)$、$(\beta_1, \beta_2, \cdots, \beta_n)$，则计算公式分别为

$$w_i = \frac{\alpha_i \beta_i}{\sum_{i=1}^{m} \alpha_i \beta_i} \quad (i = 1, 2, \cdots, m) \tag{4-3}$$

$$w_i' = \lambda \alpha_i + (1 - \lambda)\beta_i \quad (i = 1, 2, \cdots, m) \tag{4-4}$$

通过计算得到各指标最终权重如表 4-5 所示。

表 4-5　各指标最终权重

指标	权重	权重排序	指标	权重	权重排序
年末人口总量	0.041 8	11	水灾受灾面积	0.035 1	18
人均 GDP	0.040 0	13	干旱受灾面积	0.030 8	22
第三产业产值贡献率	0.027 4	23	万元 GDP 用水量	0.051 0	2
人均水资源量	0.048 4	3	农业灌溉水有效利用系数	0.043 1	8
生活用水量	0.040 0	14	亩均用水量	0.038 5	15
农业用水量	0.021 3	26	森林覆盖率	0.045 2	5
工业用水量	0.038 2	16	水土流失面积	0.045 6	4
生态用水量	0.044 0	6	劣五类水质河长	0.027 1	24
废水排放总量	0.043 9	7	非直接饮用水质占比	0.051 3	1
降雨量	0.025 7	25	水利固定资产投资	0.035 1	19
污水处理回用量	0.037 0	17	水土流失治理面积	0.040 4	12
集雨工程利用量	0.032 7	20	节水灌溉面积比率	0.042 8	10
海水直接利用量	0.042 8	9	污水处理能力	0.031 1	21

运用 Excel 将三种权重绘制在一张图上，各指标按表 4-5 中的顺序分别用数字 1~26 来表示，具体如图 4-9 所示，可以看出，在主观权重中，位列前三位的是水土流失面积、非直接饮用水质占比、水灾受灾面积；而在客观权重中，位列前三位的是节水灌溉面积比率、生活用水量、农业灌溉水有效利用系数；在组合权重中，位列前三位的是非直接饮用水质占比、万元 GDP 用水量、人均水资源量，影响较小的几个指标，如农业用水量、降雨量、劣五类

水质河长等，其取值对于水资源可持续利用应越小越好。

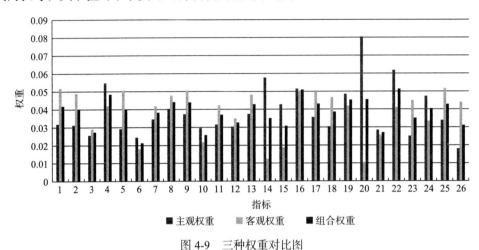

图 4-9　三种权重对比图

4.3.4　中国水资源可持续利用评价

将各指标数据进行标准化以后，运用组合权重计算出中国 2000~2015 年的水资源可持续利用程度，如图 4-10 所示。近 16 年来，中国水资源可持续利用程度一直在上升，2008 年水资源可持续利用程度彻底转负为正，是实现水资源可持续利用的质的突破。2008 年中国正式实施《中华人民共和国水污染防治法》，除此之外，2008 年的两会为中国水行业的节能减排提供了明确的政策指导。与之前相比，大幅消减了地下水资源的开采，强化水资源的管理以及再生水和雨水等非常规水源的开发利用，并给予全国范围的水污染治理极高的重视。这些措施的采取，从驱动力因子、压力因子、状态因子、影响因子和响应因子五大方面提高了中国水资源可持续利用程度。

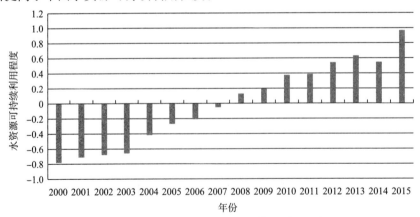

图 4-10　2000~2015 年水资源可持续利用程度

2010~2011 年，中国水资源可持续利用程度基本保持在 0.38 左右；2012 年，中国开始在全国各地实施最严格的水资源管理制度，在此期间多个地区完成考核，中国节水型城市建设也取得显著成效；2012 年和 2013 年，中国水资源可持续利用指数都已达到 0.5 以上；2014 年中国水资源可持续利用程度出现小幅下降，但仍然高于 2012 年，这可能与 2014 年中国爆发了多起水污染事件有关；之后，中国水资源可持续利用程度再度上升，2015 年的水资源可持续利用指数已经达到 2008 年的 7 倍以上。"十二五"规划结束之后，在驱动力因子上，中国人均水资源量得到上升，压力因子方面，用水量和污水排放量均有所上升，但污水处理能力也出现了飞跃性的提升，是 2014 年污水处理能力的三倍。

4.4　结论与政策建议

4.4.1　主要结论

1）供水能力较低，水资源利用效率有待提高

就目前来看，中国水资源供给量较国外发达国家还是相对较低，人均水资源占有量出现逐年降低的趋势，目前中国约 100 个城市严重缺水，全国缺水量高达 500 多亿立方米。为提高中国水资源供给能力，中国正大力提倡非常规水源的开发利用，在一定程度上增加了水资源的供给。工业和农业用水占比高达总用水量的 85%，用水量大而用水效率不高，万元工业增加值用水量是发达国家的 4~6 倍，农业灌溉水有效利用系数也相对较低，在水资源的利用效率上发展空间还很大。

2）废水排放总量对水资源可持续利用影响最大

通过综合分析自然环境、人口、经济、技术和管理因素对中国水资源可持续利用的影响，在定义了中国水资源压力指数的基础上，通过岭回归分析结果可以看出废水排放总量对水资源可持续利用影响最大，即废水排放总量会降低中国水资源压力指数，进而降低水资源可持续利用程度，这表明废水限排及治理仍然是促进中国水资源可持续利用的重要措施。

3）水资源可持续利用程度逐年上升

通过评价中国 2000~2015 年的水资源可持续利用程度，发现水资源可持续利用程度从 2008 年开始转负为正，并且保持逐年上升的趋势。在确定各指标权重中，发现水利固定资产投资对水资源可持续利用影响最大。中国近几年水利固定资产投资逐年上升，水利建设事业投资发展迅速，在一定程度上提高了中国水资源可持续利用的水平，而如农业用水量、劣五类水质河长、干旱受灾面积等，则会降低中国水资源可持续利用程度。

4.4.2　政策建议

针对以上结论，提出以下建议。

1）加强非常规水源的开发利用，提高中国供水能力

在经济高速发展的背景下，中国工业化和城市化发展逐步加速，水资源供需矛盾日

益突出。非常规水源的开发利用可以减少污水排放、提高水资源利用效率、增加水资源供给，能够有效实现节水优先和治污为本的水资源战略，对改善中国水资源利用模式，减轻中国供水压力具有重大意义。目前中国非常规水源开发利用还在发展初期，首先，应该加大资金投入，大力倡导科技创新，提高中国非常规水源开发利用的技术水平和效率，减少工艺成本；其次，应该对非常规水源开发利用统一管理，利用中国资源化产品的价格改革契机，进一步规划非常规水源的价格，借助市场经济，进一步推动中国非常规水源的利用与开发。

2）严控污水排放，提高污水治理效率

目前中国污水的排放早已超过了环境的容量，水生态环境受到严重的破坏，生活污水和农业污水的排放对环境造成的影响已经不亚于工业污水。中国不仅要控制工业污水的排放，保证工业污水排放的达标率，还要从点源、面源、内源三个方面控制生活、农业两大污水的排放，加大城镇污水处理设施的建设，在此基础上，应该积极引进高新技术，提高污水治理水平。在污水回用方面，需要进一步统一回用标准，优化污水治理产业布局，改变中国"谁污染、谁治理"的治污思路，建立专业化的治污公司，考虑引进国外普遍采用的第三方治理模式。

3）加快产业结构调整，促进生态经济发展

经济的发展应该与人和自然环境的发展协调一致，应该将生态文明、绿色发展等理念融入中国经济社会的建设中，坚持生态优先、绿色发展的理念。在供给侧改革的基础上，加快中国产业转型，培养和壮大中国健康养生、运动休闲、旅游度假等生态型产业，推进生态经济建设。除此之外，从产业化入手，引入社会资本协助中国生态经济建设，探索生态经济建设的新模式，并加快生态价值评估的核算和交易机制的建立。

4）倡导技术创新，提高水资源利用效率

中国经济在高速发展过程中，其工业用水量也逐年上涨。因此在工业化进程中，应该鼓励节水型工艺技术的创新，普及节水技术和产品，淘汰高耗水的工艺设备，降低万元GDP用水量以及万元工业增加值用水量，提高企业节水意识，倡导水资源的循环利用，提高工业废水回用效率。

作为一个农业大国，中国农业用水量占到全国用水量的60%以上，因此，推进节水灌溉技术十分必要。政府应该积极推进节水灌溉工程设备等技术的创新发展，将节水技术应用到农业生产中。一方面需要加大资金投入，采取财政补贴的方式，倡导农民使用高效的节水灌溉设备，改善农业用水的方式，提高农业水灌溉有效利用系数；另一方面继续加强农田水利建设，扩大农业节水灌溉面积，全面实施区域规模化高效节水灌溉，加快中国从粗放型水资源利用方式向集约型的转型，维持中国水资源的可持续利用。

5）大力推进最严格的水资源管理制度

首先，应该根据不同水功能区的水资源量，制订相应的用水计划，限制流域或者区域内部的年度取水量，并且制定相关的法律，对取水实行严格审批制，控制中国水资源的开发利用。其次，加快节水技术的推广，淘汰高耗水企业和不符合节水标准的工程设施，将节水设施融入水利设施建设以及社会生产和生活中,同时提高非常规水源等的开发利用,提高中国水资源的可持续利用效率。最后,对各个水功能区实行严格的监督制度,严防企业偷排、不达标排污等,控制企业污水排放强度,减少对水生态环境的破坏。

6)树立全民节水意识,落实水生态文明建设

首先,中国应该将水资源理论知识、保护与防治及相关的政策纳入中国的基础教育中,开展与水资源有关的教育和实践活动;其次,还要加大社会宣传,培养公众的水资源危机意识,鼓励居民在日常生活中积极践行水资源节约行动,从源头上减少中国水资源的浪费。

2010 年党的十七届五中全会上提出"水生态文明建设"的重要战略,以实现人与水环境的和谐发展以及水资源可持续利用为目的。为进一步推进中国水生态文明建设,第一,需要着重修复中国受损的水生态系统,保证其良性循环;第二,要提高水生态系统的稳定性,加强洪灾、旱灾等的防控;第三,应该进一步完善水生态文明建设的相关政策,严格把控水生态文明建设试点的审核标准;第四,应该加强宣传,提高公众对水生态文明建设的认知度,将水生态文明建设的理念融入居民日常生活中。

4.5 案例:污水处理绩效调查及系统结构优化

改革开放以来,中国经济飞速发展,工业化程度不断提升,工业废水的排放量日益增加,水资源面临一系列的挑战,全国地下水超采区引发严重生态环境问题,水资源隐患多,部分饮用水水源保护区内仍有违法排污现象。污水处理工作要兼顾能源的节约,实现节能减排的双重目标,在污水处理环节不断改进、优化,以期达到更好的效果。为了实证研究污水处理系统的污水处理能力,选取亳州市污水处理厂进行实地调研,首先对皖北地区污水状况进行统计,其次随机抽取 6 个污水处理系统 2015 年的日处理数据,寻求间歇活性污泥法污水处理系统的绩效以及结构优化的方案。

4.5.1 调查背景与策划

1. 背景分析

1)国家背景

改革开放虽然让中国创造了举世瞩目的成绩,但是也带来了一系列的环境问题。目前,中国水资源主要存在以下特征:水环境质量差,目前全国 COD 排放总量为 2 294.6 万吨,氨氮排放总量为 238.5 万吨,全国地表水国控断面中,仍有 9.2%丧失水体使用功能,24.6%的重点湖泊呈富营养状态;水资源保障能力脆弱,农业灌溉水有效利用系数为 0.52,远低于 0.7~0.8 的世界先进水平,全国地下水超采区面积达 23 万平方千米,造成严重生态环境问题;水资源隐患多,全国近 80%的化工项目布设在江河沿岸,部分饮用水水源保护区内

仍有违法排污现象。针对以上问题，2015 年 4 月 16 日，国务院正式向社会公开《水十条》，实施"抓两头、带中间"的政策方针，重点开展水资源保护工作。两头分别指的是饮用水水源地等水质比较好的水体水质保障和针对已经严重污染的劣 V 类水体的治理，通过这两头来带动中间一般水体的水污染防治。此外，污水处理工作也要兼顾能量的节约，国家为了实现节能减排的双重目标，在污水处理环节不断改进、不断优化，以期达到更好的效果。

2）环境背景

亳州市分属淮河、涡河、洪泽湖三大水系，其中涡河为其重要水源。全市水资源总量 21.22 亿立方米，人均水资源占有量仅 346 立方米，低于国际公认的水资源极度紧缺标准。全市供水总量 10.78 亿立方米，其中地表水供水量 4.01 亿立方米，地下水供水量 6.77 亿立方米，农田灌溉用水量 6.74 亿立方米，占用水总量的 62.5%；工业用水量 2.13 亿立方米，占用水总量的 19.8%。亳州市地表水不太丰富，主要水源为涡河，但水质污染严重，人均可利用水资源匮乏。

国祯环保处理的污水杂质主要包括四大类：一是含无毒物质的有机废水和无机废水；二是含有剧毒的有机废水与无机废水，如含有氰、酚等急性有毒物质，重金属等慢性有毒物质及致癌物，接触或者饮用将导致神经中毒、食物中毒及糜烂性毒害等问题；三是大量不溶性悬浮物以及含油废水；四是各种氮磷、酸碱工业废水。

3）企业背景

国祯环保主营业务为生活污水处理，坚持为客户提供生活污水处理"一站式六维服务"。公司主持和参加编制了 13 项国家及行业标准，拥有国家专利技术 43 项，其中发明专利 16 项。国祯环保是安徽省内唯一一家本土水务上市公司，目前在全国拥有 80 多座污水处理厂，在多个省（自治区、直辖市）运营生活污水处理厂，总计达到 52 座，运营规模约 300 万吨/日。国祯环保秉承"致力民族水务，改善生态环境"的理念，为社会、为人民创造清洁、良好、和谐的生活及工作环境，努力成为国际一流的水环境综合利用服务商。

亳州市污水处理厂于 2000 年 11 月 8 日正式开工，2002 年底厂区工程完成，2005 年 12 月底开始试运行，2006 年 4 月厂区工程通过竣工验收，2006 年 12 月经市环保局批准试运营，2007 年 12 月通过环保验收，深度处理工程于 2011 年 8 月通过环保验收。该工程建设规模为日处理污水 8 万吨，工程采用氧化沟工艺，污水通过预处理后进入改良型氧化沟进行生化处理，二沉池出水进入 D 型滤池并进行加氯消毒，处理后的污水达到国家一级 A 排放标准。亳州市污水处理厂现由国祯环保亳州分公司——亳州市国祯污水处理有限公司托管运营，目前已连续满负荷运行 3 年，经亳州市政府相关部门批准，亳州市污水处理厂二期扩建工程设计项目已立项，目前初步设计已完成审批。

2. 问题提出

国祯环保在亳州每年的处理工业废水量是 3 066.93 万立方米，资金耗费 1 653.42 万元。根据安徽省总污水处理量与资金耗费比值为 0.47，而皖北地区设备损耗值比为 0.539>0.47，说明该设备处理水资源含量与资金耗费未能达到合理比值。为探讨出现该现象的原因，本案例将通过了解皖北地区处理系统的工作效率和资源利用情况,借助实地调研和汇总分析进行验证。

3. 研究成果

针对不同污水处理厂庞大数据查询效率低、各厂之间数据差异较大、各厂之间数据传输条件受到限制的问题,霍志华等(2011)通过分析各污水处理厂之间不同的数据特征,对海量数据的传输、发布及存储进行了优化,并以标准化编码为基础设计出了涵盖数据的采集、传输等各个环节的数据标准化管理模式。于莉芳等(2011)针对西安市第六污水处理厂服务区域内的水质和水量问题,运用衡算法进行相应的数据结果计算,在此基础上认为可根据不同的水质和水量标准、按照不同的保证率进行进水水质的计算与设计。在对无锡市城北污水处理厂的进水水质现状进行调查和基本数据分析后,基于膜生物反应器污水处理工艺的特点,蒋岚岚等(2011)提出了可以按照进水水质指标浓度出现的频率确定污水处理厂进水水质的办法,为充分保障出水达到国家标准的要求,在确定污水处理的指标浓度和流量时要根据不同季节、不同时间段水流温度、污染程度、污染物浓度来分别确定。

Patwardhan(2002)、Flamant 等(2004)将设备中污染物的去除绩效进行模拟,得到二沉池结构类型以及去污剂投放比例之间的关系,对二沉池的优化设计具有突出的价值。Yang 等(2003)提出响应表面法,通过分析影响因子与响应值相关关系,确定了各个因素产生的贡献权重。在前人的研究基础上,Niet 等(2008)认为二沉池的沉淀效果还要受到更多因素的影响,且作用的关系十分复杂。

4. 研究目的

随着工业的不断发展,污水污染程度不断增加,加之水资源有限,针对工业废水的二次处理问题迫在眉睫。污水处理系统决定了水质达到标准与否,而氧化沟、二沉池及消毒池是该污水处理系统核心设备。判断该设备的核心技术——间歇活性污泥法污水系统是否在各个环节上达到对污水处理高效的直接目标以及节约能源的间接目标。同时针对有缺陷的环节进行改进,实现资源的最优配置与绩效最优,实现绿色环保、节能减排。

4.5.2 方案设计与实施说明

1. 调查内容

本次调研的主要内容包括安徽淮南工业污水情况、政府对污水处理情况、国祯环保污水处理系统各个环节除污效果。

2. 调查对象与调查方式

本次调查以亳州市污水处理厂为对象,以淮南工业污水情况为背景,针对间歇活性污泥法污水处理系统进行绩效调查,采用现场取样与历史数据相结合的方式获取系统处理的原始数据。

3. 调查设计

1）调查对象与调查方式

以亳州市污水处理厂为调查对象，采用典型调查的方式进行调查。

典型调查通过研究个体典型来认识同类事物的一般属性和规律，选取亳州市污水处理厂为调查对象，能够代表国祯环保各区域目前存在的不足，并提出具有推广性和普适性的解决办法。

国祯环保目前有 80 多个污水处理分公司，日处理规模高达 300 万吨，其中亳州市污水处理厂自 2006 年 12 月正式投入运行以来，设备运转良好，日平均处理污水量为 8.40 万立方米，采用先进的污水处理设备，厂区主体工艺采用氧化沟处理工艺，其污水处理过程涵盖了国祯环保其他地区分公司大部分特点。

2）调查精度

进入国祯环保亳州分公司进行实地调研，收集亳州市污水处理厂的污水相关数据，能够确保数据的真实性和完整性，保证较高的调查精度。

3）调查实施方法及实施过程

采用实地调查法走访亳州市污水处理厂的各个环节污水处理设施，从学校取得调研团队证明，与各个环节负责人一起参观处理厂的不同环节，了解各环节目前存在的瓶颈和不足，取得相关数据并加以整理，后期对数据进行分析并建模研究，从理论上探讨不同环节的改进方法，以期为国祯环保提供可靠建议。

4. 样本构成

选取皖北地区国祯环保企业污水处理系统 6 个污水处理厂相同设备的 2015 年每季度月末（为了便于比较不同季度的处理情况，统一取每月 30 天）每日初步处理、氧化沟、二沉池及消毒池四个主要环节设备的处理指标数据。

5. 数据分析方法

1）因子分析模型

在氧化沟工艺的评价环节，综合考虑各项指标的性质，构建因子分析模型进行绩效评估。首先，从每个季度选取一个代表月作为研究对象；其次，利用 SPSS 软件对 4 个月的各项指标数据进行处理，计算得出各指标权重，构建评价模型，得出研究时间范围内每一天的综合评价值变化趋势；最后，通过提取主成分，研究各个月份综合评价值存在差异的原因。

2）k-ε 三维紊流分析法

推流器是氧化沟内的唯一动力来源，旋转的叶轮本身也会产生涡流，但影响小，可以不予考虑，具体计算方程如下（Emad et al.，1983）：

控制方程：

$$\frac{\partial u_i}{\partial x_i} = 0 \qquad (4\text{-}5)$$

动量方程：

$$\frac{\partial}{\partial x_j} u_i u_j = -\frac{1}{p}\frac{\partial P}{\partial x_i} + \frac{\partial}{\partial x_j}\left[v_t\left(\frac{\partial u_i}{\partial x_j} + \frac{\partial u_j}{\partial x_i}\right)\right] \qquad (4\text{-}6)$$

湍流动能 k 方程：

$$u_i \frac{\partial k}{\partial x_i} = \frac{\partial}{\partial x_i}\left[(v_t / \sigma_k)/(\partial k / \partial x_i)\right] + G - \varepsilon \qquad (4\text{-}7)$$

其中，$v_t = C_\mu \dfrac{k^2}{\varepsilon}$；$G$ 为紊动动能的产生项，且 $G = v_t\left[\dfrac{\partial u_i}{\partial x_j} + \dfrac{\partial u_j}{\partial x_i}\right]\dfrac{\partial u_j}{\partial x_i}$。

3）二沉池湍流多相流分析法

研究对象为亳州市污水处理厂的辐流式二沉池，考虑其为轴对称几何体，因此忽略其环向运动，仅仅描述二沉池二维径向垂直断面上的流体流速以及悬浮物浓度分布。因为现实中的二沉池涉及固体和液体的分离，因此采用多相流模型，定义常数符号如表 4-6 所示。

表 4-6　常数符号

符号	单位	符号含义	符号	单位	符号含义
u	米/秒	混合物的速度	u_c	米/秒	液相的速度
ρ	千克/米^3	混合物的密度	u_d	米/秒	固相的速度
P	帕	混合物的受压	u_{cd}	米/秒	描述固相的速度之间关系
η	帕秒	混合物的黏度	ρ_c	千克/米^3	液相的密度
c_d	无量纲	固相的质量比	ρ_d	千克/米^3	固相的密度
u_{slip}	米/秒	两相之间的相对速度	φ_c	无量纲	液相连续的体积比
τ_{Gm}	千克/（米·秒^2）	黏度和湍流力的总和	φ_d	无量纲	固相离散的体积比
η_T	帕秒	湍流的黏度	D_d	米	固体颗粒的直径
σ_r	无量纲	湍流 Schmist 数，取 0.35	D_{md}	米^2/秒	粒子的分散系数

4）中心复合设计分析法

中心复合设计是在相应曲面研究中最常见的二阶设计，拟合如下二阶相应曲面模型（谢微等，2010）：

$$y = \beta_0 + \sum_{j=1}^{p}\beta_j x_j + \sum_{i<j}\beta_{ij} x_i x_j + \sum_{j=1}^{p}\beta_{jj} x_x^2 + \varepsilon$$

$$E(\varepsilon_j) = 0, \quad \text{Var}(\varepsilon_j) = \sigma^2, \quad \text{Cov}(\varepsilon_i, \varepsilon_j) = 0\,(i \neq j)$$

或者用矩阵写成如下简洁形式：

$$\boldsymbol{y} = \boldsymbol{X\beta} + \boldsymbol{\varepsilon}, \quad E(\boldsymbol{\varepsilon}) = 0, \quad \text{Cov}(\boldsymbol{\varepsilon}) = \sigma^2 \boldsymbol{I}$$

其中，共有回归系数 $q = 1 + C_p^1 + C_p^2 + C_p^3 = C_{p+2}^2$ 个，实验的次数 N 应当不小于 q。

4.5.3 安徽省亳州市污水处理现状

1. 污水处理指标

根据表 4-7 亳州市水务局公布的废水处理监控指标限值可知，亳州市国祯污水处理有限公司的各项指标符合政府标准，达到直接排放的基本要求。其中，2015 年亳州市国祯污水处理有限公司实际运行 365 天，共处理污水 3 066.932 9 万立方米，日均处理污水 8.403 7 立方米。在线监测数据：平均进水浓度 COD 为 240.82 毫克/升，NH_3-N 为 34.2 毫克/升；平均出水浓度 COD 为 24.40 毫克/升，NH_3-N 为 1.83 毫克/升。监督性监测数据：平均进水浓度 COD 为 255 毫克/升，NH_3-N 为 35.7 毫克/升；平均出水浓度 COD 为 24.1 毫克/升，NH_3-N 为 1.77 毫克/升。

表 4-7　安徽省亳州市污水处理监控指标限值

监测项目	标准限值	排放单位
pH	6~9	无量纲
总磷	1	毫克/升
氨氮	5	毫克/升
总氮	15	毫克/升
色度	30	倍
总汞	0.001	毫克/升
烷基汞	0	毫克/升
总镉	0.01	毫克/升
总铬	0.1	毫克/升
六价铬	0.05	毫克/升
总砷	0.1	毫克/升
总铅	0.1	毫克/升
悬浮物	10	毫克/升
动植物油	1	毫克/升
粪大肠菌群数	1 000	毫克/升
生化需氧量	5	毫克/升
化学需氧量	50	毫克/升
石油类	1	毫克/升
阴离子表面活性	0.5	毫克/升

资料来源：亳州市水务局

2. 调查样本总体基本状况分析

由图 4-11 可以看出，首先，污水先经过粗格栅去除较大的漂浮物后，通过提升泵提升至细格栅和沉砂池进一步去除污水中细小的漂浮物和沉砂，然后由氧化沟泥水分配井进入厌氧池（选择池）。在选择池中污水处于厌氧状态，停留时间在 1 小时左右，可有效地改善污泥性能，恢复活性污泥的絮凝、吸附功能，同时使聚磷菌在选择池中充分释放磷酸盐，为后续的高效吸磷做准备，并且有机物在此阶段被活性污泥大量地吸附。选择池内有搅拌器，以避免池中污泥处于沉降、淤积状态；泥水混合液经过氧化沟选择池后进入氧化沟厌氧段，在未开启内回流阀门时氧化沟厌氧段功效与氧化沟选择池一致。

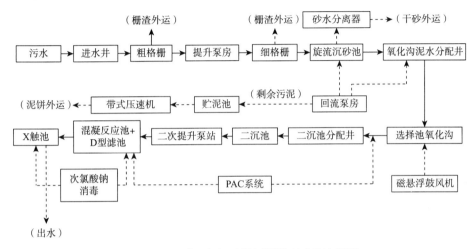

图 4-11　国祯环保间歇性污泥处理系统流程图

其次，经过充分混合后的悬浮溶液经氧化沟厌氧段进入氧化沟的缺氧段；混合悬浮溶液的反硝化菌处于缺氧状态时可以对其进行脱氮，并且具有除磷效果，能进一步分解消耗有机物，降低出水 COD。混合悬浮溶液经过缺氧段进入氧化沟好氧段（由磁悬浮鼓风机曝气），其中氨氮能在异养菌作用下分解有机物，便于下一环节分解与析出。

最后，氧化沟出水由二沉池分配井分别向 4 座二沉池配水，经过沉淀、泥水分离后，沉淀污泥一部分回流，一部分作为剩余污泥通过出泥系统脱水后最终外运处置；二沉池出水经二次提升泵站输送至深度处理 D 型滤池进行处理，同时增加 PAC（poly aluminium chloride，即聚合氯化铝）混凝除磷系统，滤池出水经加氯消毒后达标排放。

3. 污水预处理阶段

1）格栅处理

在污水处理工艺的预处理阶段首先经过的是格栅处理。格栅设备有多种规格，即粗格栅（50~100 毫米）、中格栅（10~40 毫米）、细格栅（3~10 毫米），一般粗格栅和中格栅位于一级提升泵房之前，细格栅位于提升泵房之后、初沉池之前。粗格栅与中格栅主要去除进水污水中的悬浮物，细格栅主要用于处理污水中的一些细小颗粒与悬浮物，以减轻对于污水处理阶段的后续处理负荷，并起到保护水泵、管道等设备的作用。现有的标准一般设置为第一道的栅条之间的距离为 15~20 毫米，第二道是 3~5 毫米。

在国内污水处理工艺中，主要使用的粗格栅包括三种，即回转式粗格栅、高链式粗格栅、三索式粗格栅。安徽省国祯环保污水处理公司使用的即为回转式粗格栅，污水在栅前渠道内的流速应当控制在 0.4~0.8 米/秒，在粗格栅时的流速应当控制在 0.6~1.0 米/秒，栅后渠底应当比栅前渠底降低 1.0 米左右，构成一定的高度差，提高进入格栅时的流速。回转式粗格栅由相隔一定间距的安装在回转链上的耙齿组成，回转链带动耙齿由下往上运动，将水中的较大悬浮物捞出后至顶端卸下。在悬浮物捞出后绝大多数的固体都可以依靠自身重力下落，但是部分悬浮物仍旧需要依靠清扫机器的反向耙齿清扫才能清扫干净。回转式粗格栅的自动化程度较高，如果遇到突发情况，粗格栅可以在安全保护装置的保护下停止运行；回转式粗格栅可以利用液位差自动控制；等等。同样，国内常见的细格栅主要包括三种，即回转式细格栅、阶梯式细格栅与弧形细格栅，安徽省亳州国祯环保科技有限公司采用的粗细格栅均是回转式的，在电机减速器的驱动下，耙齿链进行逆水流方向回转运动。

2）提升泵房处理

污水处理工艺中设置提升泵房的主要目的在于提升污水水位，保证污水在整个处理工艺中可以达到重力自流。在安徽省亳州国祯环保科技有限公司中，由于亳州市为中小城市，日处理水量相对较低，因此只通过一次提升泵房处理，之后依次顺利通过沉砂池、氧化沟、二沉池与接触室。其使用的提升泵房为潜污泵，流量为 5~4 000 米^3/小时，扬程为 6~45 米，功率为 1.5~250 千瓦。

3）旋流沉砂池处理

通过细栅栏的过滤处理，防止了后续水处理构筑物的堵塞以及使处理构筑物的容积减小。旋流沉砂池运行时，砂水混合液通过旋流沉砂池配套的鼓风机进行洗砂，分离的颗粒物运送到砂水分离器。固体混合物通过外力分离，密度大的颗粒物将会沉入 U 形槽底部，在驱动设备的推动下，实现沙粒和液体的分离，最后将液体从溢流口排出并返回氧化沟配水井进水处，进行接下来的氧化处理。

COD_{cr} 是指在一定严格的条件下，水中的还原性物质在外加的强氧化剂的作用下，被氧化分解时所消耗氧化剂的数量。一般污水中无机还原性物质的数量相对不大，而被有机物污染是很普遍的，因此，COD_{cr} 可作为有机物质相对含量的一项综合性指标。BOD_5 是 5 日生物耗氧量，代表的是水中的微生物可以降解的有机物被降解后消耗的氧的量，但是生物完全降解有机物所需时间较长，为了规范和提高检测效率，国家规定以 5 日生物耗氧量为说明水质的标准，也就是生物降解水中有机物 5 天所消耗的氧的总量。

一般中小城市的生活污水 BOD_5 低于 400，COD_{cr} 值一般处于 200~600，根据表 4-8~表 4-11 近四个月的污水进水水质分析可知，安徽省亳州国祯环保科技有限公司所处的亳州市为中小城市，其生活污水水量与其他城市相比较低，其污水水质也相对较好。一般情况下，城镇生活污水水质，$BOD_5 \subset (60, 150)$ 毫克/升，$COD_{cr} \subset (100, 300)$ 毫克/升，$SS \subset (150, 200)$ 毫克/升，$TP \approx 15$ 毫克/升，$TN \approx 85$ 毫克/升。从污水处理厂的进水水质可以看出，进水 SS 的去除率较高。在城市污水处理分析中，把 BOD_5/COD_{cr} 作为可生化性指标。当 $BOD_5 / COD_{cr} \geqslant 0.3$ 时，可生化性好，适宜采用生化处理工艺。根据上述水质数据分析，$BOD_5 / COD_{cr} = 0.4 > 0.3$，属于微生物的最佳去除比例。在考虑到去除清除剂按照碳氮磷 100：5：1，需要尽可能少地在前期去除碳，避免影响后续氮和磷的清除效果。

表 4-8　2015 年 12 月进水水质指标情况

指标	pH	COD_{cr}/（毫克/升）	BOD_5/（毫克/升）	SS/（毫克/升）	NH_3-N/（毫克/升）	TP/（毫克/升）	TN/（毫克/升）
范围	7.03~7.40	205~311	52.30~90.40	60~93	28.80~42.10	1.74~2.85	39.50~49.50
平均值	7.16	254.10	75.08	73.42	35.62	2.51	44.85

表 4-9　2016 年 1 月进水水质指标情况

指标	pH	COD_{cr}/（毫克/升）	BOD_5/（毫克/升）	SS/（毫克/升）	NH_3-N/（毫克/升）	TP/（毫克/升）	TN/（毫克/升）
范围	7.00~7.20	236~354	64.80~96.00	60~92	29.80~45.20	2.16~2.71	42.20~55.40
平均值	7.14	271.19	77.68	77.06	36.30	2.43	46.63

表 4-10　2016 年 2 月水质分析指标情况

指标	pH	COD_{cr}/（毫克/升）	BOD_5/（毫克/升）	SS/（毫克/升）	NH_3-N/（毫克/升）	TP/（毫克/升）	TN/（毫克/升）
范围	7.00~7.22	128~282	45.40~95.60	54~83	26.60~37.60	2.23~3.64	39.10~45.60
平均值	7.15	208.62	72.87	71.22	32.88	2.65	42.58

表 4-11　2016 年 3 月水质分析指标情况

指标	pH	COD_{cr}/（毫克/升）	BOD_5/（毫克/升）	SS/（毫克/升）	NH_3-N/（毫克/升）	TP/（毫克/升）	TN/（毫克/升）
范围	7.10~7.26	184~257	67.60~94.70	64~92	27.10~36.30	2.17~23.80	39.70~48.30
平均值	7.20	212.29	79.68	81.23	31.14	3.63	43.45

4. 氧化沟绩效分析与优化

1）氧化沟工作原理

氧化沟处理工艺的重要环节是曝气和推流，前者主要是脱氮除磷，推流则是避免杂物的缠绕及堵塞等现象的出现。从运行方式来划分，氧化沟分为连续、交替、半交替三种工作方式。分建式氧化沟主要有三种形式，即 Pasveer 氧化沟、Carrousel 氧化沟和 Orbal 氧化沟。Pasveer 氧化沟一般采用转刷曝气；Carrousel 氧化沟是多沟串联系统，一般采用垂直表面曝气机；Orbal 氧化沟是多个同心的沟渠，一般采用转碟曝气。亳州市国祯污水处理有限公司采用的氧化沟为 Carrousel 氧化沟，所以在这里主要对 Carrousel 氧化沟展开研究（郭昌梓等，2011）。

2）氧化沟去污效率评价

在氧化沟的除污环节，衡量污水处理是否达标的指标主要有 COD_{cr}、BOD_5、SS、NH_3-N、TP 和 TN。其中，COD_{cr} 表示化学需氧量（毫克/升），即在一定的条件下水中还原性物质在外加的强氧化剂的作用下，被氧化分解时所需要的强氧化剂的数量。一般而言，COD 可以反映水中包括亚铁盐、硫化物、亚硝酸盐、有机物等在内的还原性物质污染的程度，这些有机物在被环境分解时会消耗水中的溶解氧，当水中的溶解氧被消耗完时，水里的厌氧菌就会开始产生作用，而厌氧菌会导致水体发臭和水资源环境的恶化。

因此，COD_{cr} 的数值越大，表明区域水体水污染的程度越高；反之，区域水体受污染程度越低。本书用 COD_{cr} 指标来衡量污水的化学需氧量。BOD_5 表示生化需氧量（毫克/升），是用微生物代谢作用所消耗的溶解氧量来间接表示水体被有机物污染程度高低的一个相对重要的指标。

一般有机物分解有两个阶段，分别是有机物转化为 CO_2、NH_3 和 H_2O，以及 NH_3-N 进一步转化为硝酸盐和亚硝酸盐的过程，第二阶段中的 NH_3 已经转化为无机物，所以不需要进行氧化作用，因此污水的生化需氧量只需要通过第一阶段生化反应的需氧量即可衡量。第一阶段的全部完成一般需要 20 天的时间，在现实工作中难以做到，而在第 5 天时第一阶段已经进行了 70%左右，所以可以将 BOD_5 通过比例换算为真实的 BOD_{20}，用 BOD_5 来衡量污水的生化需氧量。

SS 表示水中的固体悬浮物（毫克/升），悬浮物无法通过过滤器和滤纸，所以一般采用重量法来测量水中的固体悬浮物含量，即采集一定体积的污水或者是混合液，用 0.45 微米的滤膜进行过滤，以过滤滤膜截留悬浮固体前后的质量差值作为水中的固体悬浮物含量值。NH_3-N 表示水中的氨氮含量（毫克/升），氮原子电负性很强，能够与氢原子结合而形成氢键，而氨中的氢原子又可以与另一分子中的氮原子作用形成氢键，氢键是一种较稳定的形式。水中的氨氮含量是衡量水质的一个重要指标，氨氮含量越高，水体越容易产生富营养化现象。TP、TN 分别表示水中的总磷含量和总氮含量，与上述几个指标类似，总磷含量和总氮含量越高，表明水体受污染程度越高。

3）基于因子分析法的 Carrousel 氧化沟去污效率评价模型

（1）构建评价指标体系。

在亳州市国祯污水处理有限公司的污水处理过程中，主要通过检测污水进入氧化沟和处理完毕之后排除氧化沟时 COD_{cr}、BOD_5、SS、NH_3-N、TP、TN 指标的含量来衡量污水处理是否达标。进水 COD_{cr} 超标浓度为 432 毫克/升，出水超标浓度为 50 毫克/升；进水 NH_3-N 超标浓度为 33 毫克/升，出水超标浓度为 5 毫克/升。为了分析氧化沟污水处理的效果大小，可以对比进水时和出水时污水中 COD_{cr}、BOD_5、SS、NH_3-N、TP、TN 指标，计算差值，差值越大说明对污水的处理效果越好；反之，则说明对污水的处理效果较差。本节运用因子分析法，利用 SPSS 20.0 软件对进水时和出水时污水中各指标含量的差值进行分析处理，运用的原始数据为亳州市国祯污水处理有限公司 2015 年污水处理厂水质水量报表中的相关数据，为方便数据处理和结果分析，本节选取每季度的最后一个月作为研究对象，通过计算并对比分析 2015 年 3 月、6 月、9 月、12 月的污水处理综合得分值来衡量氧化沟污水处理效果优劣。

（2）因子分析检验。

在进行因子分析之前，需要通过 KMO 检验和 Bartlett 球度检验对各指标数据进行检验，从而确定各指标数据是否适合进行因子分析，检验结果见表 4-12。可以看出，KMO 的检验结果数值为 0.609，大于 0.6，而 Bartlett 球度检验的结果中的相伴概率为 0.000，从而可拒绝 "各指标之间无显著相关性" 的原假设，经过检验可得出各指标数据值之间存在显著的相关关系，因此，可以运用因子分析法进行进一步的分析和处理。

表 4-12　KMO 和 Bartlett 检验结果表

KMO 度量		0.609
Bartlett 球形度检验	近似卡方	308.220
	df	15
	Sig.	0.000

（3）因子共同度分析。

对各指标进行公因子方差分析，分析结果见表 4-13，可以看出各指标之间的共同度均在 0.760 以上，表明如果提取公因子来代表原始数据和原始变量的话，提取后的公因子可以反映原始数据和原始变量 76%以上的基本信息，说明因子分析法的结果较为理想。

表 4-13　公因子方差结果表

指标	COD_{cr}	BOD_5	SS	$NH_3\text{-}N$	TP	TN
初始	1	1	1	1	1	1
提取	0.881	0.892	0.772	0.879	0.762	0.869

（4）公共因子分析。

对处理后的数据值进行公共因子分析，得到解释的总方差结果，分析结果见表 4-14。表 4-14 中，各主成分的初始特征值呈现出不断减小的趋势，且其中有 3 个主成分的初始特征值大于 1。根据"抽取初始特征值大于等于 1 的主成分为公共因子"的原则，可得到 3 个主成分，即 3 个公共因子。

表 4-14　解释的总方差结果表

成分	初始特征值			提取平方和载入			旋转平方和载入		
	合计	方差/%	累积/%	合计	方差/%	累积/%	合计	方差/%	累积/%
1	2.512	41.860	41.860	2.512	41.860	41.860	2.021	33.685	33.685
2	1.522	25.368	67.228	1.522	25.368	67.228	1.824	30.396	64.081
3	1.021	17.012	84.240	1.021	17.012	84.240	1.210	20.159	84.240
4	0.576	9.601	93.841						
5	0.230	3.841	97.683						
6	0.139	2.317	100.000						

分别用 A、B、C 表示 3 个公共因子，根据表 4-15 中 3 个主成分对各原始指标的旋转成分矩阵可知，A 主要代表 $NH_3\text{-}N$ 和 TN 对氧化沟污水处理效率的影响作用，B 主要代表 COD_{cr} 和 BOD_5 对氧化沟污水处理效率的影响作用，C 主要代表 SS 和 TP 对氧化沟污水处理效率的影响作用。

表 4-15　旋转成分矩阵

指标	成分		
	1	2	3
COD$_{cr}$	0.165	0.915	− 0.128
BOD$_5$	0.117	0.933	− 0.089
SS	0.273	− 0.253	0.796
NH$_3$-N	0.917	0.195	− 0.006
TP	− 0.458	0.025	0.743
TN	0.925	0.115	− 0.019

在分析评价 Carrousel 氧化沟去污效率时，不仅要对 3 个公共因子进行单独分析，还需要对 3 个公共因子进行综合分析。前 3 个公共因子的累积方差贡献率为 84.240%>80.000%，表明前 3 个公共因子对原始数据具有较强的代表性。在此基础上，采用累积方差贡献率的比重作为权重求取均值，以此得到前 3 个因子的综合得分。计算公式为

$$F = (33.685A + 30.396B + 20.159C) / 84.240 \qquad (4-8)$$

（5）构建因子得分方程。

由表 4-16 所示的成分得分协方差矩阵可知 3 个公共因子之间是相互独立的，从而可以进一步构建因子得分方程。

表 4-16　成分得分协方差矩阵

成分	1	2	3
1	1.000	0.000	0.000
2	0.000	1.000	0.000
3	0.000	0.000	1.000

利用 SPSS 20.0 软件可以得到原始指标与 3 个公共因子之间的相关系数矩阵，结果见表 4-17，从而可以构建因子得分方程：

$$A = -0.034X_1 - 0.060X_2 + 0.205X_3 + 0.459X_4 - 0.217X_5 + 0.472X_6 \qquad (4-9)$$
$$B = 0.522X_1 + 0.546X_2 - 0.049X_3 + 0.003X_4 + 0.206X_5 - 0.049X_6 \qquad (4-10)$$
$$C = 0.056X_1 + 0.092X_2 + 0.672X_3 + 0.063X_4 + 0.648X_5 + 0.038X_6 \qquad (4-11)$$

表 4-17　成分得分系数矩阵

指标	成分		
	1	2	3
COD$_{cr}$	− 0.034	0.522	0.056
BOD$_5$	− 0.060	0.546	0.092
SS	0.205	− 0.049	0.672
NH$_3$-N	0.459	0.003	0.063
TP	− 0.217	0.206	0.648
TN	0.472	− 0.049	0.038

（6）去污效率分析。

将 2015 年 3 月、6 月、9 月、12 月各指标的数据值代入因子得分方程中进行计算，

可得 4 个月中每一天的 Carrousel 氧化沟污水处理效率评价值，再对 4 个月各自的处理效率评价值进行直方图绘制，可得到 2015 年 3 月、6 月、9 月、12 月的 Carrousel 氧化沟污水处理效率评价结果示意图，分别如图 4-12~图 4-15 所示。

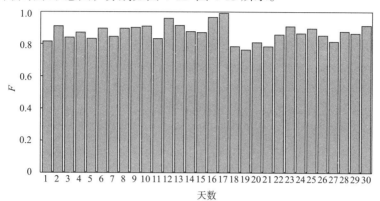

图 4-12　2015 年 3 月污水处理效率评价

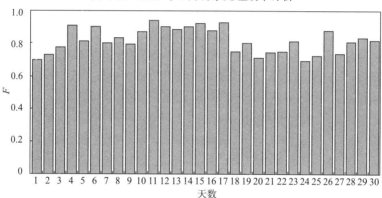

图 4-13　2015 年 6 月污水处理效率评价

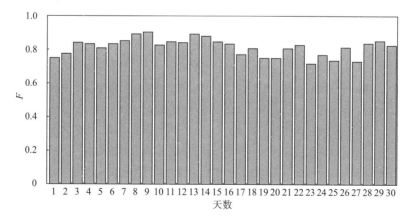

图 4-14　2015 年 9 月污水处理效率评价

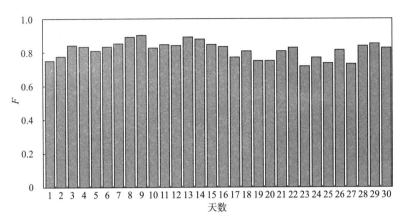

图 4-15　2015 年 12 月污水处理效率评价

为了对比 4 个月的 Carrousel 氧化沟污水处理效率,将 2015 年 4 个月 Carrousel 氧化沟污水处理效率的评价结果数据值绘制成直方图,直方图如图 4-16 所示,可以得出以下结论:一方面,从污水处理效果综合评价值来看,4 个月中,3 月的污水处理效果综合评价值 30 天中有更多天数接近 1,说明该月污水处理效果最好;其余 3 个月相比而言,2015 年 6 月的 30 天中有更多天数的污水处理效果评价值低于 0.8,而 2015 年 9 月和 12 月则有较少天数低于 0.8,其余天数全部位于 0.8 以上,说明 6 月污水处理效果较差。另一方面,从污水处理效果评价值的波动程度来看,2015 年 9 月相对于其他 3 个月而言,综合评价值变动更为平缓,而 2015 年 6 月的综合评价值变动高低起伏较大,说明 2015 年 9 月 30 天中污水处理效果差异最小,而 6 月 30 天中的污水处理效果差异较大,分析可能的客观原因是 6 月开始步入夏季,污水中有机物和污染物繁殖速度较快,扩展更为迅速,使污水处理厂每天需要处理的污水来源更加广泛化和多样化,增加了污水处理效果之间的差异程度。

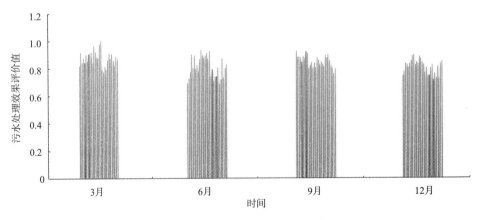

图 4-16　2015 年 3~12 月污水处理效果

从总体上来看,亳州市国祯污水处理有限公司的 Carrousel 氧化沟效率比较高,在季节等客观原因的影响下,各月份的污水处理效果综合评价值仍能保持在至少 0.7 的水平,不过一些具体的环节也仍存在改进的空间。分别分析各月份的 3 个综合因子，即 A、B、C 值的变化趋势，比较不同月份中氧化沟处理过程的效率。

从图 4-17 可以看出，6 月和 9 月在脱氮的处理过程中效率偏低。从图 4-18 可以看出，9 月和 12 月的氧化效率偏低，从图 4-19 可以看出，12 月在除磷的处理过程中效率最低。不过，3 月在各个环节的效率都是相对较高的。

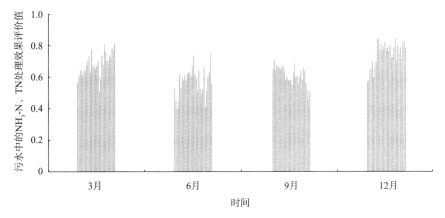

图 4-17　2015 年 3~12 月污水中的 NH_3-N、TN 处理效果

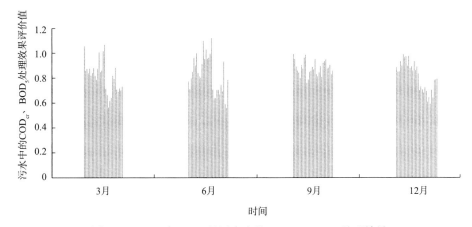

图 4-18　2015 年 3~12 月污水中的 COD_{cr}、BOD_5 处理效果

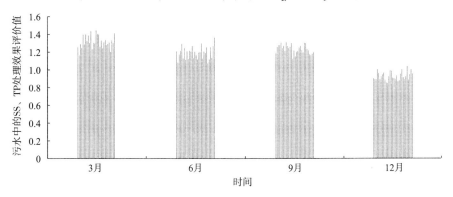

图 4-19　2015 年 3~12 月污水中的 SS、TP 处理效果

4）氧化沟的改进

（1）模型基本参数计算。

亳州市国祯污水处理有限公司使用的氧化沟为 Carrousel 基本型氧化沟。氧化沟的容积是 9 371.7 立方米，单池的直线长度为 90 米，单池的沟的宽度为 9.0 米，转弯、导流墙的半径分别是 9 米、4.5 米，水的深度的有效高度为 5.0 米，中间挡墙的宽度是 0.25 米，介质采用的是常温常压水。通过选取的氧化沟设备，同时根据式（4-5）~式（4-7）三维紊流的模型预测亳州市污水处理厂的推流器流场推流情况。

（2）建立控制方程。

为了预测亳州市国祯污水处理有限公司的推流器中流场推流情况，假设氧化沟中的水流是恒定的，选用三维紊流的模型。

（3）网络技术。

在假设氧化沟液体流速为恒定流的前提下，基于控制流向型分布的情况，需要采用四面体网格对氧化沟液体流动区域进行离散，通常存在多种不同模式的网格，一般选取 $1.26×10^6$ 个网络和 $1.90×10^6$ 个网络，前者随着网格数目的增大，推流器消耗功率反而降低，而后者推流器的功率不再随网格数目的增加发生变化，综合计算机的性能、计算时间及计算效果，选择网格数目为 1 911 964 的网格来进行研究。

（4）数值模拟和结果分析。

测量断面与推流器的安装位置之间的距离大于 20 米，液体流动相对平稳，便于更好地与清除剂进行反应，增加绩效。在不同安装位置的推流器的数据模拟中可以发现，当流体到达导流墙入口时，Carrousel 基本型氧化沟内的流速低于 0.15 米/秒，污泥容易在导流墙处沉降，不利于液体净化以及清除剂的绩效增加。

综上所述，亳州市国祯污水处理有限公司在进行推流器的安装位置选择时，要对整个污水处理流道的紊动程度和冲撞、翻滚现象综合考察，从而判别推流器的准确合理的安装位置，使 Carrousel 基本型氧化沟的污水处理效果最佳。

5. 二沉池绩效分析与结构优化

1）二沉池配水井的工作原理

二沉池配水井通过收集污水并将其分配给纯水，减少由于流量的变动对处理系统造成的冲击。污水经过氧化沟工艺处理之后，流到配水井（图 4-20），由配水井配给纯水并混合均匀后，使污水达到一定的浓度，从而使不同的污水成分、浓度相对稳定，最终沿图中箭头均匀分配给下一环节的二沉池进行处理。

2）二沉池的工作原理及分类

经过二沉池配水井按照合理比例给二沉池内部配水以后，二沉池自动检测水中有机物为复杂结构，水中 SS 高时，水解菌通过胞外黏膜将其捕捉，通过外酶水解进入胞内代谢，不完全的代谢可以使 SS 成为溶解性有机物，出水就变得清澈。

二沉池最常用的沉淀池形式有竖流、平流及辐流三种形式，其中辐流式沉淀池分为普通型和向心型。污水以较快的速度进入二沉池，形成涡流，通过沉降的污泥层流向二沉池

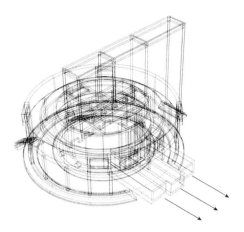

图 4-20　二沉池配水井工艺图

四周，最终环流汇集到下一个处理环节。环流后分离的液体主要从两个方面流入水槽，一方面是从中心流入，一方面是反向流动形成环流，如图 4-21 所示。进水过程中在中心导流筒内的流速较大，可达 100 毫米/秒，产生的动能较大，将冲击之前沉淀在池底的污泥，使前期沉淀的污泥重新与液体混合，降低了固液体的分离效率，一般现有的此类二沉池的利用率仅为 48%（崔彦召等，2012）。

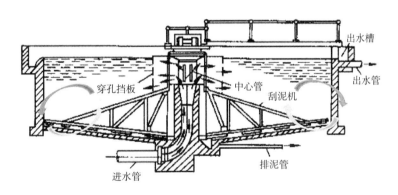

图 4-21　中进周出式二沉池

在周进周出式二沉池中，进水自配水管进入导流絮凝区后，在区内形成回流，可促使活性污泥絮凝，加速沉淀区的沉淀，同时由于导流絮凝区过水面积较大，故向下的流速小，对池底沉泥无冲击作用（图 4-22）。沉淀区下部的水流方向是向心流，可将沉淀污泥推向池中心的污泥斗，便于排泥，池的容积利用率可达 93.6%（崔彦召等，2012）。

出水槽可设在 R 处、$R/2$ 处、$R/3$ 处、$R/4$ 处，R 为池的半径。周边进水、周边出水的沉淀池，其技术相对更为先进，表面的负荷也略高一些，可达 1.0~1.5 米^3/（米^2·小时），池容积较小，投资节省，在国内已有成熟的运行经验。周边进水的辐流式沉淀池是一种沉淀效率较高的池型，与中心进水周边出水的辐流式沉淀池相比，其设计表面负荷可提高 1 倍左右，但一般在设计时，为保证出水达标，表面负荷取值仍比较保守。

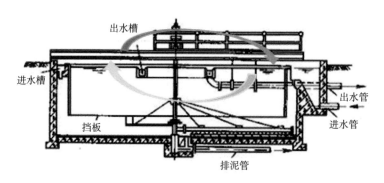

图 4-22　周进周出式二沉池

3）亳州市污水处理厂二沉池设计及优化

（1）亳州市污水处理厂二沉池现状。

亳州市污水处理厂设计采用 8 座周边进水、周边出水辐流式沉淀池，分 2 个组，每组 4 座。原设计每座沉淀池直径 50 米，有效水深 4.7 米。来自配水井的混合液通过二沉池内周的环形配水槽进入二沉池池内，经沉淀后，上部清水自流排入接触消毒池。二沉池池底的污泥不断通过吸泥机位于池底的吸泥管排入池中污泥斗，再排到污泥泵房。沉淀池出水采用环形集水槽，单侧三角堰溢流出水。每座沉淀池装有 1 台单管吸泥机，每座二沉池排泥管上设有 1 台手动闸门，可以手动调节闸阀控制二沉池排泥量。水面的浮渣应经装在吸泥机上的撇渣装置刮入浮渣筒后再排出。配水槽和出水槽沿池周布置，两槽合建，共底共壁。配水槽采用变断面环形配水槽，从进水口向两侧配水，槽宽由 900 毫米变为 350 毫米，槽底沿水流方向变间距布置同孔径配水孔，进水槽下方布置折射板和挡水裙板，保证配水均匀。

原设计平均流量时设计表面负荷 0.796 米^3/（米^2·小时），高峰流量时 0.955 米^3/（米^2·小时）。实际上活性污泥法中二沉池表面负荷设计取值范围为 0.6~1.5 米^3/（米^2·小时），正常运行时可通过合理的控制手段，控制表面负荷在 1.0~2.5 米^3/（米^2·小时）（司旭东，2001），因此我们认为此设计过于保守，没有充分发挥出周进周出辐流式二沉池的优点，造成浪费，在与设计院沟通后将池径由原来的 50 米改为 45 米。优化后二沉池平均流量时设计表面负荷 0.983 米^3/（米^2·小时），高峰流量时 1.180 米^3/（米^2·小时），固体表面负荷 8.26 千克/（米^2·小时），完全符合设计规范要求，且二沉池的造价（8 座，包含土建及设备购置成本）由原预算的 3 345 万元下降到 2 833 万元，节省了 15.3%。

（2）二沉池运行情况监测结果。

在日常生产运行中，污水处理厂每天都会对各项工艺及水质参数进行监测，从长期的监测结果看，出水 SS 维持在合理水平，没有出现超标情况。通过计算，选取 2015 年 12 月的数据，该月是亳州市污水处理厂投产以来处理量最大的一个月，日均处理水量达到 25.91 万立方米，最大口处理量达到 37.6 万立方米，即高峰水量已超过 15 000 米^3/小时，选取此段时间数据对验证二沉池的表面负荷取值比较具有代表性（表 4-18）。

表 4-18　亳州市污水处理厂 2015 年 12 月日均表面负荷和出水 SS

时间	处理水量/ （万米³/天）	表面负荷/ ［米³/（米²·小时）］	固体表面负荷/ ［千克/（米²·小时）］	出水 SS/ （毫克/升）
2015-12-01	9.863 9	0.92	10.57	9.0
2015-12-02	9.845 5	0.92	7.66	8.5
2015-12-03	9.855 0	0.97	11.45	8.0
2015-12-04	9.870 2	1.00	12.27	7.5
2015-12-05	9.838 6	1.09	12.26	7.0
2015-12-06	9.936 2	1.02	9.92	8.0
2015-12-07	9.865 0	1.07	11.70	9.0
2015-12-08	9.898 6	1.06	10.17	8.5
2015-12-09	9.838 3	0.95	11.95	8.0
2015-12-10	9.814 1	0.91	10.97	7.5
2015-12-11	9.837 8	1.05	7.97	7.0
2015-12-12	9.981 2	1.02	8.38	7.0
2015-12-13	9.861 1	0.98	10.89	8.0
2015-12-14	9.935 9	0.94	11.62	7.0
2015-12-15	9.928 0	1.03	10.37	7.0
2015-12-16	9.984 9	0.94	6.95	7.5
2015-12-17	9.928 9	1.04	12.23	8.0
2015-12-18	9.868 9	1.02	6.21	7.5
2015-12-19	9.791 9	1.10	6.64	9.0
2015-12-20	9.890 3	0.94	11.12	8.5
2015-12-21	9.950 0	1.03	8.84	8.0
2015-12-22	9.893 4	0.90	13.10	7.5
2015-12-23	9.868 5	1.06	10.46	7.0
2015-12-24	9.867 1	1.06	6.94	8.0
2015-12-25	9.918 0	1.02	8.81	9.0
2015-12-26	9.801 0	1.09	8.01	7.5
2015-12-27	9.879 6	1.03	8.42	8.0
2015-12-28	9.756 8	1.10	9.99	7.5
2015-12-29	9.750 4	0.92	12.96	8.0
2015-12-30	9.928 6	0.94	12.91	7.0

从上述数据看，全月出水 SS 均维持在 14 毫克/升以下，证明周进周出二沉池表面负

荷长时间维持在 1.0 米³/（米²·小时）以上是没有问题的。

此外，在运行期间瞬时处理量较大时进行了出水 SS 检测，以验证二沉池能够承受的最大短时峰值。方法如下：观察瞬时水量变化，瞬时水量高于 6 400 米³/小时（表面负荷 1.0 米³/（米²·小时））开始计时，直至瞬时水量重新低于 6 400 米³/小时（表面负荷 1.0 米³/（米²·小时））结束，记录瞬时水量大于 6 400 米³/小时维持的时间，并取出水水样 250 毫升，测定 SS 含量，结果如表 4-19 所示。

表 4-19 二沉池高峰流量时表面负荷和出水 SS

日期	2015-07-20	2015-08-24	2015-09-08	2015-09-24
高峰流量维持时间/小时	2.2	1.5	2.3	1.2
二沉池运行数/座	4	4	4	4
最大瞬时水量/（米³/小时）	7 925	10 995	7 826	10 334
平均瞬时水量/（米³/小时）	7 112	8 033	7 544	7 873
最大表面水量/［米³/（米²·小时）］	1.246	1.722	1.231	1.625
平均表面水量/［米³/（米²·小时）］	1.118	1.263	1.186	1.238

从表 4-19 可以看出，短时峰值流量维持 2 小时以内时，平均表面负荷可达 1.2 米³/（米²·小时）左右，瞬时表面负荷最高可达 1.7 米³/（米²·小时）左右，而仍能确保出水 SS 达标。此项设计优化是有效果的，节约了大量的建设费用。

（3）二沉池优化的模型实证分析。

一是二沉池的数值仿真。

初始条件：假设在刚开始时，二沉池内部仅仅是清水，则此时在池中的悬浮物的体积分数等于零，当混合物逐渐进入二沉池时，流出的液体与池底沉积的污泥浓度不再发生变化时，将此时的流速定为恒定状态，以此来判断模拟实验的结束状态，对应赋予的公式为

$$\rho u_t + \rho(u, \nabla)u = -\nabla P - \nabla \cdot \left(\rho c_d (1 - c_d) u_{\text{slip}}^2\right) + \nabla \cdot \tau_{\text{GM}} + \rho g \quad (4\text{-}12)$$

$$(\rho_c - \rho_d)\left[\nabla \cdot \left(\varphi_d (1 - c_d) u_{\text{slip}} - D_{md} \nabla \varphi_d\right)\right] + \rho_c(\nabla \cdot u) = 0 \quad (4\text{-}13)$$

$$u = \frac{\varphi_c \rho_c u_c + \varphi_d \rho_d u_d}{\rho} \quad (4\text{-}14)$$

$$u_{cd} = u_d - u_c = u_{\text{slip}} - \frac{D_{md}}{(1 - c_d)\varphi_d}\nabla\varphi_d \quad (4\text{-}15)$$

$$u_{\text{slip}} = -\frac{(\rho - \rho_d)d_d^2}{18\rho\eta}\nabla p \quad (4\text{-}16)$$

$$\eta = \eta_c\left(1 - \frac{\varphi_d}{\varphi_{\max}}\right)^{-2.5\varphi_{\max}} \quad (4\text{-}17)$$

$$\rho = \varphi_c\rho_c + \varphi_d\rho_d \quad (4\text{-}18)$$

$$D_{md} = \frac{\eta_T}{\rho \sigma_T} \qquad (4\text{-}19)$$

其中，∇ 为哈密顿算子。

建立二沉池湍流多相流模型，利用 COMSOL Multiphysics Mac（物理仿真软件）模拟池中的污泥场，通过 SIMPLE Algorithm 算法求解二沉池湍流多相流模型（Niet et al., 2008）。

二是数值仿真结果与分析。

亳州市污水处理厂的处理规模为 14×10^4 米³/天，其几何模型的相关尺寸如图 4-23 所示；确定相关指标之后进行模拟，分析二沉池内的流场和浓度分布（王福军，2004）。

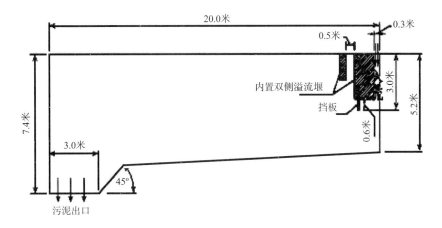

图 4-23 二沉池几何模型

通过模拟实验发现二沉池中存在分界区域，水面至以下 4m 区域范围为清水区域，其次是絮凝沉淀区，此时污泥的浓度逐渐增大，更深的水域范围便是沉淀区，沉淀物的颗粒直径也逐渐随着水平面深度增大（沈宏伟，2009）。随着进水流速的增加，也会在一定程度上造成实出水口悬浮物（SS）浓度的变化，波动的幅度相对较小。实验模拟的水中淤泥浓度情况与实际存在的二沉池污泥分布相同，能够为实验结果的真实性和科学性提供依据。在合理性的结果保证下，需要获取二沉池进水实际污泥浓度和出水 SS 浓度数据，得到的出水 SS 的模拟值与实测值对比见图 4-24。

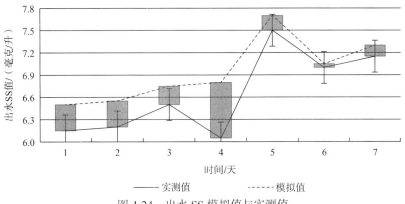

图 4-24 出水 SS 模拟值与实测值

由图 4-24 可知，出水 SS 的模拟值与实测值相对偏差范围为 0.8%~7.5%，两者之间的差距相对较小，说明实验模拟具有可靠性。通过对模拟实验以及实际浓度的偏差分析，认为由于实际中的颗粒物半径大小不一，难以一一进行测算，实验中的颗粒物半径直接选取的是均值，同时二沉池沉淀的仅仅是相对较大的颗粒物，部分半径较小的颗粒物随着水流流出二沉池，没有全部沉淀，因此实际出水浓度比模拟值偏高，此偏差难以克服，但不影响结果，可忽略。

（4）二沉池的优化设计。

由已知文献研究结果可知，在二沉池中，进水口流速、颗粒污泥粒径、挡板的淹没深度是影响沉降效果的三大因素，通过分析这三个影响因素，进一步对仿真模拟进行优化，选取最优的因素水平以及响应值。

一是 CCD（charge coupled device，即电荷耦合器件图像传感器）优化实验设计。

在该设计中，响应值为二沉池出水口的悬浮物（SS）浓度，影响因素为进水口流速（A）、颗粒污泥粒径（B）和挡板的淹没深度（C），利用 CCD 进行数值仿真模拟（孙培德等，2007），三个影响因素的水平见表 4-20，实验方案和结果见表 4-21。

表 4-20　中心组合设计中各因素水平

因素	因素编码	水平				
		-2	-1	0	1	2
进水口流速 v_{in}/（米/秒）	A	0.02	0.03	0.04	0.05	0.06
颗粒污泥粒径 D_d/微米	B	50	100	150	200	250
挡板的淹没深度 h/米	C	2.5	3.0	3.5	4.0	4.5

表 4-21　中心组合设计和结果

编号	各因素编码水平			实际值			出水 SS 仿真结果/（毫克/升）
	A	B	C	进水口流速 v_{in}/（米/秒）	颗粒污泥粒径 D_d/微米	挡板的淹没深度 h/米	
1	0	0	2	0.04	150	3.5	8.65
2	-1	0	2	0.06	200	4.0	1.40
3	1	1	2	0.06	150	2.5	8.85
4	2	0	0	0.03	100	3.0	7.21
5	0	-1	-1	0.02	150	3.0	3.00
6	0	-2	-1	0.01	250	2.5	3.44
7	1	-1	2	0.01	200	2.5	4.83
8	-1	1	1	0.07	200	3.0	2.93
9	0	1	1	0.03	150	3.5	12.68
10	-2	1	-1	0.06	250	3.5	7.36
11	-1	0	0	0.01	100	3.5	22.44

续表

编号	各因素编码水平			实际值			出水 SS 仿真结果/ (毫克/升)
	A	B	C	进水口流速 $v_{in}/$（米/秒）	颗粒污泥粒径 $D_d/$微米	挡板的淹没深度 $h/$米	
12	0	0	-2	0.03	150	4.0	13.58
13	0	-2	-2	0.05	150	3.5	5.72
14	0	1	0	0.04	200	2.0	21.93
15	-2	-1	0	0.04	100	2.5	1.45
16	-1	0	0	0.06	250	4.0	21.81

在以上设定的优化条件下进行仿真验证试验, 数值模拟得到研究对象的等速线和浓度分布, 得出二沉池中出水口悬浮物（SS）浓度值为 2.4 毫克/升, 与预测值基本一致。在保证颗粒污泥粒径以及挡板的淹没深度不变的条件下, 随着进水口流速的增加, 出水口悬浮物（SS）浓度值明显降低; 在仅有挡板的淹没深度条件变化下, 随着深度的增加, 出水口悬浮物（SS）浓度值成倍增加, 效果明显; 而在单一颗粒污泥粒径条件变化下, 出水口悬浮物（SS）浓度变化幅度较低。因此通过对挡板淹没深度变量的调整, 能够更加有效地去除悬浮物。

二是 CCD 优化设计结果分析。

运用多元回归拟合表 4-21 中的数据, 得到方程为

$$SS = 6.8 + 5.6A - 2.8B + 0.04C - 0.27AB - 2.59 \times 10^{-15} AC$$
$$+ 0.07BC + 2.21A^2 + 0.9B^2 + 0.69C^2$$

对拟合的二次模型进行方差分析, P 小于 0.000 1, 模型的校正决定系数为 0.978 1, 试验模拟的结果与实际情况拟合优度比较高, 说明该模型可以被用于仿真预测, 能够精确地反映 SS 与变量 A、B、C 之间的关系。

6. 混凝反应池+D 型滤池

亳州市污水处理厂的反应沉淀池由混凝反应池（往复式隔板絮凝池）和 D 型滤池组成, 氧化沟出水由二沉池配水井分别向 4 座二沉池配水经过沉淀、泥水分离后, 沉淀污泥一部分作为氧化沟的回流污泥, 一部分作为剩余污泥, 通过二沉池出泥系统脱水后排出, 最终与回流污泥一同外运处置; 二沉池出水经二次提升泵站输送至深度处理 D 型滤池, 进一步减少 SS, 使出水达到国家一级标准, 同时增加 PAC 混凝除磷系统, 并进行紫外线消毒, 杀灭水中的大肠杆菌等细菌, 滤池出水后经次氯酸钠消毒后达标排放。采用的二沉池为周边进水、周边出水的形式, 且每两组 A2/O 反应池对应 4 座二沉池。采用的 D 型滤池（单边）共 18 组, 反冲洗有时间控制和水位控制两种方式, 本设置采取时间控制, 周期为 16 小时/次。

混凝反应池是污水处理常采用的一种设备, 通过混凝剂使颗粒吸附集聚, 从而达到沉降分离的净化作用。市场现有的混凝剂有很多种, 因此混凝剂的选择是该步骤的首要问题,

可以通过进行如下实验来进行混凝剂的选择。选取普遍使用的三种混凝剂，即三氯化铁、PAC 及七水硫酸亚铁进行测试，COD 处理效果如图 4-25 所示。

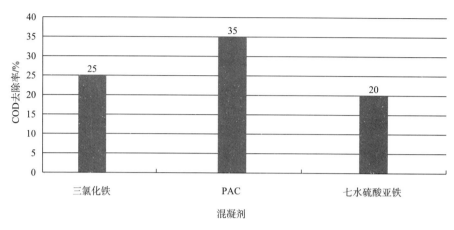

图 4-25　三种不同的混凝剂 COD 处理效果

由图 4-25 可知，三种混凝剂中，PAC 对 COD 的处理效果相对较好，因而 PAC 可以选用为混凝反应的混凝剂。混凝反应之后，采用 D 型滤池进行深度处理。二沉池出水后，先进入混凝反应池，投加混凝剂 PAC，之后进入 D 型滤池进行过滤，滤池出水经紫外线消毒后排出。

7. 接触消毒池

1）接触消毒池作用原理

接触消毒池是消毒剂与污水混合，进行消毒的构筑物，其主要功能为杀死处理后污水中的病原性微生物。污水处理厂常用消毒试剂有次氯酸钠、液氯、次氯酸钙等，其有效成分均为次氯酸根。当污水经过氧化沟、二沉池后，污水中仍旧存在大量病菌。

氯对细菌有很强的灭活能力，虽然效果明显，但容易产生一些有毒物质，同时难以运输和储存，并且需要采取防止泄漏的措施，存在的风险较大；二氧化氯、臭氧不是很稳定，对设备要求相对较高，单位成本高；相对比较安全以及考虑成本因素，次氯酸钠是一种高效强力灭菌药物，试验时常用的次氯酸钠密度为 0.3 毫克/升，有效氯质量分数为 10%。

2）次氯酸钠杀菌效果分析

不同的水质中有害物质的种类和含量不同，杀菌试剂的含量配比也不同，次氯酸钠中的有效氯产生的反应物就需要在后续过程中进行不同的处理，以保证排出的液体能够达到国家排水质量标准（Emad et al.，1983）。因此，需要进一步验证当次氯酸钠投加量为 50 克/厘米^{3}时，污水消毒程度是否合格，将次氯酸钠投加量固定在 50 克/厘米^{3}加入测试污水中，稳定运行时间为 12 小时，每隔 2 个小时进行 1 次取样，监测其接触消毒池出水的粪大肠菌群数，结果见图 4-26。

由图 4-26 可知，在 12 小时的连续消毒实验中，液体中仍旧存在粪大肠菌群，但是菌

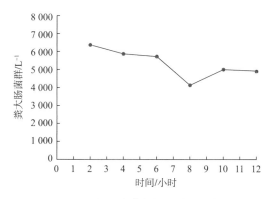

图 4-26　50 克/厘米^3 次氯酸钠的消毒效果

群数量在经过短期微小的波动后保持恒定，选取多次取样的结果，发现经过消毒池消毒后的污水平均的粪大肠菌群数均低于 7 500L^{-1}，已满足中国现有的排水质量要求。故可以得出，氯对细菌有很强的灭活能力，但是容易产生有毒气体和有害物质，而次氯酸钠能够灭菌但不危害环境，为了达到良好的绩效，当日处理水量为 5 万吨运行时，投加量控制在 50 克/厘米^3。

4.5.4　结论与建议

1. 主要结论

亳州市地表水不太丰富，主要水源为涡河，但水质污染严重，人均可利用水资源匮乏。国祯环保污水处理系统在氧化沟与二沉池两个主要设备仍需要进行优化。

首先，在污水初步处理阶段，可生化性好，适宜采用生化处理工艺，污水中可生物降解的有机物比重较大。其次，在氧化沟阶段，6 月和 9 月在脱氮的处理过程中效率偏低，9 月和 12 月的氧化效率偏低，12 月在除磷的处理过程中效率最低，而 3 月在各个环节的效率都是相对较高的，整体氧化沟环节的绩效低。在二沉池阶段，出水 SS 随着进水流速的增大而急剧增加，进水流速过小会造成悬浮颗粒在进水渠道上淤积，故进水流速应该控制在 0.03 米/秒左右。颗粒粒径越大越有利于悬浮物的去除，因此需要添加一定的化学物质增大颗粒污泥的直径，便于除去固体污染物和后续阶段对有机物进行分解。而在消毒池阶段，前期所用消毒品为液氯，消毒能力虽好，却难以保证安全与存储，后期即使改为次氯酸钠也难以准确地制定投放量，造成不必要的浪费。

2. 政策建议

1）对污水处理系统进行优化提出建议

（1）初步处理阶段。

当 $BOD_5 / COD_{cr} \geqslant 0.3$ 时，可生化性好，适宜采用生化处理工艺；$BOD_5 / COD_{cr} = 0.4 > 0.3$ 时适于生物处理，微生物对碳氮磷需求量的比例为 100 : 5 : 1，沉砂池环节尽可能少地去除碳，否则会导致后续的除磷脱氮效果不佳。

（2）氧化沟处理环节。

第一，在脱氮处理时，全面采用合建式装置，将缺氧和好氧环境放在一个构筑物内，中间以挡板隔开，挡板下端与氧化池内壁之间以一定的缝隙相通。构筑物数量减少，流程得以简化，占地面积减少，且缺氧段消耗原污水中的部分有机物，能够降低好氧阶段有机物污泥负荷。将缺氧段放在好氧段的前边，可以起到生物选择器的作用，有利于防止污泥膨胀，改善活性污泥的沉降性能。反硝化过程能够充分利用原污水中有机物和内源代谢产物作为电子受体，既可以减少或取消外加碳源，提高处理水的水质，又可以保证较高的碳比，有利于反硝化的充分进行。

第二，在氧化处理时，为了要提高氧化沟曝气环节的处理效率，可以在曝气的设备上加以改进。例如，对磁悬浮鼓风机的创新和改善，或者引入国外更为先进的鼓风机。这样在曝气环节可以提高水中氧气的含量，从而除铁、除锰或促进需氧微生物降解有机物，达到除去可氧化沉淀的物质的目的。在除磷处理时，可以通过建立厌氧或好氧交替模式来提高除磷率。

（3）消毒池处理环节。

氯对细菌有很强的灭活能力，但是容易产生有毒气体和有害物质，而次氯酸钠能够灭菌但不危害环境，为了达到良好的绩效，当日处理水量达到5万吨时，投加量需要控制在50克/立方厘米。

2）针对宏观层面的污水问题提出意见

间歇活性污泥法污水处理系统在氧化沟、二沉池及消毒池三大主要环节对污水进行处理，通过优化设备与药品投放量实现资源的有效配置以及系统效用最大化，但是仅仅是在终端实现水质净化，还需要在源头上减少工业污水排放，才能更好地践行节能减排。

首先，政府需要加强污水排放监管。随着中国工业化的发展，污水排放量日益增多，对水质的影响问题日益显著。地方政府需要不定期对工业污水排放进行检测，加大惩戒力度，规范审核制度，引导企业践行零排放的绿色理念。污水处理企业作为水资源净化的最后环节，在维持水质的同时仍需提倡节能减排的高绩效，优化各个环节，实现整体的最优配置。

其次，对污水处理企业进行政策与资金的扶持。污水处理行业属于低收入行业，严监控、高耗费使该行业的后劲不足，许多企业即使致力于污水的处理，但资金回笼周期长，导致企业难以为继（肖尧等，2006）。此外，污水处理企业需求量大，但社会市场供给却极少，政府可以对该类企业进行分阶段征税，前几年少收税或者不收税，或者对其进行前期的政策保护，维持初期企业的存活率。

最后，针对皖北地区污水情况而言，需要提升居民节能减排意识。针对水质污染，现在的技术难以实现大规模回流以及再利用，只能达到水质危害减少的目标。当下倡导绿色生活零排放，就需要在源头、净化过程、宏观层面进行监控。

4.5.5 结束语

本节针对皖北地区国祯环保污水处理系统绩效进行分析，同时针对皖北地区的工业污水情况进行宏观调查实践。国祯环保污水处理系统已有 15 年的历史,在技术与设备方面已经具备较高的水平。但是,对安徽省而言,皖北地区的污水处理系统绩效相对较低。

　　本节试图通过污水处理系统的各环节处理效果与资金耗费来分析污水处理系统整体绩效低效的问题所在。但由于各环节的数据采集相对困难,各环节的联系性高,对于合理划分环节仍存在些许问题。由于污水对水质生态,甚至长期的居民生活都将产生极大的影响,同时响应提倡的绿色生活零排放的节能减排思想,本节主要对几个重要环节进行绩效评估与结构优化构想。

　　环保行业属于资金回笼周期长的低盈利行业,但是现实价值确是不可忽视的关键所在。政府应当完善相关政策,对环保行业进行政策扶持,而对于环保企业而言,水质的标准化才是首要任务与目标。污水处理系统仅仅是在污水回流终端进行水质净化,并不能达到从根源上解决污水排放量大的问题,首要任务还是要增强企业与居民的环保意识,加强监管以及惩戒力度,在源头上抑制污水的增加。

参 考 文 献

曹淑敏,陈莹. 2015. 我国非常规水源开发利用现状及存在问题[J]. 水利经济,(4):47-49.

陈晨,刘坤. 2016-12-13. 南水北调全面通水两周年[N]. 光明日报.

崔东文,郭荣. 2012. 基于 GRNN 模型的区域水资源可持续利用评价——以云南文山州为例[J]. 人民长江,43(5):26-31.

崔彦召,陈小光,柳建设,等. 2012. 周边进水辐流式二沉池出水方式研究[J]. 中国沼气,30(2):15-19.

丁红. 2007. 氧化沟污水处理技术的应用研究[J]. 山西建筑,33(31):190-191.

郭昌梓,程飞,陈雪梅. 2011. 氧化沟的优缺点及发展应用型式[J]. 安徽农业科学,(23):14288-14291.

国务院. 1994. 中国 21 世纪议程——中国 21 世纪人口、环境和发展白皮书[M]. 北京:中国环境科学出版社.

韩美,杜焕,张翠,等. 2015. 黄河三角洲水资源可持续利用评价与预测[J]. 中国人口·资源与环境,(7):154-156.

霍志华,赵冬泉,孙莹莹,等. 2011. 污水处理厂绩效管理系统中的数据标准化管理模式研究[J]. 给水排水,47(S1):448-451.

蒋岚岚,胡邦,羊鹏程. 2011. 膜生物反应器工艺污水处理厂设计进水水质的确定[J]. 环境污染与防治,33(1):61-65,69.

李晓东,冯晶,梁婕,等. 2012. 基于数值仿真-响应表面法的二沉池优化研究[J]. 环境科学学报,32(9):2279-2286.

刘毅,贾若祥,侯晓丽. 2005. 中国区域水资源可持续利用评价及类型划分[J]. 环境学,26(1):42-46.

钱正英. 2001. 中国可持续发展水资源战略研究综合报告[A]//中国水利学会. 中国水利学会 2001 学术年会论文集[C]. 北京:中国水利学会.

沈宏伟. 2009. 沉淀池数学模型与流体动力学分析[D]. 太原科技大学硕士学位论文.

司旭东. 2001. 二沉池表面负荷取值的探讨[J]. 工业用水与废水,(3):42-43.

宋松柏,蔡焕杰. 2004. 区域水资源可持续利用的 Bossel 指标体系及评价方法[J]. 水利学报,(6):68-69.

孙培德,杨东全,陈奕柏. 2007. 多物理场耦合模型及数值模拟导论[M]. 北京:中国科学技术出版社.

唐德善,张伟,曾令刚. 2003. 水环境与社会经济发展阶段关系初探[J]. 人民长江,34(11):7-9.

王福军. 2004. 计算流体动力学分析——CFD 软件原理与应用[M]. 北京:清华大学出版社.

王浩，王建华. 2012. 中国水资源与可持续发展[J]. 中国科学院院刊，（3）：352-357.

王银堂，田庆奇，袁小勇. 2010. 我国水文水资源领域技术需求分析及推广应用[J]. 水利水电技术，41（11）：1-5.

肖尧，施汉昌，范茏. 2006. 基于计算流体力学的辐流式二沉池数值模拟[J]. 中国给水排水，22（19）：100-104.

谢微，何星存，黄智，等. 2010. 单宁絮凝煮茧废水工艺的响应面优化参数分析[J]. 环境工程，28：114-117.

杨剑. 2006. 城市水资源可持续利用研究[D]. 华中师范大学硕士学位论文.

于莉芳，房平，万琼，等. 2011. 西安市第六污水处理厂设计水质水量分析与确定[J]. 给水排水，47（9）：38-42.

张莉莎，童玉芬. 2013. 基于 IPAT 随机模型的北京水资源压力人口驱动作用分析[A]//北京市社会科学界联合会，北京师范大学. 2013·学术前沿论丛——中国梦：教育变革与人的素质提升[C]. 北京：北京师范大学出版社.

郑旭，赵军，朱悦，等. 2013. 营口市水环境污染与社会经济发展的关系研究[J]. 中国人口·资源与环境，23（5）：87-89.

中国环境报社. 1992. 迈向 21 世纪——联合国环境与发展大会文献汇编[M]. 北京：中国环境科学出版社.

周玲玲，王琳，余静. 2014. 基于水足迹理论的水资源可持续利用评价体系——以即墨市为例[J]. 资源科学，36（5）：913-921.

Bossel H. 1999. Indicators for Sustainable Development：Theory，Method，Applications[M]. Winipeg：Canadian Cataloguing in Publication Data：20-26.

Flamant O，Cockx A，Guimet V，et al. 2004. Experimental analysis and simulation of settling process[J]. Process Safety Environmental Protection，82（4）：312-318.

Grosaman G，Kruger A. 1995. Economic growth and the environment[J]. Quarterly Journal of Economics，（110）：353-377.

Imam E，McCorquodale J A，Bewtra J K. 1983. Numerical modeling of sedimentation tanks[J]. Journal of Hydraulic Engineering，109（12）：1740-1754.

Juwana N I，Muttil B，Perera J C. 2012. Indicator-based water sustainability assessment：a review[J]. Science of the Total Environment，438：357-371.

Kondratyev S，Gronskaya T，Ignatieva N，et al. 2002. Assessment of present state of water resources of Lake Ladoga and its drainage basin using sustainable development indicators[J]. Ecological Indicators，（2）：79-92.

Niet A C，Nieuwenhuijzen A F，Geilvoet A J. 2008. Analyzing a malfunctioning clarifier with COMSOL's mixture model[C]. COMSOL Conference.

Patwardhan A W. 2002. CFD modeling of jet mixed tanks[J]. Chemical Engineering Science，（57）：1307-1318.

Rijsberman M A，van de Ven F H M. 2000. Different approaches to assessment of design and management of sustainable urban water systems[J]. Environmental Impact Assessment Review，20：333-345.

Shafik N，Bandyopadhyay S. 1992. Economic and environment quarterly：time series and cross-country evidence[C]. Background Paper for the World Development Report the World Bank，Washington DC.

Yang K，Yu Y，Hwang S. 2003. Selective optimization in thermophilic acidogenesis of cheese-whey wastewater to acetic and butyric acids: partial acidification and methanation[J]. Water Research，（37）：2467-2477.

第 5 章

中国节水型社会发展研究及建设现状

本章首先对节水型社会建设的机制、系统构成、建设模式及历程和特色等方面进行归纳总结，在此基础上，针对中国区域内的节水型社会建设情况，以江苏省为例，分析节水影响因素，并预测农业、工业和生活用水的相关指标数值，计算江苏省的节水潜力；其次，以中国各行业为研究对象，研究节水型社会建设背景下各行业的水资源消耗情况；最后，利用 2000~2015 年水资源、经济社会等指标数据对中国整体的节水型社会建设情况进行综合评价，针对评价结果对节水型社会建设提出结论与建议。在案例部分，以深圳市为例，研究雨污"分流"与"混流"收集机制在节水型社会建设过程中的影响和效用，给出深圳市南山区的污水治理方案并进行方案的有效度预测，最后对茅洲河光明片区水环境综合整治技术方案进行可达性评估。

5.1 节水型社会建设理论基础

5.1.1 节水型社会的机制及系统构成

节水型社会与一般意义上的节水都是以提高水资源利用效率和效益为目的，但又有着很大的区别。传统节水主要通过行政手段发展节水生产力，其更偏重于工程、设施、器具和技术等。而节水型社会则是需要运用市场经济以及建设相应的制度，变革生产关系，从而进一步推动经济增长方式的转变，重塑中国人水和谐的平衡关系，将水资源的粗放式开发利用转变为集约型、效益型开发利用的社会。

从整体上来看，中国节水机制大致如图 5-1 所示（刘丹等，2004），形成政府、市场和公众三足鼎立的格局。政府、市场及社会公众的参与对节水型社会建设来说缺一不可，从目前来看，政府在节水型社会建设的过程中具有主导作用。但是为了节水型社会更好地发展，需要更多地发挥市场的调节作用。此外，信息公开与参与式管理制度同样不可或缺，公众参与在节水型社会建设中也发挥着重要作用。基于此，本章认为节水型社会建设具有如图 5-1 所示的三大支撑性制度组合。

图 5-1 节水型社会节水机制

而在建设节水型社会时，则需要将社会、生态、水资源三者综合考虑，在此过程中需要很多理论依据支持，这其中包括可持续发展理论、水资源承载力理论、系统理论等，这些理论在节水型社会建设过程中的不同时期发挥的作用不同，但都对节水型社会建设的发展起到了重要的促进作用。

可持续发展理论对水资源开发利用有着重要的指导意义，强调在开发水资源满足经济、社会发展需要的过程中，要以维护水资源生态系统可持续发展为基本前提。水资源承载力理论强调水资源存在一个最大的可开发利用量，并且考虑在现有的水资源量下可以承受的最大人口量。系统理论将所研究的问题进行拓宽深化，将节水型社会涉及的经济、社会、生态、环境等方面的子系统都纳入问题的研究之中，更加全面，得到的结果也更可靠。由此可见，节水型社会不是简单的系统，它涉及生态、经济社会等多个系统，而且各个系统彼此相连，息息相关。图 5-2 是节水型社会系统的构成，本节主要给出与之密切联系的三个子系统，其中水资源子系统是节水型社会建设的物质基础，生态环境子系统是节水型社会建设的基础和必要条件，是水循环稳定和水环境质量的重要保证，同时生态环境质量对社会经济的发展同样具有重要的作用，社会经济子系统是水资源系统的重要服务对象，也是驱动水资源开发利用的动力之一（陈静等，2014）。

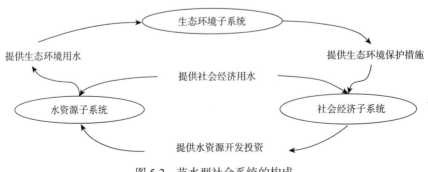

图 5-2 节水型社会系统的构成

5.1.2　节水型社会建设模式分析

节水型社会制度主要从水资源的开发利用、污水排放和治理及维持水生态平衡等方面展开，系统分析中国节水型社会建设模式是推动中国节水型社会建设理论和实践逐步走向深入的重要切入点。褚俊英等（2006）提出"国家–区域–基层"（country-region-level，CRL）的节水型社会建设模式，认为中国应该根据基本国情，在保证经济增长的同时，让资源的消耗以及在此过程中造成的污染以递减的速率上升，最终保持稳定；在政府的领导作用下，应该综合考虑不同区域的水资源特点，形成具有区域特色的节水型社会建设模式；在区域中，应该继续形成不同的基层管理结构。继而，褚俊英等（2007）再次研究了中国节水型社会建设的制度体系，认为该体系首先应该在功能上对水资源定额管理，且取水需要相应的许可；其次，水权的确定和水价的制定应发挥激励作用，鼓励用户节约用水；最后，应保证信息公开，让公众充分感受到自身在节水型社会建设中的重要作用。陆益龙（2009）认为中国已经具备较为完善的政府、市场和公众三者协调合作的制度，而真正有效的节水型社会建设应该从基本上形成节水文化、加强国民节水意识入手，再依靠法律来规范水资源开发利用，运用政策控制水资源的利用量，在实践上，要保证法律和制度实施有效。综合以上研究，节水型社会建设制度体系结构如图 5-3 所示。

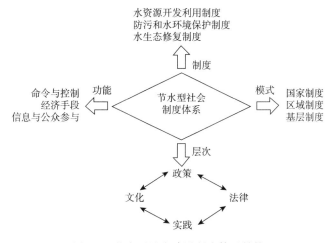

图 5-3　节水型社会建设制度体系结构

5.2　节水型社会建设进程及特色

5.2.1　中国节水型社会发展的历史沿革

中国节水型社会建设最早出现在"十五规划建议"中，但在 1959 年，国家基本建设委员会就在《关于加强城市节约用水的通知》中提出了关于节水的方针政策，可以说中国很早就开始了关于节水的制度、方针政策的制定。近年来通过"十一五""十二五"期间提出的严格的水资源管理制度及国家级节水型社会试点建设等措施，节水型社会建设已经有了显著的成效。"十三五"规划期间，中国继续倡导"实行最严格的水资源管理制度，以水定产，以水定城，建设节水型社会"。节水型社会建设已走向发展关键阶段（图 5-4）。

图 5-4　中国节水型社会建设历史沿革

"十五"期间，水利部就提出要正式开展节水型社会建设试点工作。2002 年甘肃省张掖市正式确立成为第一个节水型社会建设试点，之后四川省绵阳市、辽宁省大连市、陕西省西安市也被确立为了节水型社会建设试点，在"十五"期间，总共确立了 18 个节水型社会建设试点；2006 年，中国再次在华东和华北地区设立了 30 个国家级节水型社会建设试点；2008 年节水型社会建设试点再度增加 40 个，也大多集中在华东和华北地区；2010 年 7 月，确立了全国第四批 18 个国家级节水型社会建设试点，集中于华东、华北和西北地区。

5.2.2　中国不同地区节水型社会建设的建设特色

本节将从经济和水资源两个角度将我国各区域分成四类，总结其区域内的节水型社会建设特色（褚俊英等，2008；陆益龙，2009），数据主要来源于中国历年统计年鉴、水资源公报及中国环境数据库等。

1. 经济发达的丰水区

中国华南区域的一些城市经济较为发达，水资源也相对丰富，但存在局部性、季节性特点，并且水污染现象严重，针对这些地区，中国采取的政策主要是着重于水资源管理，控制其水资源取用的数量, 限制其经济发展带来的污水排放。除此之外, 由于这些城市大部分靠近海洋, 加强其非常规水源的开发利用也是重点, 经过几年试点建设, 这些城市的水环境得到很大改善。

广东省位于中国大陆南端沿海地区, 属于东亚季风区, 降水充沛, 全省平均年降水量为 2 000 毫米左右, 是中国水资源最为丰富的地区之一。同时, 广东省也是中国经济大省, 许多经济指标位列全国第一位。特殊的地理位置、气候环境和经济状况等多种因素的影响, 使广东省对水资源的保护、利用及污水治理十分重视。

2000~2015 年, 广东省生产总值一直以年均 14.65%的增长速度上升, 根据广东省生产总值和其第一、第二、第三产业增加值, 计算出各产业占生产总值的比重, 如图 5-5 所示。第一产业一直是广东省产值占比最低的产业, 而且自 2000 年以来其产值占生产总值的比重一直在下降, 2015 年只达到 4.59%; 除 2003 年和 2004 年之外, 广东省第一产业占比和第三产业占比分别处于下降和上升的趋势, 这也导致在 2013 年之前一直高于第三产业的第二产业产值在 2013~2015 年开始低于第三产业, 2015 年第三产业产值占比已经超过 50%。

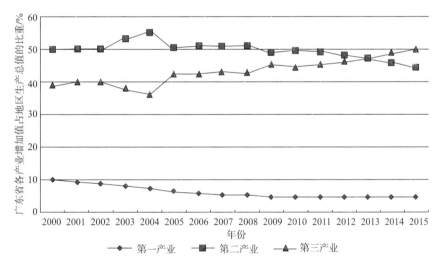

图 5-5　2000~2015 年广东省各产业增加值占生产总值的比重变化情况

从以上分析可以看出, 广东省产业结构优化已经取得初步成效, 与此同时, 其节水型社会建设也取得了初步成效, 人均用水量、万元工业增加值用水量及万元生产总值用水量均呈现出下降的趋势。根据 2000~2015 年广东省的用水总量数据和生产总值数据, 计算广东省的万元生产总值用水量, 如图 5-6 所示。

从图 5-6 中可以看出, 广东省和全国的万元 GDP 用水量曲线向下倾斜, 呈现下降趋势, 但下降的斜率逐渐减小, 渐渐趋于平缓; 同时, 广东省的万元 GDP 用水量自 2000 年以来一直低于全国的水平, 两者的差距也在逐渐缩小。这表明: ①随着时间推移, 经济社会发展, 不论是广东省还是全国各省 (自治区、直辖市), 万元 GDP 用水量逐渐减少,

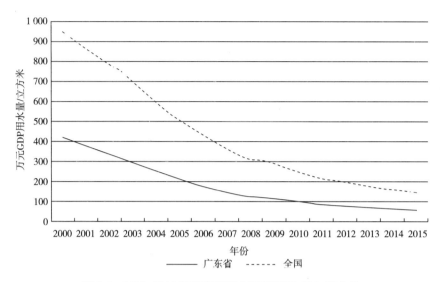

图 5-6　2000~2015 年广东省和全国的万元 GDP 用水量

水资源利用水平逐渐提高，节水型社会建设有所推进；②广东省的万元 GDP 用水量一直低于全国水平，水资源利用水平和经济社会发展速度一直处于全国前列，广东省对水资源的管理十分有效；③广东省与全国的万元 GDP 用水量的差距逐渐缩小，全国范围内对水资源的管理利用水平在逐渐提高，水资源的利用能力也逐渐得到改善。

2. 经济发达的缺水区

中国北京、上海和天津等华东和华北地区，是中国经济发展最好的区域，但水资源却十分短缺，而且存在着严重的水质污染现象，这些地区在开展节水型社会建设时，一方面要通过域外调水，如南水北调等工程来缓解区域内水资源短缺的矛盾，另一方面要积极调整这些区域的产业结构，限制污水排放，提高污水处理回用量，减少污水对水资源生态系统的破坏，除此之外，这些水资源短缺的地区更要控制各行各业用水量。

从中国四批节水型社会建设试点分布来看，华东和华北地区的试点数量最多。这些城市的水资源环境较差，缺水、地下水超采及水污染问题突出，被确立为节水型社会建设试点后，各地依据自身地理条件、水环境特点等，将节水型社会建设重点放在自身的薄弱环节。

北京位于华北平原北部，被河北省环绕，气候上是典型的北温带半湿润大陆性季风气候，年降水量平均在 500 毫米并且降雨季节特别不均匀。作为中国的首都，北京是一座特大型城市，常住人口 2 500 万人左右，对于水资源的需求非常大，且经济发展快速，是一座产业分工明确的现代化大都市，第三产业高度发达，尤其对于生活用水需求巨大，生活污水管理和节水城市建设形势严峻。

根据国家统计局的相关数据，绘制 2000~2015 年北京市生活用水量条形图，如图 5-7 所示。

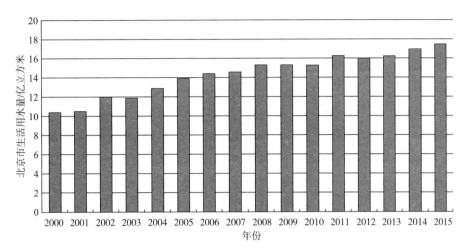

图 5-7　2000~2015 年北京市生活用水量

从图 5-7 中可以看出，2000~2015 年北京市生活用水量一直在增加，但是增加的幅度并不是很大，2015 年的生活用水量最多达到 17.5 亿立方米，但仅比 2000 年多了 7 亿立方米左右，期间北京增多了 1 200 万名常住人口，所以相比较来说现在北京的生活用水量更加短缺。再对 2000~2015 年北京和全国的人均用水量进行分析，根据国家统计局的数据绘制出图 5-8。

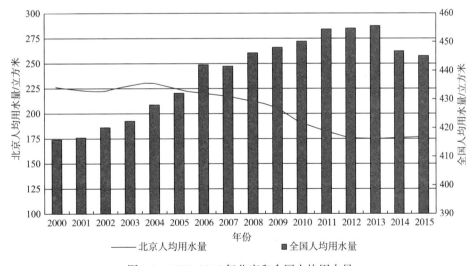

图 5-8　2000~2015 年北京和全国人均用水量

从图 5-8 中可以看出，近 16 年来，全国人均用水量和北京人均用水量波动都非常小，全国人均用水量基本稳定在 430 立方米，北京人均用水量基本稳定在 190 立方米。但是全国人均用水量与北京人均用水量差距悬殊，2013 年两者差距最大，达到了 281.65 立方米；差距最小的 2000 年也有 189.76 立方米的悬殊。北京市应当加快节水型城市的建设，加大水资源的保护、利用和节约的管理力度，一方面可以缩紧对第一产业和第二产业的用水供给，如农业和工业，增加对第三产业和居民生活用水的供给；另一方面加大对水污染的整治力度，加快海绵城市的建设进度，节约水资源。

3. 经济不发达的丰水区

由于这些区域的经济相对不那么发达，必然存在一些高耗能低产出的企业，因此在这些地区开展节水型城市建设时，一定要狠抓企业取水用水的管理力度，同时限制企业污水排放；虽然这些地区水资源丰富，但也一定要加强宣传，让公众认识到水资源短缺的紧迫性，鼓励公众节约用水，杜绝丰水区水资源过度浪费现象的出现。

四川省水资源情况特殊，一方面位于西北部地区的甘孜、阿坝州水资源丰富，但是人烟稀少，经济发展十分落后，这些水资源利用程度很低；另一方面，经济社会发展较好的地区均位于盆地腹部地区，但这些地区也是四川省水资源最贫乏地区，属于重度缺水区，水资源生态承载力不高，有必要加强节水型建设（王文国等，2011）；李红和周波（2012）评价了四川省水资源的紧缺度，发现四川省20个地级市中有8个地区属于资源型缺水，12个地区属于工程型缺水。

四川绵阳是第一批国家级节水型社会建设试点之一，其人均水资源量仅为四川人均水平的65%，经过节水型社会试点建设，建立起了节水型社会的核心政策体系和管理体制，明显提高了当地居民的节水意识以及水资源利用的效率。与此同时，绵阳市还通过建设"引涪济安"等生态工程，将直接排入江河流域的污水引到污水处理管网中进行处理后排放，极大地改善了当地的水质。苏伟洲和王成璋（2015）在对四川省各个地区进行水资源承载力评价时，发现18个地级市中仅有4个地区水资源投入产出的规模、技术效应都是有效的，其中就包括绵阳市。

4. 经济不发达的缺水区

中国经济不发达并且还缺水的地区不在少数，如甘肃、新疆、西藏这些边远地区都存在这些问题。这些地区均具有以下特点：①地理位置较偏远，要么是内陆边疆地区、要么是内陆接壤边疆地区；②自然环境十分恶劣，地处高原，气候寒冷，降雨量稀少，人烟稀少；③这些地区的农业生产大多依靠农牧业，种植业较少，各项产业发展都较为缓慢；④近年来，随着经济社会发展，这些地区的旅游业蓬勃发展并逐渐成为支柱产业，政府对生态环境的保护力度加大，生态用水量增加较快。以甘肃省为例，在2004年以前生态用水量非常少，不足1亿立方米；2005年生态用水量急剧增加，达到3.08亿立方米，随后几年生态用水量保持稳定；2013年、2014年下降到1.8亿立方米左右，2015年又增加到3.1亿立方米（图5-9）。

甘肃省张掖市是我国最早的节水型社会建设试点。张掖市是一个经济不发达的缺水城市，在节水型社会建设过程中，首先在农业上积极推行先进的灌溉技术，减少农业用水的浪费；其次在城区内建设雨水回收设施，将这些水资源用于城市绿化。除此之外，这些地区通常具有严重的水土流失现象，因此治理水土流失对这些地区来说也十分重要，能够提高当地的水资源承载力。

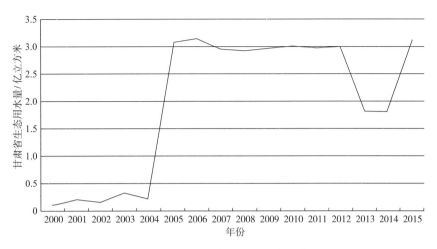

图 5-9　2000~2015 年甘肃省生态用水量

　　因此，针对这些地区，在建设节水型城市时，主要倡导在农业上推行节水灌溉技术，减少耗水量较大的农作物的种植数量，并且要做到有效管理和利用水资源、推行抗旱的节水措施、提倡建立雨水回用等。

　　根据中国环境数据库，以甘肃、青海和陕西为例，获取了这三个地区 2003~2015 年节水灌溉面积，如图 5-10 所示，可以发现青海的节水灌溉面积一直保持上升，2015 年达到 13.58 万公顷，相较于 2003 年，累计增长 148.67%；陕西除 2013 年出现小幅下降之外，其余年份均保持增长趋势，相较于 2003 年，累计增长 26.30%；甘肃整体起伏波动较青海和陕西频繁，但 2015 年仍然达到 92.07 万公顷，依旧是三个地区中最高的。

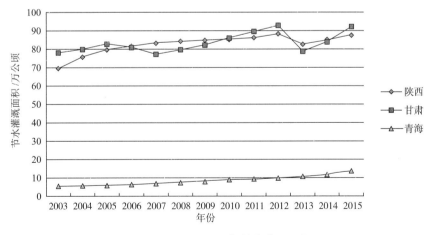

图 5-10　2003~2015 年节水灌溉面积

　　根据中国环境数据库，本节获取了甘肃、青海和陕西 2004~2014 年建设的集雨水窖个数，如图 5-11 所示，甘肃的集雨水窖个数最多，尤其是 2005 年，达到 1 056 203 个，该年农村改水受益人口达到 406 万人；陕西也在 2005 年达到最高值 328 724 个；青海的集雨水窖建设的个数相对较少，个数最多的年份是 2014 年，达到 40 290 个。

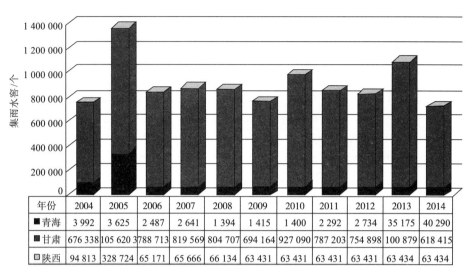

图 5-11 集雨水窖个数

5.3 区域节水型社会建设研究

本章概要介绍了中国节水型社会建设的内涵、建设进程、建设特色及建设现状，在此基础上，将探究节水型社会建设背景下的区域用水情况及其影响因素，并了解各产业的节水潜力。

5.3.1 区域节水影响因素分析

中国水资源在利用的过程中一直面临着水资源利用效率不高、浪费严重及分布不均带来的供需矛盾等多种问题，节水型社会建设开展的目的主要是缓解面临的这些水资源现状。在节水型社会建设过程中，在经济方面鼓励水市场交易、完善水价和进行产业结构调整等；在政策上形成水权制度和最严格的水资源管理制度；在环境方面加大水土流失治理，提高非常规水源的开发利用；在技术上普及农业节水灌溉技术，倡导企业和家庭使用节水型工艺和节水型器具等；在社会上还加强各种节水知识的宣传力度，提高公众节水意识。以上这些措施均会对中国的水资源利用量产生影响，而且不同的措施针对于不同的产业，影响各产业的节水量的因素各不相同，因此有必要针对性地分析不同因素对不同产业节约用水的效应。

1. 文献综述

目前，学术界针对区域节水影响因素的分析大多具有较强的针对性，主要集中在农业、工业和生活用水三个方面。从论文数量上来看，在中国节水型社会建设开展的过程中，中国学者对农业节水影响因素的研究更为广泛。黄晶等（2009）通过主成分分析法，从农作物的种植情况和产量以及气候条件三个方面总结出北京农业节水的影响因素，认为增大节水灌溉面积能有效降低北京区域内的农业用水量；在考虑了节水技术的基础上，邵薇薇等（2015）还从人口结构、工业结构等方面进行分析；廖西元等（2006）和韩一军等（2015）分别针对稻农和麦农是否采用节水技术的影响因素进行分析，前者通过问卷调查分析得到区域和降雨量等自然条件以及农户的收入和灌溉的费用等经济因素，均会影响农户是否采用节水技术；后者在此基础上，分析了传统型、农户型、社区型这三种节水技术采纳情况的影响因素，研究更为充分和细致。

在居民生活用水量影响因素的分析中，国外学者 Foster 和 Beattie（1979）、Billings 和 Agthe（1980）等多位学者提出用户在用水过程中对平均水价的关注度较高，较高的平均水价会使居民节省生活用水量；Carver 和 Boland（1980）、Young 等（1983）认为边际水价对用户的水资源需求影响较大；还有部分学者认为家庭收入和人均收入对居民生活用水量产生影响，如 Palmini 和 Shelton（1982）、Arbues 和 Bzrberan（2004）等；降雨、气温等气候条件也会影响用户对水资源的需求（Miaou，1990；Piper，2003）；当然，国家对相关节水知识和措施的宣传，将会直接影响居民的节水意识和节水习惯（Renwick and Green，2000）。

在国外学者的研究基础上，中国学者综合分析了各因素对中国居民生活用水的影响，如白黎等（2011）通过回归分析，模拟出西安市的城市居民生活用水量与其城市人口和人均居住面积的线性回归函数；在此基础上，德娜·吐热汗等（2014）通过岭回归模型综合分析了以上两个影响因素以及第三产业产值、水价、家庭的收入和人均绿地面积四个要素对居民生活用水量的影响；穆泉等（2014）分别研究了家庭结构特征、房屋特征、居民节水习惯及水价等因素对北京市居民生活用水中三种节水行为的影响效应，发现以上因素均会影响居民在日常生活中购买节水器具的力度，另外，在这四个因素中，家庭结构特征不会影响居民节水的生活习惯。

在工业节水的影响因素分析中，采用 LMDI 法对工业用水影响因素进行分析的研究较多，刘翀和柏明国（2012）从技术进步和产业结构两个角度进行分析；刘云枫和孔伟（2013）则在此基础上增加了产出因素进行分析，发现产出效应会增大工业对水资源的利用量；张礼兵等（2014）则在二者的研究基础上，继续增加了工业对水资源的利用强度来分析中国工业用水量的影响因素，发现相比较于技术效应和产业结构调整对工业用水量的抑制作用，工业用水强度对减少工业用水量具有更大的作用；雷玉桃和黎锐锋（2015）通过向量自回归模型分析了工业用水量与工业总产值以及工业制成品的出口额之间相互作用机理，发现工业用水量对这两个因素的变化做出的反应具有一定的滞后性，而且减少工业用水量会抑制工业的发展，因此，在工业用水上，最重要的是提高企业对水资源的利用效率。

2. 影响因素分析

中国水资源的利用情况在区域上存在较大的差异，根据 2016 年《中国统计年鉴》各地区农业、工业和生活用水量数据，绘制图 5-12，从中可以看出，中国农业用水量较大的地区主要是新疆、黑龙江、江苏等地区，工业用水量较大的地区有江苏、广东、上海，生活用水量较大的是广东、江苏、湖北等地区。

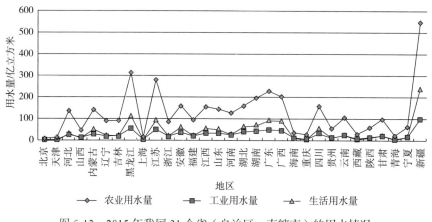

图 5-12　2015 年我国 31 个省（自治区、直辖市）的用水情况

通过分析，可以发现这些地区农业、工业和生活用水量所占比重各不相同，综合考虑到各地区的经济发展水平、区域面积、人口结构和产业结构等因素，本节确定分别选取农业、工业及生活用水量都较大的江苏省作为研究对象。影响农业、工业和生活用水量的因素各不相同，因此本节将针对江苏省的农业、工业和生活用水量的影响因素分别进行分析，数据来源于中国历年统计年鉴、水资源公报及中国环境数据库。

1）农业节水

自 2001 年以来，江苏省的农业产值基本保持阶梯式增长的趋势，如图 5-13 所示，2003 年出现小幅下降，同年江苏省的农业用水量也出现大幅下降，2007~2012 年的农业产值增长率均达到 10%以上，2013~2015 年均在 6%左右，2015 年增长率再次达到 10.68%。而在 2007~2015 年，江苏省的农业用水量变化趋势呈现抛物线的结构，2011 年的农业用水量不仅是 2007~2015 年的最大值，也是 2001~2015 年的最大值，但是该年的农业产值并不是最大的。通过分析，可以发现，江苏省农业用水量并不随着农业产值的增加而增加，尤其是 2012 年以后，农业产值继续保持上升态势，而农业用水量却转而下降，可见影响农业用水量的还有其他因素。

虽然江苏省农业产值呈现逐年上升的趋势，但江苏省农作物播种面积并没有增加，江苏省 2001~2009 年农作物播种面积总体呈下降趋势，尤其是 2008 年下降速度最快，达到 1.37%，如图 5-14 所示。近年来江苏省农业用水量呈现升降波动趋势，2010 年之后，江苏省农作物播种面积上升，但总的农业用水量却下降，说明在此期间，江苏省的农业用水效率可能有所提升。如图 5-15 所示，可以看出江苏省的有效灌溉面积 2001~2011 年总体上呈下降趋势，2003 年下降幅度达到 1.16%，与 2003 年江苏省农业用水量下降趋势一致。2005~2007 年江苏省农业用水量和有效灌溉面积都经历了先降再升、后再降的趋势。江苏省的有效灌溉面积在经历了 2012 年的上升和 2013 年的下降之后继续上升，2015 年有效灌溉面积达到 395.25 万公顷。

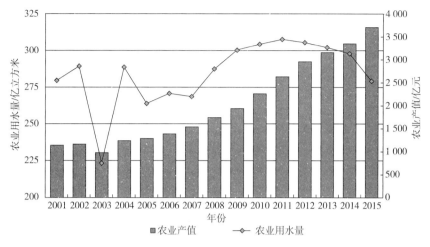

图 5-13　江苏省 2001~2015 年农业用水情况

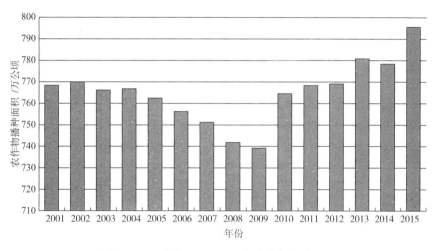

图 5-14　江苏省 2001~2015 年农作物播种面积

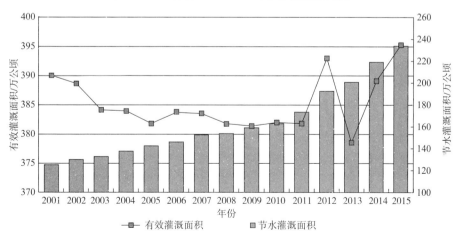

图 5-15　江苏省 2001~2015 年农作物灌溉情况

　　虽然江苏省农业用水量和有效灌溉面积具有一些相同的变化趋势，但是也无法解释 2012 年后江苏省农业用水量下降的原因。如图 5-15 所示，江苏省农业节水灌溉面积在 2001~2015 年一直保持上升趋势，而且 2012 年后增幅加大。在 2012 年之后，增大播种面积对江苏省农业用水量的增加效应，小于增大节水灌溉面积对江苏省的农业用水量的降低效应，从而使江苏省农业用水量出现下降。从图 5-16 可以发现，江苏省 2001~2015 年节水灌溉面积占有效灌溉面积的比例也呈逐年上升趋势，2001 年，江苏省节水灌溉面积为 125.02 万公顷，占有效灌溉面积比例为 32.06%，2015 年这两项指标的值分别达到 233.61 万公顷和 59.10%。

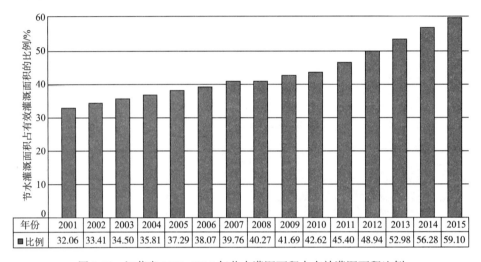

图 5-16　江苏省 2001~2015 年节水灌溉面积占有效灌溉面积比例

2）工业节水

　　根据现有研究，影响工业用水量的因素主要有工业增加值、产业结构、技术效应等。江苏省工业增加值在 2001~2015 年一直保持上升的趋势。图 5-17 为 2001~2015 年江苏省工业用水量随工业增加值变化的曲线，可以发现，在 2001~2007 年，随着工业增加值的增长，工业用水量也出现增长，但是相较于工业增加值增长的速度，这 7 年江苏省工业用水量增长的速度稍慢，从而江苏省在 2001~2007 年的万元工业增加值用水量呈直线下降趋势，年均降低率达到 10.98%，2007 年降低率最大，达到 19.70%。与此同时，江苏省的工业废水重复利用量也突破了 3 000 万立方米以下的瓶颈期，在 2007 年达到 462 147 万立方米。

　　2008 年江苏省工业用水量开始下降，直到 2011 年之后开始回升，在 2013 和 2014 年出现大幅提高，而且自 2003 年以后，江苏省工业增加值增幅加大；与此同时，江苏省万元工业增加值用水量（含火电，下同）也在 2013 年和 2014 年出现增长，但在其余年份依然保持下降的趋势，说明这两年江苏省的工业增加值增长的速度小于工业用水量增长的速度（图 5-18）。与此同时，江苏省的工业废水重复利用量一直在上升，并且在 2013 年增长到 100 亿立方米以上。以上分析说明万元工业增加值用水量的大小，即工业用水效率和工业废水重复利用量的高低将会对工业用水量带来一定影响。

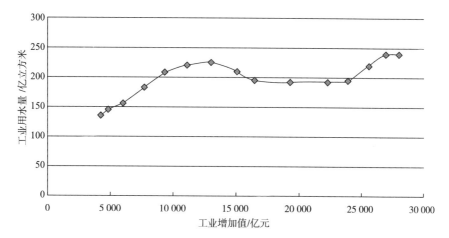

图 5-17　江苏省的工业用水量与工业增加值变化情况

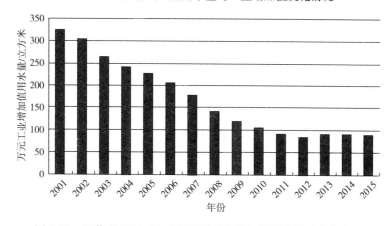

图 5-18　江苏省 2001~2015 年万元工业增加值用水量（含火电）

3）生活节水

江苏省年末常住人口在 2001~2015 年总体呈增加趋势，2015 年达到 7 976 万人，相较于 2001 增加 617 万人。江苏省的生活用水量 2002 年仅为 16.29 亿立方米，2003 年迅速增长到 39.9 亿立方米。2003~2010 年江苏省生活用水量也一直在增长，2011 年和 2012 年出现小幅下降，2013 年后又继续上升。

图 5-19 为江苏省生活用水量随年末常住人口数的变动趋势，可以看出江苏省生活用水量随江苏省年末常住人口数的变化趋势与其随着年份变动的趋势基本一致，但增长幅度却有所区别。在 2001~2003 年，江苏省的生活用水量随着人口增长，其增长幅度较大，2004~2010 年则较为平缓。

为了具体了解江苏省生活用水量随年末常住人口的变化情况，本节计算出江苏省的人均生活用水量，如图 5-20 所示，发现江苏省人均生活用水量已经由 2001 年的 14.3 立方米上升到 2015 年的 68 立方米。同时，通过图 5-21 可以发现，江苏省第三产业增加值和人均收入也是呈现逐年增长趋势，人均收入在 2004 年增幅最大，达到 23.18%，同年，江苏省人均生活用水较上年增长 0.82%；第三产业产值最高增幅出现在 2007 年，达到 25.70%，

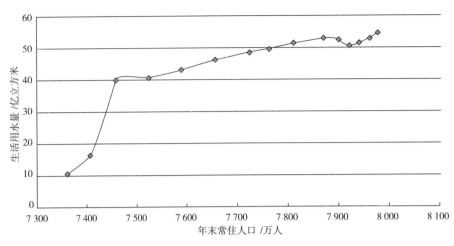

图 5-19 江苏省生活用水量与年末常住人口情况

该年江苏省的人均生活用水量达到 62.7 立方米。以上分析可以说明随着社会经济发展水平以及人民生活质量的提高，江苏省居民的生活用水量逐年显著提高。

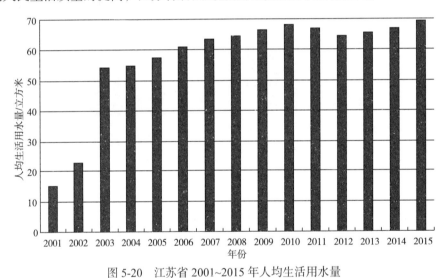

图 5-20 江苏省 2001~2015 年人均生活用水量

5.3.2 基于 GIOWA 算子的用水总量组合预测

在地理位置上，淮河和长江流域流经江苏省，此外江苏省还拥有中国五大淡水湖中的太湖和洪泽湖，淡水湖总数达到 99 个，湖泊面积达到 5 887 平方千米，分别占全国淡水湖总数的 6.21%，淡水湖泊总面积的 6.75%。2015 年，江苏省水资源总量达到 582.1 亿立方米，在我国 31 个省（自治区、直辖市）中排名第 15 位，属于中等水平，人均水资源量达到 730.5 立方米，在我国 31 个省（自治区、直辖市）中处于第 20 名的水平。在气候上，江苏省四季分明，年降雨量基本都在 1 000 亿立方米左右，气候相对湿润。在农业、工业

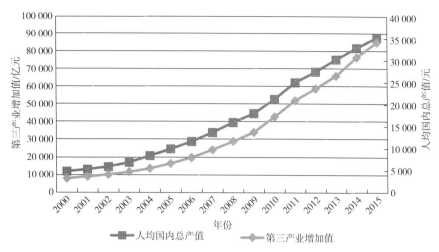

图 5-21　江苏省 2000~2015 年第三产业增加值与人均生产总值情况

和生活用水中，江苏省的农田灌溉用水量最大，占到江苏省总用水量的 50% 以上，其次为工业用水，占有量大约为 30%，生活用水量在 10% 左右。因此节约农业用水量，提高农业用水效率对江苏省来说十分重要。

江苏省的农业节水工作主要从四个方面展开：第一，推广农业节水工程建设，通过建设防渗渠道来减少农业输水过程的水资源渗漏量；第二，推行农业节水技术，如水稻控制灌溉技术和肥床旱育秧技术等；第三，实现田间灌溉技术的科学性，避免农业灌溉中的漫灌现象等；第四，建立用水管理机构，科学管理农业用水（吴玉柏等，2002）。左晓霞等（2005）认为江苏省 1998~2000 年的水稻节水灌溉技术节约用水总量达到 1 248 332 万立方米，总效益达到 470 159 万元。

虽然江苏省总体上农业用水量较高，但其 13 个市的用水结构却存在一定差异，苏州市和无锡市的工业用水量明显高于农业用水量，南京、镇江和常州的农业和工业用水量相差不大，其余城市农业用水量则显著高于工业用水量。褚琳琳（2014）采用因子分析和聚类分析，基于气候、地形、灌溉方式和经济条件等指标，将江苏省 13 个市 65 个县的节水农业建设情况分成六个区域，并针对各个区域提出相应的农业节水措施。

在江苏省"十二五"水利发展规划中，江苏省回顾了"十一五"期间节水型社会建设成效，在 2006~2010 年，建设了 7 个国家节水型建设试点，节水型灌区个数达到 35 个，并在企业、社区、高校中大力开展节水建设，实现 1 497 项节水技改项目，节水效果明显。在"十二五"期间，江苏省通过江水北调、江水东引等调水工程，成功缓解了江苏省干旱现状，提高了省内供水能力；万元 GDP 用水量下降至 65.7 立方米；农业灌溉水有效利用系数提高至 0.59。"十三五"期间，江苏省农业节水工程将继续加快灌区的节水改造建设，要求每年新增节水灌溉面积 40 万亩，工业上要创建 500 个节水型企业，并且使城市中半数以上的机构成为节水型单位。

针对江苏省目前的用水现状，国内关于江苏省各行业用水量在未来的变化情况所做的研究较少，杨树滩和欧建锋（2006）预测得到江苏省 2010 年、2020 年、2030 年的工业需水量分别为 82 亿立方米、113 亿立方米、140 亿立方米；俞双恩等（2007）预测得到江苏省 2010 年和 2020 年的城市用水量分别为 98.39 亿立方米和 110.34 亿立方米，其中 2010年生活用水量和工业用水量分别为 16.48 亿立方米和 67.99 亿立方米，但江苏省 2010 年的实际生活、工业用水量为 54 亿立方米和 239 亿立方米，二者的预测结果和实际结果存在一定偏差。接下来，针对目前江苏省的水资源利用现状，本节对其工业、农业和生活用水量分别进行组合预测，以期了解未来江苏省用水情况，并为下文的节水潜力分析进行铺垫。

1. 江苏省生活用水总量的单项预测模型

1）GM（1，1）生活用水总量预测

根据以往经验，灰色预测的建模数据应该不少于 6 期，为了提高预测的精度并结合江苏省生活用水的实际状况，采用江苏省 2001~2015 年数据。

假设 2001 年以后江苏省生活用水总量的原始数列表示为 $Y^{(0)}(t)$，1-AGO 累加生成数列为 $Y^{(1)}(t)$，则：

$$Y^{(0)}(t) = \left\{ Y^{(0)}(t) \middle| t = 1, 2, \cdots, n \right\} \tag{5-1}$$

$$Y^{(1)}(t) = \left\{ Y^{(1)}(t) \middle| t = 1, 2, \cdots, n \right\} \tag{5-2}$$

$$Y^{(1)}(t) = \sum_{t=1}^{n} Y^{(0)}(t) = Y^{(0)}(t-1) + Y^{(0)}(t) \tag{5-3}$$

$$Z^{(1)}(t) = 0.5[Y^{(1)}(t) + Y^{(1)}(t-1)] \tag{5-4}$$

建立灰色预测模型所对应的微分方程：

$$\frac{\mathrm{d}Y^{(1)}}{\mathrm{d}t} + aY^{(1)} = b \tag{5-5}$$

方程（5-5）又称为 GM（1,1）的白化方程，方程的解为

$$Y^{(1)}(t) = \left(Y^{(1)}(0) - \frac{b}{a} \right) \mathrm{e}^{-at} + \frac{b}{a} \tag{5-6}$$

令 $Y^{(1)}(0) = Y^{(0)}(1)$，则式（5-6）变为

$$Y^{(1)}(t) = \left(Y^{(0)}(1) - \frac{b}{a} \right) \mathrm{e}^{-at} + \frac{b}{a} \tag{5-7}$$

式（5-7）称为响应函数，可以表示为

$$\hat{Y}(t+1) = \left(Y^{(0)}(1) - \frac{b}{a} \right) \mathrm{e}^{-at} + \frac{b}{a}$$

还原方程为

$$\hat{Y}^{(0)}(t+1) = \hat{Y}^{(1)}(t+1) - \hat{Y}^{(1)}(t) = (1 - \mathrm{e}^{a}) \left[Y^{(0)}(1) - \frac{b}{a} \right] \mathrm{e}^{-at} \tag{5-8}$$

待估系数 a，b 可以使用最小二乘法（ordinary least square，OLS）进行估计，其解的矩阵形式为

$$\hat{a} = (a, b)^{\mathrm{T}} = (\boldsymbol{B}^{\mathrm{T}} \boldsymbol{B})^{-1} \boldsymbol{B}^{\mathrm{T}} Y \tag{5-9}$$

$$B = \begin{bmatrix} -0.5[x^{(1)}(1)+x^{(1)}(2)] & 1 \\ -0.5[x^{(1)}(2)+x^{(1)}(3)] & 1 \\ \vdots & \vdots \\ -0.5[x^{(1)}(n-1)+x^{(1)}(n)] & 1 \end{bmatrix} = \begin{bmatrix} -Z^{(1)}(2) & 1 \\ -Z^{(1)}(3) & 1 \\ \vdots & \vdots \\ -Z^{(1)}(n) & 1 \end{bmatrix} \tag{5-10}$$

（1）GM（1，1）预测。

根据 2001~2015 年用水总量建立 GM（1，1）预测模型，得到

$$Y^{(0)}(t) = \left\{ Y^{(0)}(t) \middle| t=1,2,\cdots,n \right\}$$
$$= (10.57;\ 16.29;\ 39.9;\ 40.58;\ 43.05;\ 46.15;\ 48.42;$$
$$49.48;\ 51.39;\ 52.91;\ 52.4;\ 50.5;\ 51.41;\ 52.8;\ 54.5)$$

$$Y^{(1)}(t) = \left\{ Y^{(1)}(t) \middle| t=1,2,\cdots,n \right\}$$
$$= (10.57; 26.86;\ 66.76;\ 107.34;\ 150.39;\ 196.54;\ 244.96;\ 294.44;$$
$$345.83;\ 398.74;\ 451.14;\ 501.64;\ 553.05;\ 605.85;\ 660.35)$$

$$Z^{(1)}(t) = 0.5[Y^{(1)}(t)+Y^{(1)}(t-1)]$$
$$= (18.715;\ 46.81;\ 87.05;\ 128.86;\ 173.46;\ 220.75;\ 269.7;$$
$$320.13; 372.28;\ 424.94; 476.39;\ 527.35; 579.4;\ 633.1)$$

因此得到 B 值：

$$B = \begin{bmatrix} -18.715 & 1 \\ -46.81 & 1 \\ \vdots & \vdots \\ -633.1 & 1 \end{bmatrix}, \quad Y = \begin{bmatrix} 16.29 \\ 39.9 \\ \vdots \\ 54.5 \end{bmatrix} \tag{5-11}$$

求解得到 $a=-0.036\,302$，$b=35.318$，得到 GM（1，1）模型的时间响应函数：

$$\hat{Y}(t+1) = 983.464\,055\,4\mathrm{e}^{0.036\,302t} - 972.894\,055\,4$$

（2）模型检验分析。

在模型的构建中需要对模型的拟合精度进行检验，确保模型的合理性和有效性，常用方法包括残差检验法、关联度检验法和后验差检验法。

平均相对误差：

$$\bar{q}_i = \frac{1}{n}\sum_{k=1}^{n}\left| \frac{Y^{(0)}(k)-\hat{Y}^{(0)}(k)}{Y^{(0)}(k)} \right| \times 100\% = 5.731\%$$

拟合精度：

$$1-\bar{q}_i = 94.269\% < 95\%$$

关联度的计算公式为

$$\xi = \frac{1}{n}\sum_{i=1}^{n}\xi(i)\ (i=1,2,\cdots,n)$$

$$\xi(i) = \frac{\min\{|e(t)|\} + \rho \max\{|e(t)|\}}{|e(t)| + \rho \max\{|e(t)|\}} \ (t=1,2,\cdots,n)$$

设定 $\rho = 0.5$，计算得到 $\xi(i) = (1; 0.973; 0.523; 0.619; 0.49; 0.37; 0.333; 0.361;$ $0.348; 0.359; 0.548; 0.577; 0.464; 0.415; 0.389)$，$\xi = 0.518$，基本满足 $\rho = 0.5$ 时的关联程度。

后验差检验，这种方法从统计学意义上考察残差的概率，即依次计算出原始序列方差、残差方差、均方差比值和小误差概率来检验预测值的精确度。计算结果如下：
序列方差：

$$s_1^2 = \frac{1}{n}\sum_{k=1}^{n}\left[Y^{(0)}(t) - \bar{Y}\right]^2 = 10.099$$

残差方差：

$$s_2^2 = \frac{1}{n-1}\sum_{k=2}^{n}\left[e^{(0)}(t) - \bar{e}\right]^2 = 8.595$$

均方差比值：

$$C = \frac{s_2}{s_1} = 0.922$$

小误差概率：

$$P = \left\{\left|e^{(0)}(k) - \bar{e}\right| < 0.6745, s_1 = 42.1\right\} = 1 > 0.95$$

根据灰色预测的精度参照表可以看出，生活用水的灰色预测模型的精度并不是十分理想，但是该项预测的结果可以作为进行组合预测的参照之一。组合预测的目的是提高各单项预测的精度，因此本节仍然按照灰色预测进行相关的分析和检验（表 5-1）。表 5-2 为 GM（1，1）预测值和原始值的预测对比。

表 5-1　灰色模型预测精度参照表

检验指标	一级	二级	三级	四级
小误差概率	0.95	0.8	0.7	0.6
均方差比值	0.35	0.5	0.65	0.8
相对误差	0.01	0.05	0.1	0.2
关联度	0.9	0.8	0.7	0.6

表 5-2　2001~2015 年预测值和原始值对比

年份	原始值	预测值	残差	相对误差
2001	10.57	10.570	0.000	0.000
2002	16.29	16.357	− 0.067	− 0.004
2003	39.90	37.701	2.199	0.055
2004	40.58	39.095	1.485	0.037
2005	43.05	40.540	2.510	0.058
2006	46.15	42.039	4.111	0.089
2007	48.42	43.593	4.827	0.100

续表

年份	原始值	预测值	残差	相对误差
2008	49.48	45.205	4.275	0.086
2009	51.39	46.876	4.514	0.088
2010	52.91	48.609	4.301	0.081
2011	52.40	50.406	1.994	0.038
2012	50.50	52.269	− 1.769	− 0.035
2013	51.41	54.201	− 2.791	− 0.054
2014	52.80	56.205	− 3.405	− 0.064
2015	54.50	56.283	− 1.782	− 0.033

在 GM（1，1）的基础上，根据响应函数和还原值方程：$\hat{Y}(t+1) = 983.464\,055\,4\mathrm{e}^{0.036\,302t}$ $-972.894\,055\,4$，预测江苏省 2016~2030 年的生活用水量，得到表 5-3 所示的结果。

表 5-3　2016~2030 年江苏省生活用水量（单位：亿立方米）

年份	预测值	年份	预测值
2016	56.39	2024	66.452
2017	57.56	2025	67.83
2018	58.753	2026	69.237
2019	59.971	2027	70.672
2020	61.215	2028	72.138
2021	62.484	2029	73.634
2022	63.78	2030	75.16
2023	65.102	—	—

图 5-22 表示了 2003~2030 年江苏省生活用水的实际值和预测值的拟合曲线，2001 年和 2002 年的数值差别较大，因此在绘图时将其剔除，可以看出实际值围绕预测值波动，GM（1，1）模型对生活用水量的预测总体上较为客观。

2）基于阻滞 Logistic 的生活用水量预测

阻滞 Logistic 的基本假设是变量的增长符合 Logistic 曲线，但是并不是无限增长，受到自然和社会客观经济条件的限制，这一模型多用在人口增长的研究中。由于中国水资源的总量有限，水资源有很大一部分被用于工业和农业消耗，因此生活用水的供应也存在上限，或者说，这一模型在研究人口或者生物种群不能无限增长的一个决定性条件就是水资源的限制，因此这一模型可以用于预测生活用水量。

假设 k 为时间（单位为年），r 为增长系数，N_0 为生活用水总量限制，$N(k)$ 为第 k 年的农业用水总量，则建立以下 Logistic 模型：

$$N_{(k)} = \frac{N_m}{1 + \left(\dfrac{N_m}{N_0} - 1 \right)\mathrm{e}^{-rt}} \tag{5-12}$$

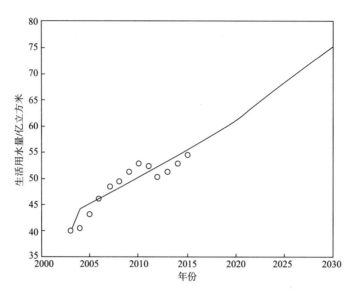

图5-22 2000~2030年江苏省生活用水的实际值和GM（1,1）预测值的拟合曲线

得到其微分形式：

$$\begin{cases} \dfrac{\mathrm{d}N(k)}{\mathrm{d}k} = rN(k)\left[1 - \dfrac{N(k)}{N_0}\right] \\ N(2001) = 10.57 \end{cases} \tag{5-13}$$

其中，$rN(k)$表示自然状态下的生活用水增长；$1 - \dfrac{N(k)}{N_0}$表示在水资源总量约束下的生活用水增长，生活用水受增长和阻滞两个作用共同影响，从而实现带有约束的增长。

将式（5-13）的微分形式展开得到

$$\frac{\mathrm{d}N(k)}{\mathrm{d}k} = rN(k) - \frac{rN(k)^2}{N_0} \tag{5-14}$$

令$\partial = -\dfrac{r}{N_0}$，$N_1(k) = N(k)^2$，则式（5-14）转换为

$$\frac{\mathrm{d}N(k)}{\mathrm{d}k} = rN(k) - \partial N_1(k) \tag{5-15}$$

即构成了一个二元线性模型，求解得到$r = 0.107\,2$，$N_0 = 69.988$，则Logistic的微分形式为

$$\frac{\mathrm{d}N(k)}{\mathrm{d}k} = 0.107\,2N(k)\left[1 - \frac{N_1(k)}{69.988}\right] \tag{5-16}$$

在初始值$N(2001) = 10.57$的约束下，对式（5-16）进行求解，得到Logistic模型的结果：

$$N(k) = \frac{69.988}{1 + 0.754\,1\mathrm{e}^{-0.107\,2k + 214.721\,6}} \tag{5-17}$$

表5-4为采用预测模型进行原始值验证得到的结果，可以看出预测值和实际值多数情

况下较为接近。图 5-23 是江苏省生活用水总量的阻滞 Logistic 预测拟合效果。

表 5-4　2001~2015 年拟合值和原始值对比

年份	预测值	实际值	残差	相对误差
2001	10.57	10.57	0.000	0.000
2002	16.63	16.29	− 0.34	− 0.02
2003	24.245	39.9	15.655	0.646
2004	41.723	40.58	− 1.143	− 0.027
2005	43.51	43.05	− 0.46	− 0.011
2006	45.25	46.15	0.900	0.02
2007	46.937	48.42	1.483	0.032
2008	48.563	49.48	0.917	0.019
2009	50.122	51.39	1.268	0.025
2010	51.612	52.91	1.298	0.025
2011	53.027	52.4	− 0.627	− 0.012
2012	54.366	50.5	− 3.866	− 0.071
2013	55.629	51.41	− 4.219	− 0.076
2014	56.814	52.8	− 4.014	− 0.071
2015	57.922	54.5	− 3.422	− 0.059

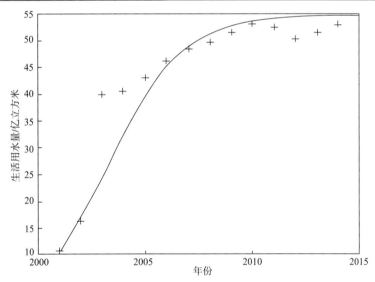

图 5-23　江苏省 2000~2015 年生活用水总量的阻滞 Logistic 预测拟合效果

3）生活用水的 ARIMA 模型

ARIMA（autoregressive integrated moving average，即差分自回归移动平均）模型是时间序列预测中常用的一种方法，模型的一般形式为 ARMA（p，q），要求数据是平稳序列，即所有的样本点围绕拟合直线上下波动。基本思想是：时间序列的时间 t 是一组随机变量，该序列的每个单项数值受到不确定因素的影响，但是整个序列却依赖于某种规律，运用时间分布特征可以很好地认识序列的结构，达到误差最小的最优预测。时间序列预测在实际问题预测中应用广泛。

AR（auto-regress）模型，又可称为自回归模型。其对时间序列的预测主要是基于过去的观测值以及现在的干扰值进行线性组合预测，模型的数学公式可以表示如下：

$$y_t = \phi_1 y_{t-1} + \phi_2 y_{t-2} + \cdots + \phi_p y_{t-p} + \varepsilon_t$$

其中，p 为自回归模型的阶数；ϕ_i $(i=1,2,\cdots,p)$ 为模型的待定系数；ε_t 为误差；y_t 为一个平稳时间序列。

MA（moving average）模型，又可称为滑动平均模型。其对时间序列的预测主要是基于过去的干扰值和现在的干扰值进行线性组合预测。模型的数学公式可以表示如下：

$$y_t = \varepsilon_t - \theta_1 \varepsilon_{t-1} - \theta_2 \varepsilon_{t-2} - \cdots - \theta_q \varepsilon_{t-q}$$

其中，q 为模型的阶数；θ_j $(j=1,2,\cdots,q)$ 为模型的待定系数；ε_t 为误差；y_t 为一个平稳时间序列。

ARMA（p，q）模型的一般形式为

$$y_t = \phi_1 y_{t-1} + \phi_2 y_{t-2} + \cdots + \phi_p y_{t-p} + \theta_1 \varepsilon_{t-1} + \theta_2 \varepsilon_{t-2} + \cdots + \theta_q \varepsilon_{t-q} \tag{5-18}$$

令 $\Phi(L) = (1 - \phi_1 L - \phi_2 L^2 - \cdots - \phi_p L^p)$，$\Theta(L) = (1 + \theta_1 L + \theta_2 L^2 + \cdots + \theta_q L^q)$，式（5-18）可以简化为 $\Phi(L) \cdot y_t = \Theta(L) \cdot \varepsilon_t$，其中 L 被称为时间序列的滞后算子，$\Phi(L)$ 为自回归系数多项式，$\Theta(L)$ 为滑动平均系数多项式。当序列出现不平稳时，需要对其作差分处理，一般第 d 次差分后可以将该序列转换为平稳序列，此时模型可以表示为 ARMA（p，q）。根据 GM（1，1）预测中的用水总量图可以看出，江苏省生活用水基本平稳，为了更准确地验证这一效果，进行序列相关分析。表 5-5 为相应的序列图表，其中，Autocorrelation 代表自相关图，Partial Correlation 代表偏相关图，AC 代表序列的自相关系数，PAC 代表序列的偏相关系数，Q-Stat 代表 Q 统计量，Prob 代表 p 值，可以看出一阶以后序列是平稳的，且相应的 p 值显著。

表 5-5　居民用水的序列相关图表

Autocorrelation	Partial Correlation		AC	PAC	Q-Stat	Prob
		1	0.736	0.736	8.793 6	0.003
		2	0.436	−0.229	12.161	0.002
		3	0.201	−0.056	12.949	0.005
		4	0.058	−0.006	13.021	0.011
		5	−0.089	−0.179	13.214	0.021
		6	−0.232	−0.144	14.710	0.023
		7	−0.286	0.018	17.370	0.015
		8	−0.263	−0.010	20.078	0.010
		9	−0.267	−0.164	23.566	0.005
		10	−0.318	−0.164	30.121	0.001
		11	−0.294	0.044	38.551	0.000
		12	−0.181	−0.052	44.909	0.000

根据表 5-5，考虑对 ARMA（1，1）时间序列模型进行建模，但是为了进行后续预测，依然考虑 AR（3）和 MA（3）进行检验，以最终确定模型的阶数。表 5-6 和表 5-7 分别是 AR（3）和 MA（3）的检验结果，可以看出，AR（1）在 5% 的水平上显著，而 AR（2）不显著，选择 AR（1）进行定阶。同理 MA（1）在 1% 的水平上显著，同时 MA（2）在 5% 的水平上显著，因此，更倾向于建立 MA（2）时间序列模型。

表 5-6　AR（p）定阶检验结果

变量	系数	标准差	t-统计量	P 值
C	54.296 6	2.577 5	21.065 6	0.000 0
X_1	1.209 2	0.378 3	3.196 3	0.018 7
X_2	−0.838 4	0.482 5	−1.737 5	0.133 0
X_3	0.392 5	0.265 1	1.481 0	0.189 1
R^2	0.880 6	被解释变量的均值		50.996 0
调整的 R^2	0.821 0	被解释变量的标准差		2.453 1
回归标准误	1.038 0	AIC 准则		3.201 6
残差平方和	6.464 4	SC 准则		3.322 6
对数似然函数值	−12.008 0	HQ 准则		3.068 8
F-统计量	14.755 7	杜宾−沃森统计量		1.966 2
P 值	0.003 5			

表 5-7　MA（q）定阶检验结果

变量	系数	标准差	t-统计量	P 值
C	50.806 5	1.839 2	27.624 9	0.000 0
X_1	1.830 0	0.380 3	4.811 6	0.001 0
X_2	1.468 3	0.494 3	2.970 2	0.015 7
X_3	0.422 7	0.321 5	1.314 8	0.221 1
R^2	0.941 0	被解释变量的均值		48.730 0
调整的 R^2	0.921 4	被解释变量的标准差		4.849 0
回归标准误	1.359 6	AIC 准则		3.700 0
残差平方和	16.637 4	SC 准则		3.873 8
对数似然函数值	−20.049 8	HQ 准则		3.664 2
F-统计量	47.878 0	杜宾−沃森统计量		1.319 3
P 值	0.000 0			

根据表 5-6 和表 5-7 的检验结果，对江苏省生活用水的检验应该建立 ARMA（1，2）模型，应用 Eviews 8.0 对 ARMA（1，2）进行回归，结果显示 AR（1）和 MA（2）通过显著性检验，但是 MA（1）的 P 值为 0.793 1，无法通过显著性检验，并比较 AIC 和 SC 的检验结果，本着模型最简化原则，确定最终模型为 ARMA（1，1），估计结果如表 5-8 所示。

表 5-8　ARMA（1,1）估计结果

变量	系数	标准差	t-统计量	P 值
C	56.698 9	7.175 7	7.901 5	0.000 0
X_1	0.844 3	0.122 4	6.899 1	0.000 1
X_2	0.708 3	0.229 8	3.082 9	0.013 1
R^2	0.944 3	被解释变量的均值		49.465 8
调整的 R^2	0.931 9	被解释变量的标准差		4.239 3
回归标准误	1.106 0	AIC 准则		3.251 6
残差平方和	11.008 6	SC 准则		3.372 9
对数似然函数值	-16.509 9	HQ 准则		3.206 8
F-统计量	76.311 0	杜宾-沃森统计量		2.106 5
P 值	0.000 0			

根据表 5-8 的估计结果建立生活用水量的预测模型，并进行相关的 χ^2 检验，通过对残差的检验得到相关图，验证了模型的合理性，同时绘制 Q 统计图，如表 5-9 所示，显示残差为白噪声，拟合模型较为有效。

表 5-9　ARMA（1，1）模型的 Q 统计图表

Autocorrelation	Partial Correlation		AC	PAC	Q-Stat	Prob
		1	−0.180	−0.180	0.493 2	
		2	−0.024	−0.058	0.502 8	
		3	−0.339	−0.367	2.646 0	0.104
		4	0.150	0.011	3.116 9	0.210
		5	−0.291	−0.371	5.152 0	0.161
		6	0.034	−0.269	5.184 5	0.269
		7	−0.018	−0.174	5.195 7	0.392
		8	0.265	−0.084	8.140 7	0.228
		9	−0.083	−0.165	8.525 7	0.289
		10	0.109	−0.052	9.525 1	0.300
		11	−0.123	−0.142	12.064	0.210

本节对误差 ε_t 进行检验，验证白噪声的存在，估计得到 $p=1.000\ 0$，所以接受原假设，其期望值为 0。对模型的预测精度进行检验，选择 Eviews 8.0 可以得到图 5-24 的评价结果。图 5-24 横轴表示时间，纵轴表示生活用水量预测值，给出了预测的拟合曲线（WATERF）以及两倍标准差线（？2S. E.），同时给出了评价预测的 4 个指标和 3 个比率，即误差均方根（root mean squared error，RMSE）、绝对误差平均（mean absolute error，MAE）、相对误差绝对值平均（mean absolute percentage error，MAPE）和 Theil 不等式系数（Theil inequality coefficient，TIC），根据这 4 个评价指标，可以看出，MAE 误差相对来讲较小，Theil 不等式系数的值更加接近于 0，模型的预测能力较强。偏倚比率（bias proportion）

和方差比率（variance proportion）接近于 0，表示预测平均值、预测值与实际值的偏离程度较小，协方差比率（covariance proportion）接近于 1，说明预测的非系统误差较小。

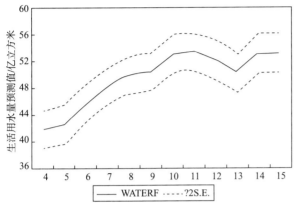

| 预测变量：WATERF |
| 实际值：WATER |
| 预测样本：2003~2015 |
| 调整后的样本：2004~2015 |
| 包含的样本量：12 |
| 误差均方根：0.957 801 |
| 绝对误差平均：0.817 735 |
| 相对误差绝对值平均：1.659 398 |
| Theil 不等式系数：0.009 852 |
| 偏倚比率：0.001 118 |
| 方差比率：0.002 101 |
| 协方差比率：0.998 781 |

图 5-24　时间序列预测检验

根据时间序列的 ARMA（1，1）模型得到预测结果，如表 5-10 所示。

表 5-10　ARMA（1，1）的生活用水量预测结果（单位：亿立方米）

年份	预测值	年份	预测值
2016	54.718	2024	56.187
2017	55.027	2025	56.267
2018	55.287	2026	56.334
2019	55.507	2027	56.391
2020	55.692	2028	56.667
2021	55.849	2029	56.799
2022	55.981	2030	56.931
2023	56.093	—	—

2. 基于 GIOWA 算子的生活用水总量组合预测

1）相关概念

设 $x_1, x_2, \cdots, x_n$ 是单项预测模型对生活用水总量的预测值，求得的 $x_1, x_2, \cdots, x_n$ 的诱导因子称为 $u_1, u_2, \cdots, u_m$，将诱导因子和预测值组成二维数据：$(u_1, x_1), (u_2, x_2), \cdots, (u_m, x_m)$，对这 m 组数据分别赋予相应的权重 $l_1, l_2, \cdots, l_n$，满足权重之和等于 1 的条件，即 $\sum_{i=1}^{m} l_i = 0, 0 \leqslant l_i \leqslant 1$，根据本节的赋权原则，权重与诱导值 u_i 所在的位置相关，与 x_i 的大小和位置均不存在相关性，按照从大到小的顺序，将 $u_1, u_2, \cdots, u_n$ 进行重新排列组合得到置换序列 $u_1', u_2', \cdots, u_n'$，将这一序列与 x_i 重新组合为 $(u_1', x_1), (u_2', x_2), \cdots, (u_m', x_m)$，则经过调整

之后第 i 个数据的单项预测值为 $l_i x_i$ ，在这一时点多种预测方法进行累加得到某时点的组合预测值 $\hat{x}_i = \sum_{i=1}^{m} l_{it} x'_{it}, i = 1, 2, \cdots, m; t = 1, 2, \cdots, N$ 。得到 u_i 值的方法有很多，本节诱导值的选择原则是单项预测方法的预测精度，公式为

$$u_{it} = \begin{cases} 1 - \left| (x_t - x_{it}) / x_t \right|, & \left| (x_t - x_{it}) / x_t \right| < 1 \\ 0, & \left| (x_t - x_{it}) / x_t \right| \geqslant 1 \end{cases} \quad (5\text{-}19)$$

贴近度通常用来描述两种事物接近的程度，取值范围在[0,1]，越接近于 1 说明关系越接近，相反接近于 0 表示两者关系较弱。算术平均最小贴近度用来判断预测值和实际值的关系是否接近，说明预测的精度。在某一时刻，模型预测结果与实际值之间的贴近度可能较低，接近于 0，这就表示预测存在较大偏差，需要对预测方法进行修正。假设存在两组数据 A 和 B，它们之间的最大最小贴近度可以表示为 Γ：

$$\Gamma(A, B) = \frac{\sum_{i=1}^{n} (A(x_i) \wedge B(x_i))}{\sum_{i=1}^{n} (A(x_i) \vee B(x_i))} = 1 - \frac{2 \sum_{i=2}^{n} \left| A(x_i) - B(x_i) \right|}{\sum_{i=1}^{n} \left(A(x_i) - B(x_i) + \left| A(x_i) - B(x_i) \right| \right)} \quad (5\text{-}20)$$

其中，符号 $\wedge$、$\vee$ 分别表示取较小算子和较大算子。为了能够更加准确地刻画预测的精度，消除数据异常对组合评价模型带来的影响，一般选择对数据进行归一化处理：

$$y_t = \frac{x_t - \min_t}{\max x_t - \min_t}, y_{it} = \frac{x_{it} - \min_t}{\max x_t - \min_t}, i = 1, 2, \cdots, m; t = 1, 2, \cdots, N \quad (5\text{-}21)$$

其中，$\max x_t = \max\{x_t, x_{1t}, x_{2t}, \cdots, x_{mt}\}, \min_t = \min\{x_t, x_{1t}, x_{2t}, \cdots, x_{mt}\}$，经过归一化处理以后，$y_{it}$ 与 u_{it} 构成新的二维数组 $(u_{t1}, y_{t1}), (u_{t2}, y_{t2}), \cdots, (u_{tm}, y_{tm})$ ，令误差项 $e_{it} = y_t - y_{it}$，$e_t = y_t - \hat{y}_t$，其中 $i = 1, 2, \cdots, m; t = 1, 2, \cdots, N$。根据广义诱导有序加权平均（generally induced ordered weighted averaging，GIOWA）算子的定义：

$$\hat{y}_t = \text{GIOWA}((u_{t1}, x_{t1}), (u_{t2}, x_{t2}), \cdots, (u_{tm}, x_{tm})) = \left(\sum_{i=1}^{m} l_i (x'_{ti})^w \right)^{\frac{1}{w}} \quad (5\text{-}22)$$

其中，w 为广义系数，是诱导有序加权的一种广义形式，当 $w = -1$ 时，GIOWA 转化为 IOWHA（induced ordered weighted harmonic averaging，即诱导有序加权平均调和）算子。当 $w = 1$ 时，变为 IOWA 算子，w 的取值不为 0，即 $(-\infty, 0) \cup (0, +\infty)$。根据最大最小贴近度和 GIOWA 算子，构建本节应用到的组合预测模型，得到以下模型形式：

$$\Gamma(y_t, \hat{y}_t) = 1 - \frac{2 \sum_{i=1}^{N} \left| y_t^w - y_{it}^w \right|}{\sum_{i=1}^{N} (y_t^w + y_{it}^w) + \sum_{i=1}^{N} \left| y_t^w - y_{it}^w \right|}$$

$$= 1 - \frac{2 \sum_{i=1}^{N} \left| \sum_{i=1}^{m} l_i (e'_{it})^w \right|}{\sum_{i=1}^{N} \left(y_t^w + \sum_{i=1}^{m} l_i (y'_{it})^w \right) + \sum_{i=1}^{N} \left| \sum_{i=1}^{m} l_i (e'_{it})^w \right|} \quad (5\text{-}23)$$

Γ 值越大表示组合预测的效果越理想，因此可以建立最优组合预测模型：

$$\max\Gamma = 1 - \dfrac{2\sum\limits_{i=1}^{N}\left|\sum\limits_{i=1}^{m}l_i(e'_{it})^w\right|}{\sum\limits_{i=1}^{N}(y_t^w + \sum\limits_{i=1}^{m}l_i(y'_{it})^w) + \sum\limits_{i=1}^{N}\left|\sum\limits_{i=1}^{m}l_i(e'_{it})^w\right|}$$

（5-24）

$$\text{s.t.}\begin{cases}\sum\limits_{i=0}^{m}l_i = 1 \\ 0 \leqslant l_i \leqslant 1, i = 1,2,\cdots,m\end{cases}$$

2）组合预测精度分析

根据 3 种单项预测的精度，即 GM（1，1）、阻滞 Logistic 和 ARMA（1，1）的预测结果，依据原始值，计算各项单项预测的精度，如表 5-11 所示。

表 5-11　3 种单项预测的预测值与预测精度

年份	原始值	GM（1，1）		Logistic		ARMA（1，1）	
		预测值	精度	预测值	精度	预测值	精度
2001	10.57	10.57	1.000	10.57	1.000	8.921	0.844
2002	16.29	16.357	0.996	16.630	0.979	13.749	0.844
2003	39.9	37.701	0.945	24.245	0.608	32.916	0.825
2004	40.58	39.095	0.963	41.723	0.972	41.602	0.975
2005	43.05	40.54	0.942	43.51	0.989	43.953	0.979
2006	46.15	42.039	0.911	45.25	0.980	45.937	0.995
2007	48.42	43.593	0.900	46.937	0.969	47.613	0.983
2008	49.48	45.205	0.914	48.563	0.981	49.028	0.991
2009	51.39	46.876	0.912	50.122	0.975	50.222	0.977
2010	52.91	48.609	0.919	51.612	0.975	51.231	0.968
2011	52.4	50.406	0.962	53.027	0.988	52.082	0.994
2012	50.5	52.269	0.965	54.366	0.923	52.801	0.954
2013	51.41	54.201	0.946	55.629	0.918	53.408	0.961
2014	52.8	56.205	0.936	56.814	0.924	53.92	0.979
2015	54.5	56.283	0.967	57.922	0.937	54.353	0.997

根据最大最小贴近度的原则，将表 5-11 的单项预测值进行调整，按照精度从大到小的顺序调整，并分别对原始值和调整后的预测值进行归一化处理，得到表 5-12。

表 5-12　原始值和调整后的预测值的归一化处理结果

编号	y_t	y'_{1t}	y'_{2t}	y'_{3t}
1	0.000	0.000	0.000	1.000
2	0.130	0.127	0.696	0.815
3	0.668	1.000	0.897	0.950
4	0.683	0.912	0.802	0.883
5	0.739	0.624	0.732	0.852

续表

编号	y_t	y'_{1t}	y'_{2t}	y'_{3t}
6	0.810	0.871	0.128	0.771
7	0.862	0.954	0.835	0.990
8	0.886	0.594	0.867	0.909
9	0.929	0.656	0.658	0.719
10	0.964	0.998	0.768	0.931
11	0.952	0.832	1.000	0.979
12	0.909	0.758	0.977	0.966
13	0.930	0.794	0.925	0.000
14	0.961	0.688	0.952	0.106
15	1.000	0.722	0.289	0.528

将归一化的数据代入式（5-24），用 LINGO 10.0 软件进行求解，为了验证 w 的最优取值，选取 20 个不同的数据进行模拟计算，即 $w = 1, 2, \cdots, 20$；对比得到 $w=1$ 时，最大最小贴近度的最大值为 0.722 8，权重 $l_1 = 0.513, l_2 = 0.026, l_3 = 0.461$，因此构建的最大最小贴近度的 GIOWA 算子组合预测模型符合非劣性原则，可以很好地提高预测精度，实现了误差最小，结果如表 5-13 所示。

表 5-13　组合预测值与预测精度（单位：亿立方米）

年份	原始值	预测 1	预测 2	预测 3	组合值	精度
2001	10.57	10.570	1.000	10.570	10.321 180	0.976
2002	16.29	16.357	0.996	16.630	16.083 467	0.987
2003	39.90	37.701	0.945	24.245	30.542 128	0.765
2004	40.58	39.095	0.963	41.723	39.315 076	0.969
2005	43.05	40.540	0.942	43.510	40.879 622	0.950
2006	46.15	42.039	0.911	45.250	42.449 943	0.920
2007	48.42	43.593	0.900	46.937	44.024 566	0.909
2008	49.48	45.205	0.914	48.563	45.601 472	0.922
2009	51.39	46.876	0.912	50.122	47.177 342	0.918
2010	52.91	48.609	0.919	51.612	48.753 443	0.921
2011	52.40	50.406	0.962	53.027	50.328 737	0.960
2012	50.50	52.269	0.965	54.366	51.901 813	0.972
2013	51.41	54.201	0.946	55.629	53.474 678	0.960
2014	52.80	56.205	0.936	56.814	55.048 755	0.957
2015	54.50	56.283	0.967	57.922	55.600 363	0.980

由表 5-13 可以看出，基于最大最小贴近度的 GIOWA 算子组合预测对 2001~2015 年的数值进行拟合，精度较单一预测方法有所提高，因此有理由认为组合预测模型可以有效预测 2016~2030 年江苏省的生活用水总量。

3）生活用水总量的组合预测

根据 GIOWA 算子和 3 种单项预测结果，得到江苏省 2016~2030 年的生活用水总量，如表 5-14 所示。

表 5-14　2016~2030 年江苏省生活用水总量预测（单位：亿立方米）

年份	GM（1，1）	Logistic	ARMA（1，1）	组合预测值
2016	56.390	58.955	54.718	57.109
2017	57.560	59.915	55.027	57.884
2018	58.753	60.805	55.287	58.646
2019	59.971	61.627	55.507	59.399
2020	61.215	62.385	55.692	60.147
2021	62.484	63.721	55.849	60.910
2022	63.780	64.306	55.981	61.654
2023	65.102	64.741	56.093	62.398
2024	66.452	65.330	56.187	63.152
2025	67.830	65.775	56.267	63.909
2026	69.237	66.180	56.334	64.674
2027	70.672	66.548	56.391	65.447
2028	72.138	66.882	56.667	66.343
2029	73.634	67.185	56.799	67.182
2030	75.160	67.460	56.931	68.036

因此，按照目前的发展速度，到 2030 年江苏省的用水总量约在 68.036 亿立方米，另外可以看出，基于单项预测模型的预测结果差别较大，而且预测的精度要明显低于组合预测的精度，组合预测的预测值在单项预测的合理范围内，有理由相信，基于 GIOWA 算子的组合预测模型对江苏省 2016~2030 年的生活用水总量预测效果较好，这也为进行其他预测以及后续问题分析提供了准确的技术支持和良好的数据基础。

3. 基于马尔科夫链的用水结构预测

1）江苏省用水结构分析

江苏省用水总量主要包括三方面内容，即生活用水、工业用水和农业用水，基于 GIOWA 算子的组合预测可以较为准确地预测生活用水总量，同样也可以用于其他用水。但是考虑水资源的有限性，如果依然分别预测各项用水的增长，势必造成误差。在水资源总量的约束下，有限的水资源需要进行生活用水、工业用水和农业用水分配，其中分配的合理性关系到居民生活和经济发展。表 5-15 为 2001~2015 年江苏省用水结构的变化情况。

表 5-15　2001~2015 年江苏省用水结构变化情况（单位：%）

年份	生活用水比例	农业用水比例	工业用水比例
2001	2.5	65.7	31.8
2002	3.6	64.1	32.3
2003	9.5	53.3	37.2
2004	7.9	56.4	35.7

年份	生活用水比例	农业用水比例	工业用水比例
2005	8.4	51.2	40.4
2006	8.6	50.4	41.0
2007	8.9	49.5	41.6
2008	9.1	52.6	38.3
2009	9.4	55.0	35.6
2010	9.7	55.4	34.9
2011	9.5	55.6	34.9
2012	9.2	55.6	35.2
2013	9.0	52.6	38.4
2014	9.0	50.6	40.4
2015	9.5	48.7	41.8

根据表 5-15，三种主要水资源构成了江苏省用水总量，随着经济的发展，工业用水比例不断提高，2001 年农业和工业用水比例分别是 65.7%和 31.8%，这一比例在 2015 年为 48.7%和 41.8%，工业用水比重逐渐增加，农业用水比例下降。随着江苏省经济的发展，产业结构调整步伐加快，工业所占比重逐渐超过农业，成为江苏省主要的产业部门。从生活用水来看，比例从 2001 年的 2.5%上升到 2015 年的 9.5%，特别是 2008 年以后，基本稳定在 9%左右，变化程度并不明显。生活用水消耗增加的首要原因是人口的增长，特别是流动人口的增加，城市化水平的提高导致生活用水消耗比例提高，另外江苏省第三产业的发展也提高了生活用水的比例。

在江苏省水资源预测中，如果仅仅进行单项预测，难以反映用水特征的改变，生活用水、工业用水和农业用水之间存在相互替代关系。从产业结构升级的特征来考虑，产业结构升级意味着农业向第二、第三产业发展，表 5-15 也说明，工业的发展在用水结构中占到更大比例，因此对江苏省用水结构的预测十分有必要。另外，生活用水的变化幅度相对较小，可以基于生活用水和用水总量进行各项用水量的预测。

2）马尔科夫链结构预测基本理论

（1）马尔科夫链预测模型。

假设某一随机过程在 t_0 时刻所处的状态为已知初始状态 s_i，随着时间的推移，随机过程达到 t 时刻的状态 s_j 与 t_0 时刻有关，而与 t_0 时刻之前的状态不存在关系。在状态内部，状态 s_i 经过这一转换过程变为状态 s_j 的概率为 P_{ij}，即条件概率 $p(s_i/s_j)$，因此 $p_{ij} = p(s_i/s_j)$。系统中原始状态的概率向量可以表示为 $s^{(0)} = (s_1^{(0)}, s_2^{(0)}, \cdots, s_n^{(0)})$，这是初始的状态概率，经过 k 次转移之后处于 t 时刻的 j 状态，根据切普曼-科尔莫戈罗夫（Chapman-Kolmogorov）方程得到

$$s_j^{(k+1)} = \sum_{i=1}^{n} s_i^k \cdot p_{ij} \tag{5-25}$$

其中，$s_j^{(k+1)}$ 为 k 次转移之后的下一次转移的概率；s_i^k 为经过第 k 次转移当前所处位置的

概率。这一模型成为马尔科夫链预测模型，其向量形式为 $\boldsymbol{S}^{(k+1)} = \boldsymbol{S}^k \cdot \boldsymbol{P}$ ，可以以状态 i 为初始状态进行递推：

$$\boldsymbol{S}^{(1)} = \boldsymbol{S}^{(0)} \cdot \boldsymbol{P} \tag{5-26}$$

$$\boldsymbol{S}^{(2)} = \boldsymbol{S}^{(1)} \cdot \boldsymbol{P} = \boldsymbol{S}^{(0)} \cdot \boldsymbol{P}^2 \boldsymbol{S}^{(k+1)} \tag{5-27}$$

$$\boldsymbol{S}^{(k+1)} = \boldsymbol{S}^{(k)} \cdot \boldsymbol{P} = \boldsymbol{S}^{(0)} \cdot \boldsymbol{P}^{(k+1)} \tag{5-28}$$

（2）马尔科夫链转移概率矩阵。

在进行马尔科夫链预测的过程中，转移概率矩阵很难直接获取，只能根据已有的状态进行推断得到。原始状态到 t 时刻系统整体的内部转换概率可以表示为转移概率 p_{ij} 组成的矩阵形式：

$$\boldsymbol{P}^{(1)} = \begin{bmatrix} p_{11}^{(1)} & p_{12}^{(1)} & \cdots & p_{1n}^{(1)} \\ p_{21}^{(1)} & p_{22}^{(1)} & \cdots & p_{2n}^{(1)} \\ \vdots & \vdots & & \vdots \\ p_{n1}^{(1)} & p_{n2}^{(1)} & \cdots & p_{nn}^{(1)} \end{bmatrix} \tag{5-29}$$

推断的缺点是存在较大的误差，因此为了最小化误差，建立最优化模型，计算在初始状态和最终状态之间的某一状态 m 的实际值和预测状态的误差，求解误差最小化约束的转移概率矩阵。设：

$$a(t) = (p_1^{(1)}, p_2^{(1)}, \cdots, p_n^{(1)}) \tag{5-30}$$

式（5-30）表示在 n 个状态下的概率向量，由于客观环境的差异，概率转移的理论值和实际值之间存在误差 $e(t) = a(t+1) - pa(t)$ ，为了达到误差平方和最小，建立优化模型：

$$\begin{aligned}
\min e(t) &= \sum_{t=0}^{m-1} \left\| a(t+1) - a(t)p \right\|^2 \\
&= \sum_{t=0}^{m-1} \left[a(t+1) - a(t)p \right] \left[a(t+1) - a(t) \right]^{\mathrm{T}} \\
&\text{s.t.} \begin{cases} \sum_{j=1}^n P_{ij} = 1, & i = 1, 2, \cdots, n \\ P_{ij} \geqslant 0, & j = 1, 2, \cdots, n \end{cases}
\end{aligned} \tag{5-31}$$

式（5-31）转换为二次规划的最优化模型，可使用 MATLAB 软件进行求解。

4. 基于马尔科夫链的江苏省用水结构与总量预测

在进行马尔科夫链预测时，使用 2005~2015 年数据确定各年的转移概率矩阵，设置生活用水、农业用水和工业用水分别是 T_1、T_2、T_3，利用表 5-15 依次计算各年的转移概率矩阵。以 2005~2006 年为例，2006~2006 年江苏省生活用水比例从 8.4% 增加到 8.6%，工业用水从 40.4% 增加到 41.0%，均不存在向其他用水转移的情况，农业用水比例下降，因此发生了概率转移。

工业用水保留份额的概率为

$$\text{农业用水} \rightarrow \text{农业用水}\,(T_2 \rightarrow T_2): \frac{50.4}{51.2} \times 100\% \approx 98.44\%$$

$$农业用水 \rightarrow 生活用水 (T_2 \rightarrow T_1): \frac{8.6 - 8.4}{51.2} \times 100\% \approx 0.39\%$$

$$农业用水 \rightarrow 工业用水 (T_2 \rightarrow T_3): \frac{41.0 - 40.4}{51.2} \times 100\% \approx 1.17\%$$

在2005~2006年,生活用水和工业用水是增加的,因此其转移概率为100%,得到2005~2006年的转移概率矩阵:

$$\boldsymbol{P}_{2005~2006} = \begin{bmatrix} 1 & 0 & 0 \\ 0.003\,9 & 0.984\,4 & 0.011\,7 \\ 0 & 0 & 1 \end{bmatrix} \quad (5\text{-}32)$$

同理可以得到$\boldsymbol{P}_{2006~2007}, \boldsymbol{P}_{2007~2008}, \cdots, \boldsymbol{P}_{2014~2015}$,最终得到10个转移概率矩阵,按照式（5-31）最小误差约束下的转移概率矩阵,可以得到2005~2015年江苏省用水结构的10次转移概率矩阵:

$$\boldsymbol{P}_{2005~2015} = \begin{bmatrix} 0.925 & -0.267\,3 & 0.350\,8 \\ 0.014\,5 & 0.815\,2 & 0.144\,1 \\ 0.018\,5 & 0.114\,4 & 0.863\,3 \end{bmatrix} \quad (5\text{-}33)$$

根据2005~2015年每年的一次转移概率矩阵,可以得到经误差修正的平均一次转移概率矩阵:

$$\boldsymbol{P} = \begin{bmatrix} 0.992\,6 & 0.002\,1 & 0.037\,9 \\ 0.001\,6 & 0.980\,1 & 0.015\,5 \\ 0.695\,8 & 0.002\,1 & 0.034\,8 \end{bmatrix} \quad (5\text{-}34)$$

根据平均一次转移概率矩阵,可以得到2016~2030年江苏省用水结构的预测,如表5-16所示。

表5-16 2016~2030年江苏省用水结构马尔科夫链预测结果（单位：%）

年份	生活用水比例	农业用水比例	工业用水比例	年份	生活用水比例	农业用水比例	工业用水比例
2016	9.596 5	48.370 3	42.205 8	2024	10.354 5	46.162 7	45.178 5
2017	9.692 5	48.053 4	42.603 3	2025	10.447 7	45.935 4	45.520 1
2018	9.788 2	47.749 0	42.992 7	2026	10.540 5	45.717 9	45.856 0
2019	9.883 5	47.456 5	43.374 5	2027	10.632 9	45.509 9	46.186 4
2020	9.978 5	47.175 7	43.748 9	2028	10.725 1	45.311 1	46.511 4
2021	10.073 0	46.906 3	44.116 3	2029	10.816 9	45.121 2	46.831 4
2022	10.167 2	46.647 9	44.476 8	2030	10.908 4	44.940 1	47.146 5
2023	10.261 0	46.400 1	44.830 8	—	—	—	—

根据表5-16的用水结构,结合表5-14得到的GIOWA算子,得到江苏省2016~2030年用水总量、生活用水量、工业用水量和农业用水量的值,如表5-17所示。

表 5-17　2016~2030 年江苏省用水预测（单位：亿立方米）

年份	用水总量	生活用水量	工业用水量	农业用水量
2016	595.102	57.109	251.168	287.853
2017	597.204	57.884	254.429	286.977
2018	599.150	58.646	257.591	286.088
2019	600.992	59.399	260.677	285.210
2020	602.766	60.147	263.703	284.359
2021	604.686	60.910	266.765	283.636
2022	606.401	61.654	269.708	282.873
2023	608.108	62.398	272.620	282.163
2024	609.899	63.152	275.543	281.546
2025	611.704	63.909	278.448	280.989
2026	613.576	64.674	281.362	280.514
2027	615.514	65.447	284.284	280.120
2028	618.577	66.343	287.709	280.284
2029	621.084	67.182	290.862	280.240
2030	623.703	68.036	294.054	280.293

5.3.3　区域节水潜力分析

目前，中国节水型社会建设已经取得初步成效，进一步了解中国农业、工业和生活等方面的节水潜力，对进一步推动中国节水型社会建设、制定相关的节水政策制度及提高中国节水技术都有着重要的指导意义。中国学者段爱旺等（2002）从广义和狭义两个方面定义节水潜力，但目前学术界对于节水潜力的定义还不够统一，有关节水潜力的研究多集中在农业灌溉方面；刘路广等（2011）基于取用、消耗和回归水资源三个农业用水过程，分析了在土壤水量保持平衡的情况下农业节水潜力，发现在消耗水资源过程中，农业节水潜力最大；赵西宁等（2014）综合社会经济、水资源及生态环境等多个方面的信息，通过投影寻踪模型评价了黑河中游地区的农业节水潜力；郭晓东等（2013）针对中国甘肃河西地区整体的水资源利用情况，分析了河西地区不同农业节水措施的节水效果；尹剑等（2014）通过对渭河流域灌区相关指标数据的收集，分析了各灌区在不同水文频率下的节水潜力。

在工业节水方面，雷玉桃和黄丽萍（2015）运用 SFA（stochastic frontier approach，即随机前沿方法）模型测算出徐州市的工业用水效率值，以工业技术效率的平均值与100%之间的差异作为工业节水潜力的取值；刘炜伟等（2013）通过选取万元工业增加值用水量、工业用水重复利用率等指标，运用 Elman 分析了中国工业节水潜力；在雷贵荣等（2010）的研究基础上，雷玉桃和黄丽萍（2015）针对中国 13 个发展工业的地区进行工业用水潜力分析，发现江苏省、湖北省存在较高的工业节水潜力；周彦红等（2015）基于长春市的用水情况，对其农业、工业和生活节水潜力分别进行了分析，发现长春市各方面的节水潜力均较大。

在生活用水方面，相关研究比较少，白玉华等（2005）通过对北京市高校的用水情况进行调查，分析了高校各建筑中生活用水的节水潜力；刘坤等（2014）统计了塔里木大学的教职工用水情况，从学校的用水工程建设、用水管理和节水宣传等方面分析了高校节水潜力。

节水潜力的分析一方面可以了解水资源利用情况，另一方面有助于提高节水技术，本节将在节水型社会建设的背景下，探讨江苏省农业用水、工业用水和城镇居民生活用水的节水潜力。

综合中国学者对节水潜力的研究，再考虑到指标的可获得性，确立节水潜力计算公式如式（5-35）~式（5-37）所示。由于本节主要基于 2015 年各项指标分析江苏省 2020 年的节水潜力，因此 2015 年的指标数据，下标用"0"表示，2020 年的各项指标数据，下标用"1"表示。

农业用水节水潜力：

$$PA = \frac{AW_0}{g_0} - \frac{AW_1}{g_1} \tag{5-35}$$

工业用水节水潜力：

$$PE = \left(EI_0 - EI_1 \right) \times WE_0 \tag{5-36}$$

生活用水节水潜力：

$$PL = LW_0 \left(1 - L_0 \right) - LW_1 \left(1 - L_1 \right) + R_0 \times \left(P_1 - P_0 \right) \times \frac{1}{1000} \tag{5-37}$$

其中，PA、PE、PL 分别表示农业、工业和生活用水潜力，单位为亿立方米；AW、EI、LW 分别表示农业用水量、万元工业增加值用水量（含火电）和生活用水量；g 表示农业灌溉水有效利用系数；WE_0 表示 2015 年江苏省工业增加值；L 表示供水管网漏失率；P 表示节水器具的普及率；J 表示节水器具的日节水量；R_0 为江苏省 2015 年的年末常住人口，单位为万人。具体数值见表 5-18。

表 5-18　各计算指标取值

行业	指标	2015 年	2020 年	2030 年
农业	农业用水量/亿立方米	279.1	284.359	280.293
	农业灌溉水有效利用系数	0.59	0.62	0.69
工业	万元工业增加值用水量/立方米	16.5	13.2	10
	工业增加值/亿元	239	—	—
生活	生活用水量/亿立方米	54.5	60.147	68.036
	供水管网漏失率/%	15	10	5
	节水器具的普及率/%	76	95	100
	年末常住人口/万人	7 976	—	—
	节水器具的日节水量/［升/（天·人）］	50	50	50

江苏省 2015 年相关指标的数据来源主要为江苏省 2015 年《水资源公报》、江苏省"十

三五"水利发展规划等；对于 2020 年的相关指标，农业用水量、生活用水量采用 5.2 用水量预测的结果，其余指标来自江苏省水资源综合规划、江苏省"十三五"水利发展规划等文件。

将相关指标数据代入式（5-35）~式（5-37），可以得到江苏省的各农业、工业和生活用水的节水潜力，具体结果如表 5-19 和图 5-25 所示。江苏省 2020 年工业节水潜力最高，为 3 154.8 亿立方米，占总节水潜力的 85.7%，其次是农业节水潜力，占比 12.46%，生活节水潜力相对较小，占比只有 1.85%，但是随着节水器具在居民生活中日益普及，2030年江苏省的生活节水潜力增大，而随着农业和工业用水节水效率的提高，其节水潜力将会逐步缩小。因此，如果江苏省为进一步提高本省的农业和工业节水潜力，需要继续开发新的农业和工业节水技术，提高雨水收集利用、污水回用等多项节水技术，在生活用水上需要提高节水器具的节水率，在省内完全普及节水器具的使用，并做到降低管网漏失率。

表 5-19　江苏省节水潜力（单位：亿立方米）

潜力	2020 年	2030 年
农业用水	458.64	406.22
工业用水	3 154.8	2 390
生活用水	67.96	77.40

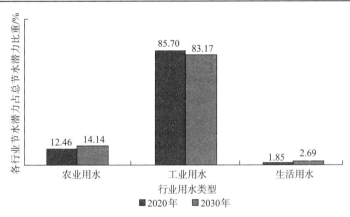

图 5-25　各行业节水潜力占总节水潜力比重

5.4　节水型社会背景下行业水资源消耗分析

水资源是基础性自然资源，也是一种战略性经济资源，然而现今中国水资源的短缺已经成为社会可持续发展的制约因素之一，因此分析中国各行业水资源的消耗情况对于制定水资源节约管理政策有重要意义。基于以上背景与意义，本节根据《2012 年中国统计年鉴》所公布的统计数据，结合《2012 年投入产出表》，对中国 2012 年各行业的用水系数进行分析，进而研究节水型社会背景下各行业水资源消耗情况，从而为各行业提出科学和具有可操作性的用水建议。

5.4.1 水资源经济分析方法综述

目前，国内外学者对水资源经济分析最常用的方法是投入产出法，投入产出法是由美国经济学家 Wassily Leontief 于 1936 年创建的一种反映各种经济活动的投入产出关系，并进行经济分析和预测的计量经济模型。此后的相关研究主要集中在水资源短缺与水资源合理配置的定量分析，如 Cater（1970）运用地区间投入产出技术，分析美国加利福尼亚州和亚利桑那州这两个州对科罗拉多河河水的利用情况。Duarte 等（2002）等运用投入产出技术，结合西班牙水资源短缺的现状，分析西班牙生产部门的用水量对西班牙经济的影响。而国内学者在研究经济用水问题时，主要采用汪党献提出的水资源投入产出分析模型。汪党献等（2005）分别从用水效率和用水效益两个方面构建国民经济行业用水特性评价指标体系，提出了节水高效型国民经济产业结构的判定标准及其方法。倪红珍等（2004）构建了全国水资源投入产出模型，以直接取水系数、完全取水系数、取水乘数等作为指标体系，从用水效率和用水效益两方面评价我国各行业用水特性。田贵良（2009）选择缺水较为严重的宁夏地区进行实证研究，提出产业间接用水具有极强的隐蔽性，不能简单以直接用水系数衡量产业发展对水资源的需求。

综上，大部分关于水资源经济分析的研究均从构建投入产出模型出发，来达到分析各行业水资源的消耗情况的目的。虽然上述研究的侧重点有所不同，但都认为分清行业直接用水和完全用水的区别，是制定水资源优化管理政策的前提条件。

5.4.2 行业分类及数据处理

投入产出表《中国统计年鉴》等统计资料的行业分类主要以国民经济行业分类为标准，但国民经济行业分类自身的修订调整有所不同，因而分类存在着一定的差异。为了从行业的角度分析我国水资源消耗情况，需要采用一个统一的行业分类。本节以《2012 年投入产出表》的行业分类为参考依据，同时为了便于研究各行业的用水情况，考虑到各行业的属性，将三大产业分为 13 个行业：①农、林、牧、渔业；②食品、饮料制造及烟草制品业；③金属产品制造业；④化学工业；⑤电力、热力及水的生产和供应业；⑥炼焦、燃气及石油加工业；⑦非金属矿物制品业；⑧采矿业；⑨机械设备制造业；⑩纺织、服装及皮革产品制造业；⑪其他制造业；⑫建筑业；⑬服务业。

中国采用逢 2、逢 7 年份编制投入产出表的制度，因此《2012 年投入产出表》是目前可获得的最新调查表。基于以上背景，本节选择 2012 年为研究年份，数据来源分别如下：①各行业的总产出和中间投入来源于《2012 年中国投入产出表》；②农业用水量来源于《中国统计年鉴》；③分行业的工业用水数据是基于 2003~2006 年各工业行业用水量，通过灰色预测模型①预测得到；④建筑业与服务业的用水量计算过程与工业用水量相同。

行业分类后，中国 13 个行业的用水量和总产出详见表 5-20，中间投入详见表 5-21。

表 5-20　中国行业用水量和总产出

行业	用水量/万吨	总产出/亿元
农、林、牧、渔业	38 803 000	89 421.3
食品、饮料制造及烟草制品业	7 698	87 959.6
金属产品制造业	16 213 000	142 339.8
化学工业	12 334 000	121 024.6
电力、热力及水的生产和供应业	5 696 800	50 394.4
炼焦、燃气及石油加工业	1 940 100	43 136.0
非金属矿物制品业	305 060	46 604.6
采矿业	1 051 100	53 598.1
机械设备制造业	348 320	258 343.6
纺织、服装及皮革产品制造业	1 884 900	66 282.1
其他制造业	5 697	55 780.5
建筑业	417 000	138 612.6
服务业	1 717 000	448 129.8

表 5-21　中国行业中间投入（单位：亿元）

行业	农、林、牧、渔业	食品、饮料制造及烟草制品业	金属产品制造业	化学工业	电力、热力及水的生产和供应业	炼焦、燃气及石油加工业	非金属矿物制品业	采矿业	机械设备制造业	纺织、服装及皮革产品制造业	其他制造业	建筑业	服务业
农、林、牧、渔业	12 320.6	31 841.5	27.7	4 418.9	5.6	1.9	17.5	25.0	19.0	7 349.1	3 523.2	1 093.1	4 606.6
食品、饮料制造及烟草制品业	9 411.8	20 020.6	571.0	2 820.2	178.0	242.0	212.1	233.7	986.5	1 338.5	304.6	811.8	225.2
金属产品制造业	43.0	277.1	55 012.4	1 645.3	81.3	37.9	2 369.1	2 745.3	43 903.5	110.0	3 599.1	347.1	11 582.8
化学工业	7 579.7	1 748.2	3 384.5	52 362.4	173.4	1 008.9	3 653.8	1 906.3	14 877.1	5 584.6	5 779.9	607.8	3 688.2
电力、热力及水的生产和供应业	892.0	783.1	6 187.5	5 149.9	16 307.6	720.1	2 695.0	3 128.8	3 093.4	956.2	1 093.7	1 758.2	14 517.0

---

① 灰色预测模型以 GM（1，1）模型为核心，根据已知的少量信息进行建模并预测。

续表

行业	农、林、牧、渔业	食品、饮料制造及烟草制品业	金属产品制造业	化学工业	电力、热力及水的生产和供应业	炼焦、燃气及石油加工业	非金属矿物制品业	采矿业	机械设备制造业	纺织、服装及皮革产品制造业	其他制造业	建筑业	服务业
炼焦、燃气及石油加工业	1 449.9	141.1	5 360.2	7 565.3	1 987.4	3 244.4	1 776.9	1 542.6	971.2	95.5	260.0	6 065.8	13 344.4
非金属矿物制品业	29.0	396.7	2 113.0	745.2	37.3	290.1	9 247.7	333.9	3 434.4	49.3	267.9	26 963.3	552.8
采矿业	6.0	220.8	21 264.8	4 973.8	9 354.1	26 373.2	5 997.0	7 160.0	423.3	160.6	481.7	27 697.2	2 954.6
机械设备制造业	730.9	317.8	4 123.0	1 481.5	3 633.6	549.3	1 734.7	3 233.4	104 591.0	485.5	1 299.2	7 061.1	23 295.5
纺织、服装及皮革产品制造业	39.7	151.2	313.2	1 737.9	37.6	33.0	397.4	162.7	1 360.3	29 546.3	2 075.6	3 755.1	10 784.3
其他制造业	66.9	1 177.7	5 774.0	1 188.1	208.1	61.1	1 197.6	643.9	2 936.0	604.5	15 941.7	1 897.0	3 917.2
建筑业	8.1	95.3	173.2	141.3	206.1	57.0	90.0	125.4	386.0	65.8	99.3	3 735.1	3 478.3
服务业	4 484.9	10 089.0	11 799.0	13 593.3	18 599.0	2 399.0	5 441.9	6 103.7	32 264.8	39 597.8	21 650.6	19 908.5	27 963.6

5.4.3 我国行业水资源消耗模型的建立

1. 投入产出法基本概念

投入产出法，又称为投入产出分析，最早是由 Wassily Leontief 于 1936 年提出，并于 1941 年完善基本内容，由于其在投入与产出核算等方面的优势，现已应用于宏观经济、资源环境等众多领域。投入产出法的相关概念见表 5-22。

表 5-22　投入产出法相关概念解释

概念	概念解释
投入	从事生产活动必需的各种生产要素，包括作为劳动对象的各种货物和服务投入以及劳动手段、劳动力投入及其资金保障
产出	相应生产活动提供的各种货物和服务
投入产出法	对经济体系（国民经济、地区经济、部门经济、公司或企业经济单位）各个部门之间投入与产出的相互依存关系所作的经济数量分析
投入产出表	反映国民经济各部门之间投入与产出相互关系的表格
投入产出模型	反映投入和产出相互关系的数学公式

编制投入产出表、建立投入产出模型、进行经济分析和预测，是投入产出法描述各部

门之间投入与产出的相互依存关系的基本内容。投入产出法所研究的经济关系是国民经济体系中各部门之间在生产过程中发生的直接联系和间接联系。因为社会分工的存在，国民经济体系逐步形成了很多具有不同作用、相互联系的部门。各部门之间最突出的关系是消耗与被消耗的关系。国民经济体系中每一个部门在生产过程中都要消耗其他部门的产品，同时每一个部门生产的部分产品要被其他部门作为生产消耗使用。这种相互提供、相互消耗产品的关系不仅有直接的，还有间接的。投入产出法能够有效地从数量上揭示国民经济各部门之间相互依存、相互制约的关系。

2. 水资源经济投入产出表基本原理

20 世纪 70 年代，美国学者 Bullard 和 Herendeen 为了运用投入产出法研究资源利用问题，提出了混合型投入产出表，即在投入产出表的投入部分加入以实物单位计量的资源投入。水资源经济投入产出表就是在此基础上发展而来的，基于投入产出模型，将各行业的用水量引入投入部分，得到简化的水资源经济投入产出表，用来反映各行业水资源的利用与分配情况。水资源经济投入产出表的简化结构见表 5-23。

表 5-23 《水资源经济投入产出表》简化结构

投入 ＼ 产出			生产部门					最终需求		进口值	总产出
			部门 1	部门 2	部门 3	…	部门 n	国内消费	出口		
中间投入	自产品	部门 1	X_{11}	X_{12}	X_{13}	…	X_{1n}	C_1	E_1	M_1	X_1
		部门 2	X_{21}	X_{22}	X_{23}	…	X_{2n}	C_2	E_2	M_2	X_2
		部门 3	X_{31}	X_{32}	X_{33}	…	X_{3n}	C_3	E_3	M_3	X_3
		…	…	…	…	…	…	…	…	…	…
		部门 n	X_{n1}	X_{n2}	X_{n3}	…	X_{nn}	C_n	E_n	M_n	X_n
水资源部门的投入			W_1	W_2	W_3	…	W_n				
初始投入			C_1	C_2	C_3	…	C_n				
总投入值			X_1	X_2	X_3	…	X_n				

水资源经济投入产出表中行与列的平衡关系与经济投入产出表相似，如果水资源部门的投入量以货币为计量单位，那么，水资源经济投入产出表的行模型为

$$\sum_{j=1}^{n} X_{ij} + C_i + E_i + M_i = X_i \quad (i=1,2,\cdots,n) \tag{5-38}$$

即第 i 个行业（水资源投入部门）的总产出分别用于生产部门、最终需求和进口产品。

水资源经济投入产出表的列模型为

$$\sum_{i=1}^{n} X_{ij} + W_j + C_j = X_j \quad (j=1,2,\cdots,n) \tag{5-39}$$

即第 j 个行业的生产过程需要各部门的投入、水资源部门的投入和初始投入。

3. 水资源消耗分析原理

1）直接用水系数

目前主要使用直接用水系数计算行业用水强度，用自然形态水资源的消耗量与产出量的比值来计算行业直接用水系数。该系数用来反映该行业的生产活动对水资源的依赖程度和直接用水强度，它具有计算简单、物理意义明确、直观等优点。直接用水系数的计算公式是

$$D_j = \frac{W_j}{X_j} \qquad (5\text{-}40)$$

其中，D_j 表示第 j 个行业的直接用水系数；W_j 表示第 j 个行业的用水量；X_j 表示第 j 个行业的总产出。将行业的直接用水系数与投入产出法相结合，就可以计算该行业的完全用水系数。

2）完全用水系数

直接用水系数只能反映行业的生产活动与用水量的直接联系，但实际上国民经济各行业之间除了存在直接用水系数所反映的直接联系外，还存在间接联系。也就是说，任何行业在生产过程中不仅要消耗水资源，还需要一定数量其他行业生产的货物或者服务作为中间投入，而这些货物和服务在其生产过程中也需要消耗水资源，将这部分用水量定义为该行业的间接用水量。一个行业的完全用水量等于该行业的直接用水量和间接用水量之和。

完全用水系数与直接用水系数相同，也具有明确的经济含义。完全用水系数等于一个行业增加单位产出量所需消耗的直接用水和间接用水的增加量，反映该行业扩大生产对我国水资源造成的压力强度，它具有反映全面、经济意义明确等优点。完全用水系数的计算公式是

$$E = D(I - A)^{-1} \qquad (5\text{-}41)$$

其中，E 表示完全用水系数矩阵；$E = [e_j]_{n \times 1}$ 中的 e_j 表示第 j 个行业增产一单位产品所需消耗的直接用水和间接用水的增加量；D 表示直接用水系数矩阵；$D = [d_j]_{n \times 1}$ 中的 d_j 表示第 j 个行业的直接用水系数；I 为单位矩阵；A 表示直接用水系数矩阵；$A = [a_{ij}]$，$a_{ij} = x_{ij}/x_j$，a_{ij} 表示第 j 个行业的直接用水系数，即该行业在生产过程中的单位产出量所需消耗的第 i 个行业产品和服务的数量；x_{ij} 表示第 j 个行业所需要的第 i 个行业的投入；x_j 表示第 j 个行业的总产出。

3）用水乘数

用水乘数主要用于分析一个行业直接用水量、完全用水量和间接用水量的关系。行业的用水乘数等于该行业的完全用水系数与直接用水系数之比，它反映整个经济系统用水量的增加受到行业产出变化的影响。

用水乘数的计算公式是

$$B_j = E_j / D_j \qquad (5\text{-}42)$$

其中，B_j 表示第 j 个行业的用水乘数；E_j 为第 j 个行业的完全用水系数；D_j 表示第 j 个行业的直接用水系数。

5.4.4　中国行业水资源消耗分析

1. 中国行业水资源直接用水强度分析

根据式（5-40），可以得到中国 2012 年 13 个行业的直接用水系数，各行业的直接用水系数见图 5-26。

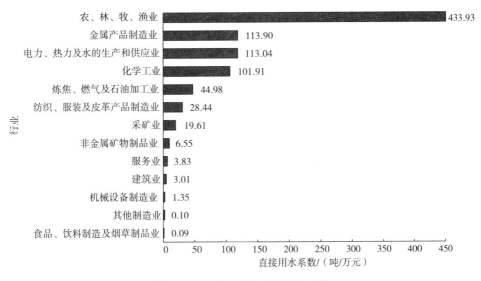

图 5-26　中国各行业直接用水系数

由图 5-26 可以看出 2012 年中国各行业的直接用水系数差异较大。其中农、林、牧、渔业直接用水系数明显高于其他行业，达到 433.93 吨/万元，这表明中国农、林、牧、渔业生产过程中直接用水强度较大，对水资源的依赖程度较高。直接用水系数大于 100 吨/万元的行业还包括金属产品制造业，电力、热力及水的生产和供应业，以及化学工业，直接用水系数分别为 113.90 吨/万元、113.04 吨/万元、101.91 吨/万元，这表明以上三个行业在生产过程中比较依赖水资源。而食品、饮料制造及烟草制品业，其他制造业，以及机械设备制造业的直接用水系数分别为 0.09 吨/万元、0.10 吨/万元、1.35 吨/万元，均小于 1.5 吨/万元，这表明以上三个行业在生产过程中直接用水强度较小，对水资源的依赖程度较小。

2. 中国行业水资源完全用水强度分析

根据式（5-41），可以得到中国 2012 年 13 个行业的完全用水系数，各行业的完全用水系数见图 5-27。

由图 5-27 可以看出 2012 年中国各行业的完全用水系数存在较大的差异。其中农、林、牧、渔业的完全用水系数为 579.66 吨/万元，排在所有行业的首位；化学工业，食品、饮料制造及烟草制品业，纺织、服装及皮革产品制造业的完全用水系数分别为 302.14 吨/万元、297.48 吨/万元、295.04 吨/万元，这表明以上四个行业增加单位产出量所需消耗的直

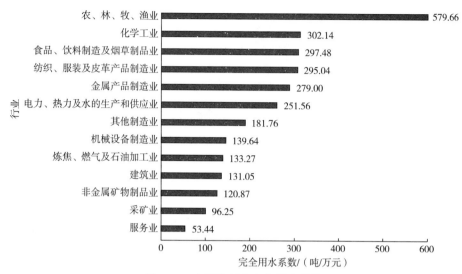

图 5-27　中国各行业完全用水系数

接用水和间接用水的增加量较大，完全用水强度较大，发展这些行业会给中国水资源系统造成较大的压力。而服务业、采矿业的完全用水系数分别为 53.44 吨/万元、96.25 吨/万元，这表明这两个行业增加单位产出量所需消耗的直接用水和间接用水的增加量较小，完全用水强度较小，发展这些行业给中国水资源系统造成的压力较小。

3. 中国行业水资源间接消耗水平分析

1）中国各行业完全用水系数和直接用水系数的对比分析

将中国各行业的完全用水系数和直接用水系数对比分析，可以发现各行业两者之间的差值有所差异。中国各行业的完全用水系数和直接用水系数对比情况见图 5-28，中国各行业的完全用水系数和直接用水系数的差值见表 5-24。

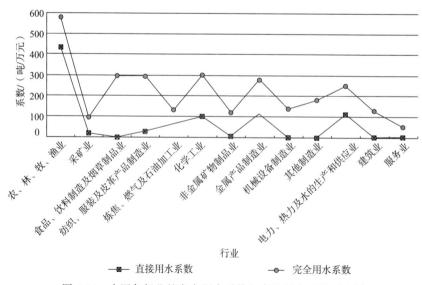

图 5-28　中国各行业的完全用水系数和直接用水系数对比图

表 5-24　中国各行业的完全用水系数和直接用水系数的差值

行业	完全用水系数与直接用水系数的差值/ （吨/万元）	差值占完全用水系数的比重/%
农、林、牧、渔业	145.73	25.14
采矿业	76.64	79.63
食品、饮料制造及烟草制品业	297.39	99.97
纺织、服装及皮革产品制造业	266.60	90.36
炼焦、燃气及石油加工业	88.29	66.25
化学工业	200.23	66.27
非金属矿物制品业	114.32	94.58
金属产品制造业	165.10	59.18
机械设备制造业	138.29	99.03
其他制造业	181.66	99.94
电力、热力及水的生产和供应业	138.52	55.06
建筑业	128.04	97.70
服务业	49.61	92.83

由图 5-28 和表 5-24 可知，因为农、林、牧、渔业的完全用水系数和直接用水系数均远高于其他行业，两种系数之间的差值为 145.73 吨/万元，仅占其完全用水系数的 1/4 左右，差值占完全用水系数的比重排在各行业的末位，这说明农、林、牧、渔业在生产过程中以直接消耗自然形态的水资源为主，间接用水量较小，通过中间投入对其他行业用水量的影响程度较小。而食品、饮料制造及烟草制品业，其他制造业，机械设备制造业的直接用水系数虽然相对不高，但完全用水系数却相对较高，两种系数的差值较大，分别为 297.39 吨/万元、181.66 吨/万元、138.29 吨/万元，占各自完全用水系数的 99.97%、99.94%、99.03%。这说明以上三个行业的直接用水量相对较小，但在生产过程间接消耗的水资源较大，通过中间投入对其他行业用水量的影响程度较大。

2）中国行业用水乘数分析

根据式（5-42），可以得到 2012 年中国 13 个行业的用水乘数，各行业的用水乘数见表 5-25。

表 5-25　各行业的用水乘数

行业	用水乘数
食品、饮料制造及烟草制品业	3 399.21
其他制造业	1 779.75
机械设备制造业	103.57
建筑业	43.56
非金属矿物制品业	18.47
服务业	13.95
纺织、服装及皮革产品制造业	10.38
采矿业	4.91

续表

行业	用水乘数
化学工业	2.96
炼焦、燃气及石油加工业	2.95
金属产品制造业	2.45
电力、热力及水的生产和供应业	2.23
农、林、牧、渔业	1.34

由表 5-25 可知，农、林、牧、渔业的用水乘数最小，仅为 1.34，其次为电力、热力及水的生产和供应业，金属产品制造业，炼焦、燃气及石油加工业，化学工业，这些行业用水乘数分别为 2.23、2.45、2.95、2.96，皆小于 3，说明这些行业对水资源的间接带动程度较低；相对的，食品、饮料制造及烟草制品业的用水乘数为 3 399.21，这说明食品、饮料制造及烟草制品业每多消耗一吨的水资源，将会引起整个经济系统用水量增加 3 399.21吨。其他制造业的用水乘数也相对较大，为 1 779.75，也就是说，其他制造业每多消耗一吨的水资源，将会引起整个经济系统用水量增加 1 779.75 吨，可见这两个行业水资源消耗对整个经济系统水资源消耗的带动程度非常大。

4. 中国行业用水特性分析

首先对各行业直接用水系数、完全用水系数、用水乘数这三项指标进行标准化处理，其次利用系统聚类法比较各行业间的距离，对其进行聚类分析[①]。聚类分析将 13 个行业分为四种类型，根据各种类型的用水特性，将这四种类型分别命名为高用水行业、潜在高用水行业、高效用水行业、潜在高效用水行业。中国行业用水特性的具体分类见表 5-26。

表 5-26　中国行业用水特性的具体分类

用水特性分类	行业名称
高用水行业	农、林、牧、渔业
潜在高用水行业	食品、饮料制造及烟草制品业，其他制造业
高效用水行业	纺织、服装及皮革产品制造业，电力、热力及水的生产和供应业，金属产品制造业，化学工业
潜在高效用水行业	炼焦、燃气及石油加工业，机械设备制造业，非金属矿物制品业，采矿业、服务业、建筑业

由表 5-26 可知，中国高用水行业主要以农业为主，这是因为农业属于水资源密集型产业。潜在高用水行业中，食品、饮料制造及烟草制品业和其他制造业的直接用水系数很小，但是其完全用水系数较大，说明这些行业的发展对整个经济系统总用水量影响较大，发展这类行业将会带来较高的潜在用水量。以加工制造业为主的第二产业均为用水效率较高的行业，表明提高水资源利用效率的有效途径是升级工业结构。潜在高效用水行业集中在第二产业和第三产业，这说明工业化和第三产业的发展对水资源高效利用具有深远的意义。

---

① 聚类分析是指将物理或抽象对象的集合分组为由类似的对象组成的多个类的分析过程。

5.4.5　主要结论与政策建议

1. 主要结论

本节基于投入产出法，分析了中国 2012 年各行业水资源消耗情况，得到的主要结论如下。

（1）农、林、牧、渔业用水量占据绝对比重，完全用水系数和直接用水系数远高于其他行业。尤其是农、林、牧、渔业直接用水系数，其是服务业直接用水系数的 113.30 倍，而对食品、饮料制造及烟草制品业等直接用水系数较小的行业来说，这个比值甚至可以达到千倍。这说明农、林、牧、渔业属于水资源密集型行业，大力发展高用水的农、林、牧、渔业会大量挤占其他行业所需的水资源，从而限制其他行业的发展，这从结果上来说是不经济的。同时说明中国农、林、牧、渔业生产过程中具有较大的节水空间，应提高农、林、牧、渔业用水的效率和效益，扩大节水高效作物的比例，大力发展高效节水型的农、林、牧、渔业。

（2）食品、饮料制造及烟草制品业和其他制造业等属于低直接用水系数、高完全用水系数的行业。尽管食品饮料制造及烟草制品业、其他制造业等行业的直接用水系数不高，但是这些行业的完全用水系数却是其直接用水系数的百倍甚至千倍，这说明这类行业对其他行业水资源消耗的拉动程度较高，通过大量的中间投入来满足本行业对水资源的需求，属于潜在高用水行业。这些间接用水量较高的行业，在界定高用水行业时常被忽视。因此发展这类行业会带来潜在的高耗水量，长远看来，应适当限制这类行业的发展。

（3）化学工业，金属产品制造业，以及电力、热力及水的生产和供应业等行业属于高直接用水系数，低间接用水系数的行业。化学工业，金属产品制造业，以及电力、热力及水的生产和供应业等行业的直接用水系数虽然很高，但是这类行业的间接用水系数并不高，即两种系数的差值较低，用水乘数处于 2.0~3.0，这说明尽管这类行业在固有的观念中是传统的高用水行业，但其发展不会引起整个经济系统用水量的大幅增加，属于高效用水行业。因此，在水资源充裕时可适当发展该类行业。

（4）服务业属于低直接用水系数、低间接用水系数的行业。2012 年服务业的用水量为 41.7 亿吨，居各行业用水量的末位。服务业的直接用水系数仅有 3.83 吨/万元，不及农、林、牧、渔业直接用水系数的百分之一，而服务业的完全用水系数也仅为 53.44 吨/万元，排在各行业完全用水系数的末位。这说明中国的服务业是最为节水环保的行业，可以将服务业制定为产业发展的重点方向，推进服务业自主创新，扩大服务业的开放。

2. 政策建议

基于以上结论，提出如下政策建议。

（1）制定节水型社会产业结构调整政策时，需考虑行业水资源间接用水需求水平。判断一种行业用水量的多少，习惯上从行业直接用水系数的角度考虑，而忽略了行业水资源间接用水需求水平。行业的直接用水系数可以直观地反映行业自身对水资源的需求，然而行业的完全用水系数才真实地反映了行业发展引起整个经济系统用水量的增加量，体现行业用水的乘数效应。因此，在制定节水型社会产业结构调整政策时，运用行业完全用水系数这一指标衡量行业发展对经济系统水资源的需求压力则更为客观和全面。因此，中国在制定中长期行业发展计划时，应借助水资源投入产出法，判断各行业的用水特性，从而制定合理的行业发展策略。

（2）将第三产业作为建立高效节水型社会的发展目标。第三产业作为我国最节水环保的产业，可将其作为今后产业发展的重点方向。通过培养服务业龙头企业、加快服务业重点项目建设等措施大力发展第三产业，提升第三产业在国民经济中的比重，从而进一步建设高效节水型社会。

（3）推动技术进步，建立节水型中间投入结构。通过引进新技术和采取新材料等措施，调整高用水行业和潜在高用水行业的直接用水系数，降低这些行业的完全用水系数，能有效地减少整个经济系统的总用水量，从而进一步建设节水型国民经济体系。

5.5 中国节水型社会建设绩效评价

5.5.1 评价方法综述

尽管国际和国内均认识到建立节水型社会是必要的，但怎样才算是节水型社会，又该用哪些指标来度量，目前还没有统一的评价标准。节水型社会评价就是要定量地评价特定地区生产生活对水资源的利用效率和程度。指标体系评价法以统一清晰、可操作性强等特点被运用在节水型社会的评价研究上，该方法可以将节水型社会真正地从理念的层次发展成为一种可操作的管理模式，用于指导实际工作以及正确评价节水型社会建设水平。目前，针对中国节水型社会建设情况，中国学者进行了大量的研究。

在评价体系的确立上，陈莹等（2004）从节水水平、生态环境建设、经济发展、社会保障等方面构建了节水型社会评价体系。黄乾等（2007）建立了基于熵权的模糊物元评价模型，并利用该模型对山东省2005年的节水型社会状况进行了分析评价。颜志衡等（2010）利用层次分析方法构建评价指标体系并确定指标权重，采用模糊识别法识别评价指标对节水型社会建设水平分级的相对隶属度，进而建立节水型社会模糊层次评价模型。李绍飞等（2012）通过对已有突变评价法成果的改进计算，提出了改进后的计算步骤，并以天津市为例，将改进突变评价法应用到天津市节水型社会评价研究之中。徐健（2014）综合农业、工业、城镇生活等角度，构建了节水型社会评价指标体系，在指标权重的确定上引入了无序一致性检验的序关系分析法对德州市的节水型社会建设进行了评价分析。

综上，大部分关于节水型社会绩效评价的研究均从节水型社会综合评价指标体系出发，来达到评价节水型社会建设程度的目的。

5.5.2　指标评价方法

在 5.1.1 节节水型社会系统构成中，已介绍过节水型社会主要由水资源子系统、社会经济子系统和生态环境子系统构成，这三个子系统相互联系、相辅相成，共同促进节水型社会的发展。由于节水型社会涉及经济社会和环境资源等很多方面的内容，不能单纯地只分析水资源子系统，那样得出的指标将是不全面的，因此将节水型社会指标体系放入水资源-经济社会-生态环境耦合系统中，构建出能够更客观全面地反映节水型社会发展水平的指标体系（表 5-27）。

表 5-27　节水型社会评价指标体系

系统层	约束层	指标层	计算公式
水资源子系统	综合效率	万元 GDP 用水量/立方米	总用水量/GDP 总量
		人均用水量/立方米	总用水量/总人口
		水资源可采比/%	可开发的水资源量/总水资源量
	农业用水	单方水粮食产量/（千克/亩）	粮食总产量/用水总量
		农田灌溉亩均用水量/立方米	灌溉用水量/有效灌溉面积
		节水灌溉率/%	节水灌溉面积/有效灌溉面积
	工业用水	万元工业产值用水量/立方米	工业用水量/工业总产值
		工业用水重复利用率/%	工业用水重复利用总量/工业废水排放量
		工业废水排放达标率/%	工业废水达标排放量/家庭总人口
		单方工业节水投资/元	工业节水总支出/工业总用水量
	生活用水	居民生活用水量/[升/（天·人）]	居民生活用水量/总人口/365 天
		生活污水再生利用率/%	生活污水再生利用总量/生活污水总量
		生活污水处理率/%	生活污水处理总量/生活污水排放量
		生活污水处理投资率/%	生活污水处理投资/GDP 总量
经济社会子系统	经济社会	人均 GDP/万元	GDP 总量/总人口
		GDP 增长率/%	（本年 GDP 总量-上年 GDP 总量）/上年 GDP 总量×100%
		人口密度/（人/米²）	总人口/土地面积
		工业总产值比例/%	工业总产值/GDP 总量
生态环境子系统	生态环境	生态用水率/%	生态环境用水量/水资源总量
		森林覆盖率/%	森林面积/土地总面积
		城镇绿化覆盖率/%	城镇绿化面积/城镇总面积
		水污染事故率/%	水污染事故数/全国环境污染事故总数
		污径比/%	污水排放量/地表径流量

5.5.3　评价标准的制定

制定统一的评价标准，可以对各地区的节水型社会建设水平进行评级，有利于各地区进行比较。参照陈莹等（2004）的观点，可将节水型社会建设水平划分为起步、初级、中等、良好、优良五个阶段，主要是根据国内近年来节水型社会建设水平与发展速度，并且参考国外先进的节水水平，从而制定节水型社会的评价标准。具体的评价标准如表 5-28 所示。

表 5-28　节水型社会评价标准

系统层	指标层	起步	初级	中等	良好	优良
水资源子系统	万元 GDP 用水量/立方米	>500	300~500	120~300	50~120	<50
	人均用水量/立方米	>450	400~450	350~400	300~350	<300
	水资源可采比/%	<20	20~30	30~35	35~40	>40
	单方水粮食产量/（千克/亩）	<1.1	1.1~1.6	1.6~1.8	1.8~2.0	2.0~2.3
	农田灌溉亩均用水量/立方米	>650	500~650	350~500	200~350	<200
	节水灌溉率/%	<20	20~40	40~60	60~80	>80
	万元工业产值用水量/立方米	>60	40~60	20~40	10~20	<10
	工业用水重复利用率/%	<30	30~50	50~70	70~90	>90
	工业废水排放达标率/%	<83.9	83.9~87.8	87.8~91.7	91.7~95.5	>99.5
	单方工业节水投资/元	<2	2~4	4~7	7~9	>9
	居民生活用水量/[升/（天·人）]	>200	160~200	120~160	100~120	<100
	生活污水再生利用率/%	<10	10~20	20~30	30~40	>40
	生活污水处理率/%	<40	40~55	55~70	70~80	>80
	生活污水处理投资率/%	<0.05	0.05~0.15	0.15~0.25	0.25~0.4	>0.4
经济社会子系统	人均 GDP/万元	<0.5	0.5~3	3~5	5~10	>20
	GDP 增长率/%	<5	5~6	6~7	7~8	>8
	人口密度/（人/米²）	>550	400~550	250~400	100~250	<100
	工业总产值比例/%	>50	45~50	40~45	30~40	<30
生态环境子系统	生态用水率/%	<2	2~3	3~4	4~5	>6
	植被覆盖率/%	<20	20~40	40~60	60~80	>80
	城镇绿化覆盖率/%	<20	20~40	40~60	60~80	>80
	水污染事故率/%	>60	45~50	40~45	30~40	<30
	污径比/%	>2	1.5~2	1~1.5	0.1~1	<0.1

5.5.4　综合评价

1. 评价指标权重的确定

综合评价首先考虑的问题是确定指标权重。确定权重常用的方法有层次分析法、德尔菲法、主成分分析法和因子分析法等，本节采用层次分析法。

在水资源-经济社会-生态环境耦合系统中，三个子系统的地位同等重要，在节水型社会中缺一不可，因此将中间各准则层对总的目标层的权重均确定为 1/3。至于方案层各指标分别对各个准则层的指标的权重由 MATLAB 经过计算得出，具体的判断矩阵及权重如表 5-29~表 5-31 所示。

表 5-29　水资源子系统判断矩阵及权重

指标	万元 GDP 用水量	人均用水量	农田亩均用水量	工业用水量	工业废水治理投资额	生活用水量	权重
万元 GDP 用水量	1	2	3	5	4	7	0.393 2
人均用水量	1/2	1	2	3	3	5	0.240 5
农田亩均用水量	1/3	1/2	1	2	3	4	0.162 7
工业用水量	1/5	1/3	1/2	1	1	2	0.080 3
工业废水治理投资额	1/4	1/3	1/3	1	1	2	0.079 1
生活用水量	1/7	1/5	1/4	1/2	1/2	1/2	0.044 2

注：C. I.=0.001 5，C. R.=0.012 5<0.1

表 5-30　经济社会子系统判断矩阵及权重

指标	人均 GDP	GDP 增长率	人口密度	第三产业占 GDP 比例	权重
人均 GDP	1	2	3	5	0.472 9
GDP 增长率	1/2	1	2	4	0.284 4
人口密度	1/3	1/2	1	3	0.169 9
第三产业占 GDP 比例	1/5	1/4	1/3	1	0.072 9

注：C. I.=0.017 0，C. R.=0.018 1<0.1

表 5-31　生态环境子系统判断矩阵及权重

指标	生态用水量	森林覆盖率	劣五类水质河长	权重
生态用水量	1	1/3	1/2	0.163 4
森林覆盖率	3	1	2	0.539 6
劣五类水质占比	2	1/2	1	0.297 0

注：C. I.=0.004 6，C. R.=0.007 9<0.1

1）水资源子系统

通过对比水资源子系统中各指标的相对重要性，构造判断矩阵，如表 5-29 所示，最终计算得到各指标的权重，从表 5-29 可以看出万元 GDP 用水量的权重最大，其次为人均用水量和农田亩均用水量，这三者的权重都在 0.15 以上，工业用水量、工业废水治理投资额和生活用水量的权重都在 0.1 以下。

2）社会经济子系统

如表 5-30 所示，经济社会子系统中，各指标的重要性排序为人均 GDP、GDP 增长率、人口密度和第三产业占 GDP 比例，其中人均 GDP 权重接近 0.5，比权重最小的指标高出 0.4。

3）生态环境子系统

在表 5-31 中，各指标权重均在 0.15 以上，其中森林覆盖率权重最大，超过了 0.5，劣五类水质占比次之，达到 0.297 0，生态用水量比重最小，但也达到 0.1634。

由 MATLAB 计算结果可知，判断矩阵均通过一致性检验，由此确定了各指标权重。

2. 评价模型

采用综合指数模型，代入 2000~2015 年全国水资源、经济社会及生态环境指标数据，利用已经确定的各指标权重，计算出全国各年份的节水型社会建设水平综合指数。综合指数法又称多目标线性加权函数法，其函数表达式为

$$W = \sum\left(\sum b_i \cdot W_{ci}\right) \cdot W_{bi} \times 100\%$$ （5-43）

其中，W 为评价综合指数值；b_i 为方案层各项评价指标对应的评价指数；W_{ci} 为方案层各项评价指标的权重；W_{bi} 为准则层各项评价指标的权重。

由于各指标量纲差异很大，在计算综合指数时，第一步是要将各年指标值进行标准化，标准化的方法需要根据具体指标的属性来决定，指标分为效益型指标（指标值越大越优）及成本型指标（指标值越小越优）。

效益型指标的标准化公式：

$$标准值 = \left(X_{ij} - X_{\min}\right)\big/\left(X_{\max} - X_{\min}\right)$$ （5-44）

成本型指标的标准化公式：

$$标准值 = \left(X_{\max} - X_{ij}\right)\big/\left(X_{\max} - X_{\min}\right)$$ （5-45）

将标准化后的数据代入综合指数法计算公式，利用 Excel 计算得到水资源子系统、经济社会子系统、生态环境子系统及总的耦合系统节水型社会建设综合指数。其各年的得分如图 5-29~图 5-32 所示。

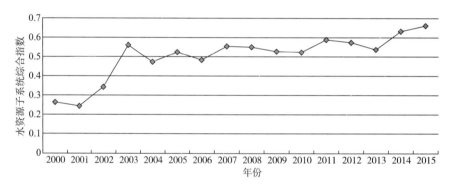

图 5-29　水资源子系统综合指数

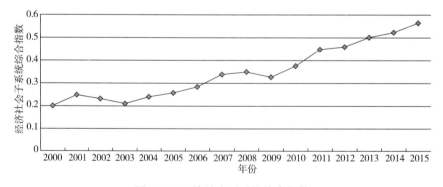

图 5-30　经济社会子系统综合指数

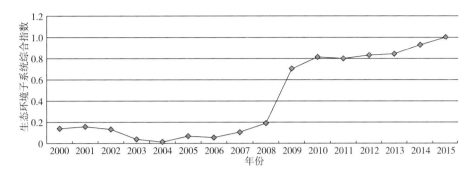

图 5-31　生态环境子系统综合指数

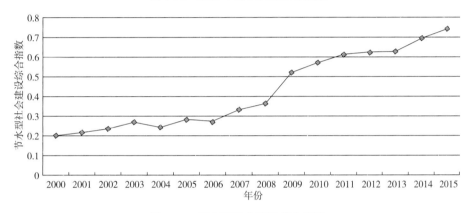

图 5-32　节水型社会建设综合指数

由图 5-29~图 5-32 可知,各子系统指数及节水型社会建设综合指数总体上均呈上升趋势,可见中国节水型社会建设取得了一定的成绩,中国节水型社会建设综合指数由 2000 年的 0.2 上升至 2015 年的 0.7 左右。从各子系统来看,水资源子系统在 2001~2003 年增幅较大,之后各年份在较小范围内波动,但在总体上呈上升趋势。从图 5-30 上来看,经济社会子系统在 2000~2014 年一直以固定速率增长,这也符合近年来中国经济社会稳步增长的大趋势。生态环境子系统在 2008~2010 年增长幅度最大,直接由起步阶段上升至良好阶段,从建设进程来看,2008 年国家刚好启动第三批节水型社会建设试点,这也说明中国节水型社会建设试点取得了突破性的进展。从耦合系统的综合指数来看,各年增长幅度大致相当,唯一增速较快的也在 2008~2010 年。根据节水型社会建设的阶段性和动态性,将节水型社会建设分为五个阶段:节水发展指数小于 30%定为起步阶段,30%~50%定为初级阶段,50%~70%定为中等阶段,70%~90%定为良好阶段,90%以上定为建成阶段(安鑫,2009)。

由表 5-32 可知,2000~2006 年中国节水型社会建设水平均处在起步阶段,由图 5-32 也可以看出这段时间的发展速度较为缓慢,可能是由于国家刚确定了第二批节水型社会建设试点,节水型社会建设试点经验不足,直到 2007 年,中国节水型社会建设水平才达到初级阶段,2008 年启动实施了全国第三批 40 个国家级节水型社会建设试点之后迅速步入了中等阶段,建设成效逐步显现。在国家各项试点政策、节水方针政策的指导下,中国的节水型社会建设将会一直稳步发展。全国的节水型社会建设是一项长期的工程，不能急于求成，更不能不作为，依据目前趋势，在不久的将来中国节水型社会建设水平将会达到建成阶段。

表 5-32　节水型社会建设所处阶段

年份	综合指数	所处阶段	年份	综合指数	所处阶段
2000	0.200 3	起步阶段	2008	0.362 7	初级阶段
2001	0.215 6	起步阶段	2009	0.519 0	中等阶段
2002	0.234 6	起步阶段	2010	0.569 9	中等阶段
2003	0.268 9	起步阶段	2011	0.611 2	中等阶段
2004	0.241 9	起步阶段	2012	0.621 1	中等阶段
2005	0.282 8	起步阶段	2013	0.626 5	中等阶段
2006	0.273 4	起步阶段	2014	0.694 2	中等阶段
2007	0.331 8	初级阶段	2015	0.741 5	良好阶段

5.6　结论与政策建议

5.6.1　主要结论

1. 全国节水型社会水平稳步发展，综合指数逐年提高

本章在充分理解节水型社会的内涵及理论的基础上，建立了全国节水型社会评价指标体系，该指标体系共有四个方面：水资源子系统综合评价、经济社会子系统综合评价、生态环境子系统综合评价、节水型社会耦合系统综合评价。采用层次分析法来确定指标综合权重，运用综合指数法对全国 2000~2015 年节水型社会的总体水平进行了评价。结果显示全国节水型社会的水平呈逐年提高趋势，2000~2006 年得分一直小于 30%，处于节水型社会的起步阶段，2007 年和 2008 年处于初级阶段（30%~50%），2009~2014 年处于节水型社会的中等阶段（50%~70%），2015 年达到良好阶段（70%~90%），至此，从全国范围来看，节水型社会仍未达到建成阶段。同时分析了全国 2007~2009 年节水型社会变化趋势的原因，包括试点建设累积了相关经验以及国家出台了有关节水型社会建设政策。

2. 水资源子系统、经济社会子系统及生态环境子系统综合评价指数总体呈上升趋势

节水型社会系统是由水资源子系统、经济社会子系统及生态环境子系统构成，三个子系统耦合发展，相辅相成，缺一不可。从评价结果来看，三个子系统综合评价指数均呈现稳步增长的趋势，这也验证了这三者之间密切的联系，且均对节水型社会建设起着重要的作用。

3. 国家节水型政策、制度建设对节水型社会的发展起着重要作用

政府、市场、公众各社会主体都有参与节水型社会建设的权利和义务。中国节水型社会提出"政府主导，市场调节，公众参与"的建设框架，但目前来看，政府处于"绝对主导地位"，政府提出了很多有利于节水型社会建设的大政方针，为节水型社会的推进做出了重要贡献，但也要在后续的节水型社会建设中，更多地发挥市场及公众的主体作用。

5.6.2　政策建议

1. 开展全民节水行动，加速节水型城市建设

每个公民都应该履行自身的节水义务，政府应该加大节水型社会建设相关理论知识、技术知识等的宣传，鼓励各高校、居民小区举行相关节水型社会实践活动，增加节水建设的典型报道，提高公民对水资源的忧患意识，让居民的节水意识从被动转化为主动，形成"政府主导，市场调节，公众参与"的节水型社会建设模式。

2. 加强各部门协作，推动各行业节水

政府应该建立统一的节水型社会监督管理及审核部门，开展公共机构节水型单位的建设，在各个省（自治区、直辖市）成立相应的节约用水办公室及节水工作领导单位。在农业方面，应该根据各地区的自然条件，对当地的种植业结构进行调整，完善各地区的农业节水设施，推行农业节水灌溉技术；在工业方面，一方面要加强节水技术的推广，减少产品用水单耗，提高工业用水效率，另一方面要减少污水排放，提高污水处理回用率；对于餐饮、宾馆等高耗水的产业，一方面推广绿色建筑，另一方面可以开展中水回用建设，将生活中污染较轻的水处理回用，并鼓励居民在日常生活中选用节水器具。

3. 加强水利设施建设，积极利用非常规水源

在园区建设中，应该积极推广节水灌溉方式，兴建园区内的雨水、再生水等非常规水源开发利用设施，增加区域内的水资源供给量，提高用水效率。一方面各城市在绿化、清扫道路、冲洗车辆、工程建筑等领域中，可以广泛使用再生水；另一方面，沿海区域可以推进海水淡化和海水直接利用技术，将其作为当地的补充性用水，而拥有苦水河的流域可以开展苦咸水水质改良建设，保证当地的苦咸水利用安全。

4. 完善节水设施基础建设，推广节水技术装备

节水设施、器具应该逐步普及，提高用水效率效益，杜绝生产生活中因设施老旧等现象造成的用水浪费。在开展节水型社会的建设过程中，应该对城镇的供水管网、节水器具进行更新改造，减少城镇管网的漏水率。

5.7 案例：基于截排和清源理念的治水提质方案

　　水环境建设是生态文明建设的重要组成部分，是建设现代化社会不可或缺的基础支撑。当前，国内河流湖泊普遍受到不同程度的污染，水环境污染的形势呈发展趋势，非常严峻。水体污染直接对地表水、地下水造成影响，并带来土壤流失和沙漠化、水体富营养化等一系列生态问题。水体污染将直接关系居民用水质量和用水安全，极大地降低居民的社会福利。水体污染的防治一直都是世界各国的关注重点，大量的人力、资金、时间和技术被投入其中，各国也在管理制度上推陈出新，形成更为严格的管理方案。

　　中国的水资源在分布上存在较大的空间差异，地区发展经济水平也不同，水资源的管理一直面临着很大的挑战。水体污染防治不仅对维护水生态环境具有重大意义，更是关系到一个国家社会经济的发展水平（张晓，2014）。随着水资源可持续利用成为水资源发展的战略目标，中国在水资源管理上推出了很多有效政策，在各项政策的实施过程中也取得了显著成效。

　　随着社会经济的发展，以及城市人口的增加和地域的扩张，中国城市的地表硬化面积也在增多，加之近年来雨量的增加和洪水的频发，很多城市由于水利设施建设水平较低，城市雨水排泄系统不够完善，出现了内涝积水的现象。这些问题给当地的经济发展、城市建设和居民生活都造成了极大威胁，十分不利于城市的正常运行和经济社会的持续发展。

　　深圳市位于中国广东省中南沿海，流经其地域的河流达到 160 条，而且具有丰沛的降雨量，多年来的平均降雨量可以达到 1830 毫米，但存在东南多、西北少的空间分布不均现象。此外，其时间分布不均的现象更为严重，降雨量最高的时间主要为 4~10 月，根据2015 年《深圳市水资源公报》，2015 年 4~10 月的雨量可以达到全年的 85%，正因如此，深圳市经常出现干旱和内涝。2014 年，深圳市共计有 446 处地方存在内涝，而产生内涝的主要原因是管网老旧以及内径不足，从而排水受阻，除此之外，还有很多地方由于地势过低而造成排水不畅（张亮等，2015）。

　　深圳市建设初期的雨水和污水系统的规划、设计规模偏小，标准偏低，不能满足需求，从而造成了污水与雨水的混流（张晓，2014）；随着深圳市很多建筑区层数不断加高，污水排放量逐渐加大，进一步增加了污水管道的排放压力，很多地区因此将污水排放系统接入附近的雨水排放系统；除此之外，很多洗车污水错排入城市雨水系统，洗衣污水错接入雨水管道。可见，目前深圳市面临的已经不仅仅是内涝问题，更严重的是雨污混流现象。针对城市内部的水利建设和管理问题，深圳市制订了治水提质工作计划（2015~2020 年），指出其城市中存在的雨水管网建设标准低于国家现行标准、污水管网建设统筹不足、排水系统管理不到位、内涝以及雨污混流现象严重等问题。为解决以上问题，深圳市提出"一年初见成效，三年消除黑涝，五年基本达标，八年让碧水和蓝天共同成为深圳亮丽的城市名片"的水利目标，切实加大治水力度，加快提升深圳市水环境质量。其中，针对深圳雨污混流现象，深圳市委市政府施行了截排和清源两种治理措施为主的一系列方针政策。因此，本文以深圳市为例，分析基于截排和清源理念的治水提质方案。

5.7.1　文献综述

对于雨污混流现象，国内外学者研究成果较多。在国外，雨污处理理念成熟，设备完善，系统稳健。而且国外很多国家认为完全依靠分流无法彻底解决雨水径流的污染问题，因此，美国、日本、德国等国家均保留了合流制。在具体处理措施上，主要从排放系统建设、雨污储存及污水处理等几个方面展开。以美国、英国、日本和德国为代表的国家，很早就利用政策措施建设了较为完善的雨水管理和利用制度体系。例如，美国在芝加哥等地区都建立了雨水蓄积隧道，用于收集下渗的雨水，在解决城市内涝问题的同时，也提高了对雨水的利用效率；日本早在 20 世纪 60 年代就开始在地下修建了用来储存雨水和排泄洪水的建筑，在地面上修建的调蓄池则是用来雨季蓄洪，平时作为运动场（蒋海涛，2009）。这些国家还通过控制污水排放量、增大污水处理厂的建设规模、提高污水处理能力、建设地下储水系统来控制污染问题。

无论是合流制还是分流制，都无法彻底解决城市水质污染的情况，在设计和建设城市排水管网时，目前国际上应用较为广泛的主要有 SWMM（storm water management model）、Info Works 及 MOUSE（model of urban sewers）等模型。中国目前倡导在同一个地区可以采用多种排水制度，但在新建地区必须先建设分流制的排水系统[①]。例如，上海、杭州、广州和深圳等多个地区在建设初期采用的都是分流制，但是大多地区在干旱季节仍有大量污水排入雨水排泄管道。同时，北京、天津等城市也开始将原来的合流系统逐渐改造为分流系统，但在改造过程中，很多管道过于陈旧，而且结构复杂，改造工作十分困难（王淑梅等，2007）。针对中国新建设雨水系统地区和改造雨水系统的地区存在的问题，蒋海涛（2008）指出直泄式合流制不会对污水进行任何处理，会直接对水体造成污染，截流式合流制在降雨初期可以在一定程度上控制污染，但由于截流干管的输水能力有限，因此在中后期，混合的雨水和污水会对水体带来更大的污染，而分流制也存在大量的雨污混流现象。针对以上问题，他提出了截流式分流制、溢流污水处理—截流式合流制来控制城市雨污问题的点源和面源污染。李田等（2008）在分析管道流量、非降雨时期的排水量等数据的基础上，借助于系统水力模型，计算得到上海市某个分流制的雨水系统在雨污处理时具体的雨水和污水的混流量。

本案例以深圳市治水提质工作计划为依托，针对深圳市水环境质量差、内涝积水多发频发现象，结合所搜集的数据，综合使用了分阶段量化分析法、TOPSIS（technique for order preference by similarity to an ideal solution）理想解法、线性回归预测分析法，量化了雨污分流、混流机制对污水处理系统和海绵城市的影响，给出深圳市南山区的污水治理方案，并

---

① GB50014-2006. 室外排水设计规范[S]. 北京：中华人民共和国住房和城乡建设部，2006.

进行方案的有效度预测，最后对茅洲河光明片区水环境综合整治技术方案进行可达性评估。

针对雨污"分流"与"混流"收集机制如何影响污水处理系统以及节水型社会的建设，运用分阶段量化分析法建立广义分机制影响模型，从污水污染程度、污水处理成本及发生溢流时污水量变化这三个方面来量化分析影响效果。针对深圳市南山区，给出污水治理建议方案，并基于政府治污的"一、三、五、八年目标"，对其进行合理性评估。针对深圳茅洲河上游流域光明片区水环境综合整治方案的可达性评估，通过城市排涝、防洪及水域水质改善情况三方面，对光明片区水环境综合整治技术方案进行分析，而后通过分析的结果给出相关建议。

在研究过程中针对治污费用、污水浓度及雨污混流等问题，分别做了以下假设。

（1）计算总费用时，不考虑污水处理厂的人工费、办公费、培训费等费用。

（2）假设每一天流入污水处理厂的污水浓度相同。

（3）在讨论截排措施时，不考虑污水与雨水之间相互作用问题。

（4）假设清源机制无须人工补水。

（5）假设截排时所需补水的量与自然情况下雨水流入污水处理厂的量相同。

5.7.2 广义分机制影响模型

1. 研究思路

雨污"分流"与"混流"两种收集机制会给污水进入污水处理厂时污水污染程度、污水处理成本及发生溢流时污水量变化带来影响，而当遇到暴雨和大暴雨天气时，两种收集机制中，"混流"机制可能会产生溢流给环境带来影响。所以，需要从污水污染程度、污水处理成本及发生溢流时污水量变化这三个方面来量化分析两种机制对污水处理系统的影响，再考虑两种机制对海绵城市的影响。建模思维流程图如图 5-33 所示。

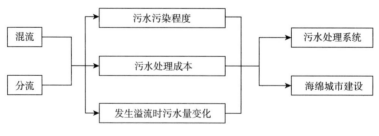

图 5-33　思维流程图

2. 模型的建立与求解

根据查阅到的资料，分析两种机制对污水的污染程度，即污水进口浓度的影响。为了便于观察，使用 COD 来量化污水的污染程度。

查阅资料得到近三十年深圳市月平均降水量，如表 5-33 所示。

表 5-33　近三十年深圳市平均降水量（单位：毫米）

月份	1	2	3	4	5	6	7	8	9	10	11	12
降水量	26.4	47.9	69.9	154.3	237.1	346.5	319.7	354.4	254	63.3	35.4	26.9

资料来源：深圳市降雨量的统计分析，https://wenku.baidu.com/view/2edb86fd58fb770bf68a556b.html?qq-pf-to=pcqq.c2c

从图 5-34 中可以看出，深圳市雨季明显，主要降水出现在 5~9 月，1~4 月以及 10~12 月降雨较少，明显属于旱季。

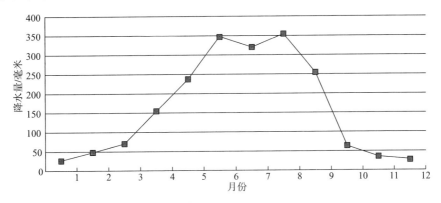

图 5-34　近三十年深圳市月平均降水量

通过查阅深圳市污水处理厂监测数据审核表[①]，筛选后得到如表 5-34 所示数据。

表 5-34　深圳市四个污水处理厂污水进口浓度表

污水处理厂名称	各月份 COD/（毫克/升）					
	1 月	3 月	4 月	7 月	10 月	11 月
深圳市深水光明污水处理有限公司	141	76	—	99	—	97
深圳市水务（集团）有限公司罗芳污水处理厂	374	—	198	172	228	
深圳市水务（集团）有限公司滨河污水处理厂	380	—	297	297	567	
深圳市水务（集团）有限公司南山污水处理厂	286	—	219	200	228	

根据表 5-34，可得出以下四个污水处理厂污水进口浓度曲线图，如图 5-35~图 5-38 所示。

从以上污水进口浓度曲线图可以看出，污水进口浓度在雨季比较低，而在旱季则比较高。通过四组数据可以看出，降雨量与污水进口浓度呈负相关。为了简化问题，假设 COD 的进口浓度 c 与流入污水处理厂的雨水流量 q 的关系为 $c = k_1/q$，其中，k_1 为比例系数，则雨水流量越大，对 COD 进口浓度的影响程度就越大，所以雨水流量对 COD 进口浓度的影响指数 I 与雨水流量 q 成正比。

污水处理量与污水成本的关系，主要从能源的角度进行分析，相比较于电的能耗，其

① 深圳市统计局. 深圳统计年鉴 1991-2014[EB/OL]. http:// www.shujuku. org/statistical-yearbook-of-shenzhen -1991-2014. html.

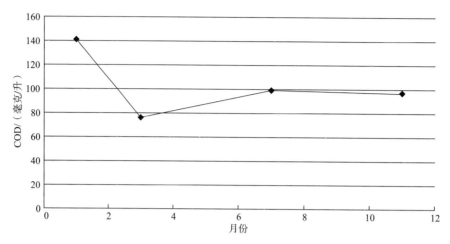

图 5-35　深圳市深水光明污水处理有限公司污水进口浓度曲线图

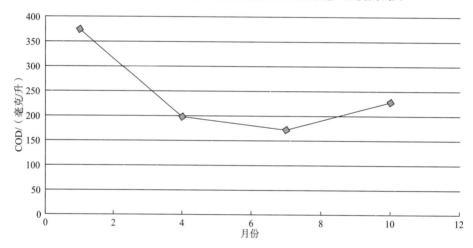

图 5-36　深圳市水务（集团）有限公司罗芳污水处理厂污水进口浓度曲线图

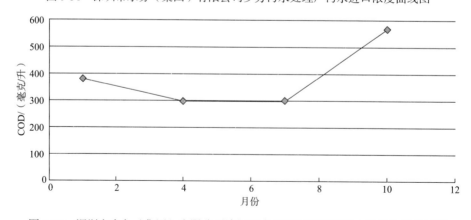

图 5-37　深圳市水务（集团）有限公司滨河污水处理厂处理厂污水进口浓度曲线图

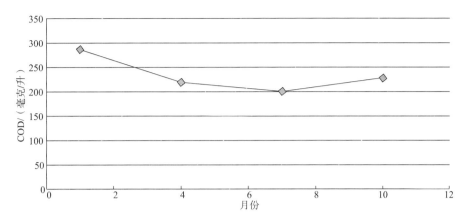

图 5-38　深圳市水务（集团）有限公司南山污水处理厂污水进口浓度曲线图

余一些指标对成本的影响不太大，因此不考虑其他的指标。查阅资料，深圳市的截流倍数大概在 1 左右[①]，见表 5-35。

表 5-35　不同截流倍数对应污水处理运行费用比较表

截流倍数（n）	水量（10^4 米^3/年）	电耗（10^3 千瓦时/年）	相当于旱季污水的减少电耗（千瓦时/米^3）	相当于旱季污水的增加电耗（千瓦时/米^3）
0	1 103.83	85.85	0.077 8	—
1	1 161.7	90.35	0.081 7	0.004 1
2	1 229	95.58	0.086 6	0.008 8
3	1 262.84	98.23	0.089	0.011 2
4	1 282.89	99.77	0.090 4	0.012 6
5	1 297.71	100.85	0.091 4	0.013 6

资料来源：林佩斌（2006）

截流倍数为 1 时，雨季时的增加电耗相当于旱季污水增加电耗的 0.004 1 千瓦时/米^3，则混流时增加的成本为：$\Delta C = 0.004\,1Q + 1.004\,1q$，其中，$Q$ 表示旱雨季时的污水量；q 表示雨水的流量，因此，当 q 增大时，增加的成本就会增加，则影响指数也会增加。

一般情况下，污水在污水处理厂的处理过程中不会产生溢流现象，而当遇到十几年甚至是几十年一遇的自然水灾时，污水处理厂在处理过程中就会有溢流现象的发生。设发生溢流现象的概率为 p，污水溢流带来的经济上的损失为 D，则损失的期望为 $E=p \times D$，因此，混流有可能带来 E 的损失。

海绵城市是针对城市雨洪管理提出的，指在环境发生变化或者降雨较多带来的自然灾害等情况出现时，一个城市能够适应这样的变化，具有较好的"弹性"，（杨阳和林广思，2005）。海绵城市的国际通用术语为"低影响开发雨水系统构建"。下雨时吸水、蓄水、渗水、净水，需要时将蓄存的水"释放"并加以利用。而分流的方式可以使海绵城市重复发挥自身的功能，能够做到下雨时吸水、蓄水，在需要时可以将水"释放"出来加以利用，

---

① 深圳市统计局. 深圳统计年鉴 1991-2014[EB/OL]. http:// www.shujuku.org /statistical-yearbook-of- shenzhen-1991-2014. html.

对环境具有积极的影响。

混流使雨水经过污水处理厂后直接排放到江河湖海中，无法使海绵城市在下雨时吸收充足的水，使海绵城市的效果大打折扣。因此，混流对于海绵城市的建设是不利的。

5.7.3 熵权—TOPSIS 法的清源截排判别方案

1. 研究思路

在既能达到治污要求、又能尽量节省开支的原则下，尝试给出区域治污时实施清源、截排措施的判定条件。首先，从实施成本与排污能力两个方面进行方案的选择。在实施成本方面，清源与截排的成本耗用不同。清源的成本包括补建污水管道费用、梳理改造污水管道费用和管理费用，截排的成本包括污水处理费用、污水处理厂运行成本和恢复生态的"补水"费用。在污水处理能力方面，主要有两个指标：COD 浓度和污水处理量。其次，运用 TOPSIS 计分法进行排序，按照这种方法即可求得清源和截排两种方案的优劣程度，从而进行清源或截排方案的综合判定。

2. 实施成本指标

1）清源方案所需成本 $W_满$

使用清源方案时，其主要成本在于修建雨污分流管涵的成本，参考一些雨污分流项目的修建管涵长度以及总的投资额度，即清源方案所需成本 $W_满$ 拟合数据，分析得到关于 $W_满$ 与修建管涵长度之间的函数表达式，具体数据见表 5-36。

表 5-36 投资与雨污分流管涵长度表

修建长度 l/千米	21.2	45	265	226.76	181	104	132.3
总投资/万元	12 742	14 289	148 445	76 833	98 750	52 648	60 048
修建长度 l/千米	72.47	131	280	310	339.49	379	561
总投资/万元	27 525	72 428	161 560	175 957	172 724	211 834	295 265

利用 MATLAB 拟合，函数图像如图 5-39 所示。

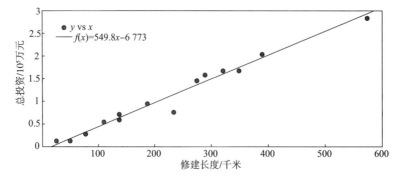

图 5-39 雨污分流管涵修建长度与投资拟合图

从 MATLAB 的输出结果可以看出 R^2 为 0.969 4，RMSE 为 1.462×10^4，拟合程度较好，该函数可以较好地反映出修建长度与总的所需费用之间的关系。根据拟合结果得到 $W_满 = 549.8 l_1 - 6\,773$。通过该地区预计要建设的雨污分流管涵长度，可以计算出清源方案所需成本 $W_满$。

2）截排方案所需成本 $W_截$

（1）污水处理运行成本 W_1'。

对于污水处理厂运行成本，选取了一部分污水处理厂处理规模与运行成本的数据，见表 5-37。

表 5-37　部分污水处理厂处理规模与运行成本数据

处理规模 Q/（万米³/天）	1	1.2	2	5	7	7.3
运行成本 W_1'/（万元/米³）	1.2	0.8	0.75	0.64	0.5	0.4
处理规模 Q/（万米³/天）	10	10.5	20	27	30	40
运行成本 W_1'/（万元/米³）	0.52	0.38	0.4	0.28	0.42	0.41

资料来源：林家森（2004）

利用 MATLAB 对以上数据进行拟合，得到如图 5-40 所示的结果。

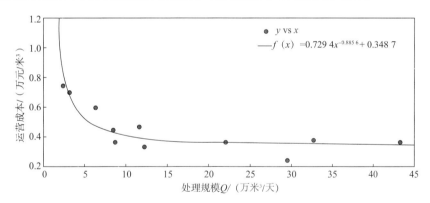

图 5-40　运行成本与处理规模拟合图

从拟合结果可以看出，R^2 为 0.853 1，RMSE 为 0.097 98，比较小，说明拟合的函数可以较好地反映运行成本与处理规模之间的关系。根据拟合结果得到：$W_1' = 0.729\,4 \times Q^{-0.885\,6} + 0.348\,7$。通过查询污水处理厂的处理规模，可计算出当地的污水处理厂运行成本 W_1'。

（2）污水管道的完善成本 W_2'。

因为混流会增加污水管道的负担，如果不增加污水管道可能会造成环境的污染，因此混流也要考虑到新建污水管道的问题。

通过查阅深圳市治水提质工作计划（2015~2020 年）的数据，根据污水支管网建设长度以及总投资拟合得出污水管网建设长度与总投资的函数关系，提取的数据见表 5-38。

表 5-38　污水管网建设长度与总投资数据表

建设污水管网长度/千米	86.097	426	16.263	13.384	26.837	17.9
总投资/万元	20 964	136 213	9 686	7 601	11 879	6 957
建设污水管网长度/千米	14.75	14.972	8.807	19.8	5	4
总投资/万元	7 402	8 045	4 097	6 987	2 167	1 759

MATLAB 拟合的结果如图 5-41 所示。

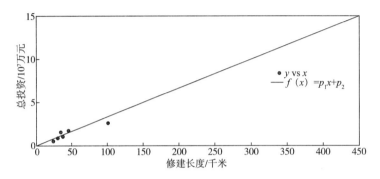

图 5-41　污水管网建设长度与总投资拟合图

从 MATLAB 拟合结果可以看出，R^2 为 0.994 1，RMSE 为 2 871，相对于数据的尺度，RMSE 还是比较合理的，因此污水管网建设长度与总投资的关系为 $W_2' = 313.2l_2 + 1\ 582$。通过预计混流时应该增加的污水管道，可以计算出该地区的污水管道的完善成本 W_2'。

因此，选择截排的成本为 $W_{截} = W_1' + W_2'$。

3. 污水处理能力指标

1）主要污染物的削减量 $e_1, e_2, e_3, e_4, \cdots, e_n$

通过观测或计算进水的主要污染物浓度与出水的主要污染物浓度，算出削减量 $e_1, e_2, e_3, e_4, \cdots, e_n$，主要污染物的选择在于各地区的污染情况。

2）实际污水的处理量与污水处理厂的设计处理量之比 b

通过模型中的近三十年深圳市月平均降水图可以得出，深圳市雨季的平均降水量为 302.34 毫米，而旱季的平均降水量在 45 毫米左右，雨季降水量大概是旱季的 6 倍，通过旱季与雨季该地区污水处理的量，可以大致估计出旱季时的污水量以及雨水带来的增加量。可以分别测算出雨季以及旱季时污水的处理量与污水处理厂的设计处理量之比，旱季时的比值 b_1 可以认为是清源方案的实际污水的处理量与污水厂的设计处理量之比，雨季时的比值 b_2 可以认为是截排方案的实际污水的处理量与污水厂的设计处理量之比。

4. 权重计算及编程求解

根据熵值法求出成本、主要污染物的削减量、实际污水的处理量与污水处理厂的设计处理量之比 b 的比重分别为 z_1、z_2、z_3。应用 MATLAB 软件求出清源、截流方案的得分 f，其得分的标准就是方案选择的条件，即哪个方案相对得分较高，哪个方案就更接近理想方案，则选择该方案。

5.7.4　回归预测决策模型

1. 研究思路

选择南山区作为研究对象，结合 TOPSIS 法，判断针对南山区地形可选择的污水治理方案。基于此，运用线性回归预测分析方法建立了回归预测决策模型，综合评估是否能够达到所实施方案的预期效果（图 5-42）。

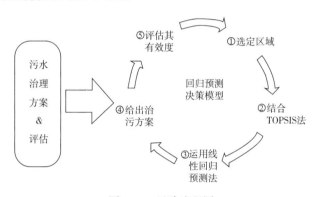

图 5-42　思路流程图

2. 模型的建立与求解

1）大致方案的选定

选取南山区作为污水治理的研究对象，南山区雨季与旱季的污水处理厂的处理数据如表 5-39 所示。

表 5-39　南山区雨季与旱季污水处理厂的综合数据

季节	设计日处理量/（吨/天）	出口流量/（吨/天）	COD 进口浓度/（毫克/升）	COD 出口浓度/（毫克/升）
旱季	640 000	499 032	206	18
雨季	640 000	660 930	184	21

通过表 5-39 计算 e 和 b，进而估算清源与截排的单位成本，如表 5-40 所示。

表 5-40　TOPSIS 法的评估指标数据

方案	单位成本/万元	e	b
清源	549.8	11.444 44	0.779 738
截排	313.6	8.761 905	1.032 703

利用 MATLAB 计算两种方案的得分结果，见表 5-41。

表 5-41　两种方案得分情况表

方案	清源	截排
得分	0.500 11	0.499 784

从得分结果来看，选择清源的方案比较合适，但由于两个方案得分接近，确定以清源为主、截排为辅的污水治理方案。

2）具体方案的给出

通过 TOPSIS 法的评估指标数据 b 发现，截排方案可能会导致一些污水处理厂处理污水过多造成溢出，清源方案下大致没有什么问题。现实中，对某些城中村而言，仍需要花费大量资金来对居民区错接的污水管进行梳理、改造，这种情况下，短期内围绕城中村修建"截污箱涵"来拦截雨污混流水反而比清源更有利。因此，在一些地区依然实行截排，而在更多的地区实施分流来解决污水问题。南山区污水排放口的数据见表 5-42。

表 5-42　2015 年入湾排放口（有污染排放）基本情况一览表

排污口编号	位置	尺寸（长×宽/直径）/米	污水量/（万米³/天）
1	上沙片区	7.5×1.8	0.61
2	下沙片区	dn1 200	0.04
3	红树林路东	3.0×1.8	0.08
4	红树林路西	d1 500	0.29
11	深湾三路	7.0×2.2	0.28
12	深湾一路	4.8×1.2	0.83
14	大沙河东	6×4	4.5
15	大沙河西	4×4	—
19	东滨路北	3×4	0.65
20	东滨路南	11×2.9	2.8
36	海鲜广场排放口	d600	0.02
37	蛇口水产市场排放口	d800	0.06
38	海斯比南	2.8×2.2	0.80
39	南海玫瑰园南	4×3	1
44	海上世界	3.6×1.6	0.03

资料来源：http://mt.sohu.com/20150624/n415548822.shtml

表 5-42 中共有 7 个排放口属于南山区，分别是 15、19、20、36、37、38、39 号排放口，将它们的污水排放量加总（其中第 15 号取第 14 号和第 15 号的均值），得到南山区每天乱排的污水约为 7.58 万吨。考虑到其他因素的影响，南山区需要新建一个可以日均处理污水 8 万吨的污水处理厂。

又因为排污地点需要与污水处理管道相连，通过查询百度地图可知，主要的排污点都是南山区的沿海，沿着深圳湾而存在。通过百度地图测距，测量深圳市海岸线长度大约为

16 千米。因此我们认为需要大致沿着海岸新建 16 千米的管道来解决这些排污点问题。由于城市内部结构复杂，我们建议在沿海实行截排来解决这个问题。沿海兴建管涵的成本可能有所降低，同时可以减少对居民生活的影响。

综上所述，对于南山区来说，目前应该新建 16 千米的沿海截流管涵来实现环境保护的目标，同时应该新建日均处理污水 8 万吨的污水处理厂来处理这些截排的污水。

深圳市 2000~2013 年污水处理量的变化情况如表 5-43 所示。

表 5-43　深圳市 2000~2013 年污水排放量（单位：万吨/天）

年份	2000	2001	2002	2003	2004	2005	2006
污水排放量	135.04	96.6	111.6	194.24	198.24	192.44	202.04
年份	2007	2008	2009	2010	2011	2012	2013
污水排放量	219.92	224.44	247.6	284.4	333.44	356.72	425.76

应用 MATLAB 得到方程的拟合结果，$R^2=0.9574$，调整的 $R^2=0.9411$，由此可知，拟合效果很好，每天的污水量与年份之间拟合的函数关系为 $D=0.2347x^3-1412x^2+2.83\times10^6x-1.891\times10^9$，曲线拟合如图 5-43 所示。

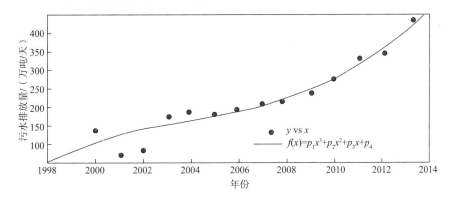

图 5-43　污水预测拟合曲线图

由于南山区污水数据缺失，以深圳市的变化趋势来代替南山区污水的变化趋势，根据其他的因素，取二者之比为 1/4，即 $D_{南}=\dfrac{1}{4}D$。

此外，通过表 5-63 计算可知，清源方案可以使南山区污水处理厂日均减少处理总量约 161 900 吨，而目前南山区日均处理的旱季污水量为 466 652 吨。

为了简化计算，将污水预测拟合数据用 Excel 简化为一次线性方程（图 5-44）。

从图 5-44 可以看出，简化后的拟合效果较好。通过简化方程可以得到南山区的每年相对日均旱季污水处理增量为 5.25 万吨。

通过以上分析，南山区完成清源改造后，可以使污水处理厂日均处理总量减少约 16.19 万吨，而南山区每年的日均旱季污水量增加总量约 5.25 万吨，想要在不新建污水处理厂的条件下维持现状，每年需完成 30%的清源改造任务。为使环境更加美好，结合现状设计以下方案。

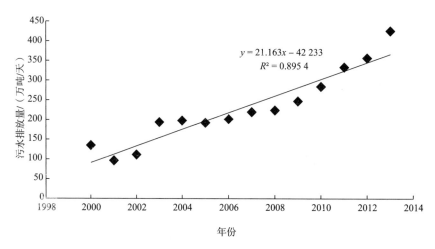

图 5-44　污水预测拟合曲线简化图

第一，对于南山区来说，第一年应新建 16 千米的沿海截流管涵来实现保护环境的目标，同时新建日均处理污水 8 万吨的污水处理厂来解决这些截排的污水。

第二，第二年开始每年完成 50% 的清源改造，预计在第四年完成全部清源方案的改造。并且从城区外部到内部，从易发生溢流的地区到不易发生溢流的地区实施清源方案，可以减少建设污水处理厂的个数，避免占据日益紧张的城市用地，同时缓解因溢流造成的水污染。同时，在人员过于集中的地区，建议采取截排的方案来解决污水问题，以避免扰民成本。

第三，第五年对现有污水处理厂进行扩容，使区内总的污水处理量可以达到日均增加 5 万吨，并对比较容易发生溢流的污水处理厂优先进行扩容。

第四，未来可以根据污水增长量来决策是否扩容。

第五，新建紧急的小型污水处理厂，防止遇到洪水时已发生的溢流造成水体污染。

第六，在前五条的基础上，建议每 2~5 年对河流进行清淤，每年兴建小型人工湿地，这可以有效增加城市的水的涵养能力，提升空气质量，对水的净化也有很好的作用。

3）方案合理性评估

深圳市的治水提质"一、三、五、八"年规划提出明确目标：一年初见成效，三年消除内涝，五年基本达标，八年让碧水和蓝天共同成为深圳市亮丽的城市名片。

一年初见成效，要求在一年内对水质有比较明显的改善，这需要在一年内堵住污染源头，实现污水处理达标后再排放。本方案中的第一条可以达到这一要求。

三年消除内涝，则三年内需要完善城市的地下水管网。本方案提出三年内完成清源方案的改造，即在三年内建设大量的雨污分流管道，可以有效地解决城市内涝问题。

五年基本达标，在完成方案的第五年，对污水处理厂进行扩容，基本可以实现达到标准。此外，连续多年的湿地建设，可以改善城市的空气，优化城市的水质。

八年让碧水和蓝天共同成为深圳市亮丽的城市名片，即完成方案的第八年，全市水生态环境质量要得到全面改善，生态系统实现良性循环。

参 考 文 献

安鑫. 2009. 西安市节水型社会建设的水资源优化配置及评价研究[D]. 长安大学硕士学位论文.

白黎, 司训练, 管杜鹃, 等. 2011. 西安市城市居民生活用水量的实证分析[J]. 数学的实践与认识, 41 (19): 13-20.

白玉华, 张兴华, 章小军, 等. 2005. 高校用水现状与节水潜力分析[J]. 北京工业大学学报, 31 (6): 630-634.

陈静, 程东祥, 吴秀玲, 等. 2014. 水质型缺水地区节水型社会系统及经济驱动研究[J]. 生态经济, (9): 77-81.

陈莹, 赵勇, 刘昌明. 2004. 节水型社会评价研究[J]. 资源科学, (6): 83-89.

褚俊英, 秦大庸, 王浩. 2007. 我国节水型社会建设的制度体系研究[J]. 中国水利, 22 (15): 1-3.

褚俊英, 秦大庸, 杨柄. 2008. 我国节水型社会建设的区域模式分析[J]. 人民黄河, 6 (10): 6-8.

褚俊英, 王建华, 秦大庸, 等. 2006. 我国节水型社会建设的模式研究[J]. 中国水利, 34 (23): 36-39.

褚琳琳. 2014. 基于因子分析与聚类分析的江苏省节水农业分区研究[J]. 灌溉排水学报, 33 (3): 138-139.

德娜·吐热汗, 李轮溟, 米拉吉古丽, 等. 2014. 乌鲁木齐市生活用水量影响因素的岭回归分析[J]. 新疆农业科学, 51 (2): 371-373.

段爱旺, 信乃诠, 王立祥. 2002. 节水潜力的定义和确定方法[J]. 灌溉排水, 21 (2): 25-28.

郭晓东, 陆大道, 刘卫东, 等. 2013. 节水型社会建设背景下区域节水措施及其节水效果分析——以甘肃省河西地区为例[J]. 干旱区资源与环境, 27 (7): 1-6.

国家统计局. 2013. 中国统计年鉴[M]. 北京: 中国统计出版社.

国家统计局. 2015. 国家统计局 2012 投入产出研究课题立项公示[R].

韩一军, 李雪, 付文阁. 2015. 麦农采用农业节水技术的影响因素分析——基于北方干旱缺水地区的调查[J]. 南京农业大学学报 (社会科学版), 15 (4): 62-69.

何欣. 2015-06-24. 是谁污染了深圳湾? 市水务局公布了 15 个污水排放口[N]. 深圳晚报.

黄晶, 宋振伟, 陈阜, 等. 2009. 北京市近 20 年农业用水变化趋势及其影响因素[J]. 中国农业大学学报, 14 (5): 103-107.

黄乾, 张保祥, 黄继文, 等. 2007. 基于熵权的模糊物元模型在节水型社会评价中的应用[J]. 水利学报, (S1): 413-415.

蒋海涛, 丁丹丹, 韩润平. 2009. 城市初期雨水径流治理现状及对策[J]. 水资源保护, (5): 1-3.

蒋海涛. 2008. 新型排水体制在城市排水系统规划中的应用[J]. 中国给水排水, 24 (8): 1-4.

雷贵荣, 胡震云, 韩刚. 2010. 基于 SFA 的工业用水节水潜力分析[J]. 水资源保护, (1): 66-69.

雷玉桃, 黄丽萍. 2015. 基于 SFA 的中国主要工业省区工业用水效率及节水潜力分析: 1999~2013 年[J]. 工业技术经济, (3): 49-56.

雷玉桃, 黎锐锋. 2015. 中国工业用水影响因素的长期动态作用机理[J]. 中国人口·资源与环境, 25 (2): 1-7.

李红, 周波. 2012. 基于改进后灰靶模型的四川省水资源紧缺度评价[J]. 四川大学学报 (工程科学版), 44 (1): 43-48.

李绍飞, 唐宗, 王仰仁, 等. 2012. 突变评价法的改进及其在节水型社会评价中的应用[J]. 水力发电学报, (5): 48-55.

李田, 周永潮, 冯仓, 等. 2008. 分流制雨水系统雨污混接水量的模型分析[J]. 同济大学学报, 36 (9): 1226-1231.

里昂惕夫 W. 1980. 投入产出经济学[M]. 崔书香译. 北京: 商务印书馆.

里昂惕夫 W. 1993. 1919-1939 年美国经济结构[M]. 王炎庠, 邹艺湘, 等译. 北京: 商务印书馆.

廖西元, 王磊, 王志刚, 等. 2006. 稻农采用节水技术影响因素的实证分析——自然因素和经济因素效应及其交互影响的估测[J]. 中国农村经济, (12): 13-18.

林家森. 2004. 城市污水治理中截流倍数的影响研究[J]. 给水排水，（10）：39-42.
林佩斌. 2006. 深圳地区污水截流倍数研究[D]. 重庆大学硕士学位论文.
刘翀，柏明国. 2012. 安徽省工业行业用水消耗变化分析——基于LMDI分解法[J]. 资源科学，34（12）：2299-2305.
刘丹，严冬，张乾元，等. 2004. “节水型社会”建设模式选择研究[J]. 中国农村水利水电，12：19-22.
刘坤，郑志鹏，王成，等. 2014. 塔里木大学教职工生活用水现状及节水潜力分析[J]. 给水排水，（10）：80-83.
刘路广，崔远来，王建鹏. 2011. 基于水量平衡的农业节水潜力计算新方法[J]. 水科学进展，22（5）：696-700.
刘炜伟，李玲，林洪孝. 2013. 基于Elman神经网络的工业节水潜力计算方法及应用[J]. 水电能源科学，31（11）：39-41.
刘晓璐，牛宏斌，闫海. 2013. 农村生活污水生态处理工艺研究与应用[J]. 农业工程学报，29（9）：185-191.
刘云枫，孔伟. 2013. 基于因素分解模型的北京市工业用水变化分析[J]. 水电能源科学，31（4）：26-29.
陆益龙. 2009. 节水型社会核心制度体系的结构及建设[J]. 河海大学学报（哲学社会科学版），（3）：45-49.
穆泉，张世秋，马训舟. 2014. 北京市居民节水行为影响因素实证分析[J]. 北京大学学报（自然科学版），50（3）：587-593.
倪红珍，王浩，汪党献. 2004. 产业部门的用水性质分析[J]. 水利水电技术，（5）：91-94.
秦昌波，张志霞，贾仰文，等. 2012. 基于投入产出模型的陕西省虚拟水分析[J]. 水利经济，30（5）：1-6.
邵薇薇，刘海振，周祖昊，等. 2015. 东北地区城镇化、工业化进程中农业用水影响因素分析与对策[J]. 水利经济，33（1）：1-7.
苏伟洲，王成璋. 2015. 基于DEA的四川省城市水资源承载力评价研究[J]. 西南民族大学学报，（10）：116-119.
田贵良. 2009. 产业用水分析的水资源投入产出模型研究[J]. 经济问题，（7）：18-22.
汪党献，王浩，倪红珍，等. 2005. 国民经济行业用水特性分析与评价[J]. 水利学报，（2）：167-173.
王建军. 2006. 国内河流水污染现状及防治对策的探讨[J]. 环境保护与循环经济，26（6）：13-15.
王淑梅，王贞，曹向东，等. 2007. 对我国城市排水体制的探讨[J]. 中国给水排水，23（12）：16-21.
王文国，何明雄，潘科，等. 2001. 四川省水资源生态足迹与生态承载力的时空分析[J]. 自然资源学报，（9）：1555-1563.
王艳阳，王会肖，张昕. 2013. 基于投入产出表的中国水足迹走势分析[J]. 生态学报，33(11)：3488-3498.
吴玉柏，徐斌，王亦斌. 2002. 实行节水灌溉是江苏省农业可持续发展的必由之路——江苏省农业节水现状调查报告[J]. 节水灌溉，（4）：38-40.
徐健. 2014. 节水型社会建设评价方法研究[D]. 山东农业大学硕士学位论文.
许健，陈锡康，杨翠红. 2003. 完全用水系数及增加值用水系数的计算方法[J]. 水利水电科技进展，（2）：17-20，69.
颜志衡，袁鹏，黄艳，等. 2010. 节水型社会模糊层次评价模型研究[J]. 水电能源科学，（4）：35-39.
杨树滩，欧建锋. 2006. 2030年前江苏省一般工业需水量预测[J]. 人民长江，37（2）：37-39.
杨阳，林广思. 2005. 海绵城市概念与思想[J]. 南方建筑，（3）：59-64.
尹剑，王会肖，刘海军，等. 2014. 不同水文频率下关中灌区农业节水潜力研究[J]. 中国生态农业学报，22（2）：247-252.
俞双恩，吴培军，缪子梅. 2007. 江苏省城市用水预测研究[J]. 河海大学学报（自然科学版），35（6）：727-730.
张礼兵，徐勇俊，金菊良，等. 2014. 安徽省工业用水量变化影响因素分析[J]. 水利学报，（7）：837-841.
张亮，俞露，任心欣，等. 2015. 基于历史内涝调查的深圳市海绵城市建设策略[J]. 中国给水排水，（23）：120-123.
张声粦，郭恩华，陈俐. 1984. 深圳市降水[J]. 热带地理，4（4）：235-241.
张晓. 2014. 中国水污染趋势与治理制度[J]. 战略与决策，（10）：11-24.
赵西宁，王玉宝，马学明. 2014. 基于遗传投影寻踪模型的黑河中游地区农业节水潜力综合评价[J]. 中国生态农业学报，22（1）：104-108.

周彦红，尹华，刘玉申，等. 2015. 长春市水资源开发利用存在的问题及其节水潜力分析[J]. 东北师大学报，47（2）：154-157.

左晓霞，俞双恩，赵伟. 2005. 江苏省水稻节水灌溉技术推广效益[J]. 水利水电科技进展，25（4）：39-47.

Arbues F，Bzrberan R. 2004. Price impact on urban residential water demand：a dynamic panel data approach[J]. Water Resources Research，40（6）：1031-1035.

Billings R B，Agthe D E. 1980. Price elasticities for water：a case of increasing block rates[J]. Land Economics，56（1）：342-344.

Bullard C，Herendeen R. 1975. Energy impact of consumptiondecisions[J]. Proceedings of the IEEE，63：484-493.

Carver P H，Boland J J. 1980. Short-run and long-run effects of price on municipal water use[J]. Water Resources Research，16（4）：611-615.

Cater A. 1970. Structural Change in the American Economy[M]. Cambridge：Harvard University Press.

Duarte R，Sánchez-Chóliz J，Bielsa J. 2002. Water use in the Spanish economy：an input-output approach[J]. Ecological Economics，43（1）：71-85.

Foster H S J，Beattie B R. 1979. Urban residential demand for water in the United States[J]. Land Economics，55（1）：42-54.

Miaou S P. 1990. A class of time-series urban water demand models nonlinear climatic effects[J]. Water Resources Research，26（2）：170-175.

Palmini D J，Shelton T T. 1982. Residential water conservation in a noncrisis setting：results of a New Jersey experiment[J]. Water Resources Research，18（4）：699-702.

Piper S. 2003. Impact of water quality on municipal water price and residential water demand and implications for water supply benefits[J]. Water Resources Research，39（5）：1125-1133.

Renwick M E，Green R D. 2000. Do residential water demand side management policies measure up? An analysis of Eight California Water Agencies[J]. Journal of Environmental Economics and Management，（40）：37-55.

Young C E，Kingsely K R，Sharpe W E. 1983. Impact on residential water consumption of an increasing rates structure[J]. Water Resources Bulletin，19（1）：80-85.

第 6 章

安徽省节水型社会建设基本情况

水资源的可持续利用对实现经济、人口、资源和环境的协调发展具有重大意义。基于前面章节对中国水资源的现状、管理、可持续利用和全国节水型社会建设的研究，本章立足于安徽省节水型社会建设，介绍安徽省的水资源概况，对安徽省节水型社会建设进行效益分析，通过因素分解探究影响安徽省节水的因素，测算安徽省水资源利用效率以及效率提高的收敛性，以"三条红线"为切入点定量评估安徽省的节水型社会建设情况，以最严格的水资源管理制度得出最严谨的评估结果。最后针对以上分析情况进行经验总结并给出合理有效的结论和政策建议。案例部分则是以安徽省蚌埠市为例，针对洗车行业绿色节能节水方面展开调查，针对洗车行业浪费水和不合理排污的现象，提出一些优化改进的方案，并尝试在以蚌埠市为例的城市发展推广全自动洗车机。

6.1　安徽省水资源概况现状

随着人类社会的进步与发展，水资源所扮演的角色早已不局限于维系生命，现代人类活动的各个方面均需要水的参与。日常生活、农业灌溉、渔业养殖、工业生产活动等都离不开水资源的支持，因此可以说水资源是维持地球生态平衡的关键性因素，既是不可或缺的自然资源，也是无可替代的经济资源。前面几章已经详细地介绍了近年来中国越来越严重的水资源紧缺状况，很多城市出现了经常性停水现象，水资源分布不均的地理因素更是加剧了部分地区水资源紧缺的程度。除此之外，日趋严重的水资源污染和浪费现象加剧了水资源的紧缺危机，给社会生产生活带来了更大的危害。安徽省是传统的农业大省，对水资源的需求非常大，在这种情况下，合理配置水资源，平衡水资源的供需，建立全国范围内的水资源持续利用预警系统，同时有效防治水资源的污染，实现水资源的长期可持续利用显得尤为重要（李柏年和蔡晓薇，2011）。

6.1.1　安徽省水资源基本情况

安徽省 2015 年全省生产总值为 22 005.6 亿元，按可比价格计算，比上年增长 8.7%，连续保持较高速度增长，但省内各区域发展并不均衡，水资源分布亦不均衡，发展过程中，安徽省水资源与社会经济和人口的协调发展值得进一步深入探讨。

安徽省多年平均降水总量为 1 636.34 亿立方米，水资源总量为 914.12 亿立方米，河川径流量为 850.19 亿立方米。虽然安徽省水资源总量不少，但人口众多，人均占有量仅为 1 495.31 立方米，低于全国的人均占有水量 2 300 立方米。

如图 6-1 所示，2006~2015 年，安徽省水资源总量变化趋势较为平稳，水资源总量基本维持在 700 亿立方米，其中 2006 年水资源总量最低，为 580.5 亿立方米，2010 年水资源总量达到最高，为 939.05 亿立方米。受旱涝灾害影响，安徽省水资源总量有几年变化较为明显。到 2015 年底，安徽省人均水资源量为 1 495.31 立方米，低于全国水平。安徽省人均水资源从总体上看均低于 2 000 立方米，处于中度缺水水平（周亮广，2013），由此可见保护和合理利用水资源的重要性。

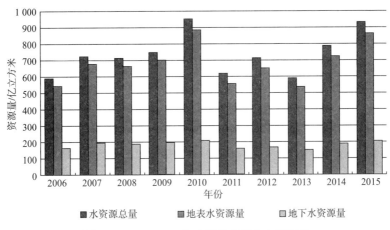

图 6-1　2006~2015 年安徽省各部分水资源量

由图 6-1 可知，安徽省地表水资源量近十年内波动幅度不是很大，且与安徽省水资源总量的波动形式相似。2011~2013 年，变化较为平稳，到 2015 年底，地表水资源量为 850.19 亿立方米。

地下水是水资源的重要组成部分，是工农业及生产生活用水的重要来源之一。但在一定条件下，地下水的变化也会引起沼泽化、盐渍化、滑坡、地面沉降等危及人类安全的不利自然现象。安徽省地下水资源变化较为平稳，基本维持在 170 亿立方米，2015 年安徽省地下水资源量为 193.71 亿立方米，在近十年内属于较高水平。但是，根据环保部门的监测，安徽省乃至全国地下水资源质量在逐渐降低，大部分城市的地下水受到不同程度的污染，并且有些城市的地下水污染程度在不断加剧。

图 6-2 为安徽省 2015 年水资源供给情况。2015 年安徽省地表水供应总量为 288.66 亿

立方米，约占安徽省供水总量的 50.20%；地下水供应总量为 253.88 亿立方米，约占供水总量的 44.15%；其他水源供水量所占比例较小，为 5.65%，只有 32.49 亿立方米，并且在安徽省的池州、安庆和黄山等地区，其他水源供水量较小可忽略不计。综上可知，对于安徽省来说，地表水和地下水都是水资源的主要供给源头，就全国而言，地下水资源有限，故地表水是水资源的主要供给来源。

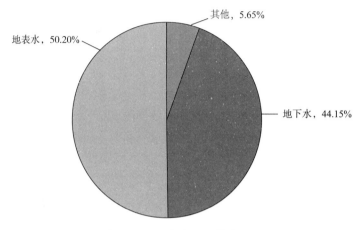

图 6-2 2015 年安徽省供水情况

6.1.2 降水量分布情况

根据 2006~2015 年的《安徽省水资源公报》，绘制图 6-3，发现安徽省 2006~2015 年降雨量基本处于 1 000~1 400 毫米，降雨量相对适中，2006~2010 年基本处于上升趋势，2010 年达到 1 308.9 毫米，随后四年，一直保持一年降一年升的趋势，但 2014 年的降雨量仍比 2010 年少 30.4 毫米，直到 2015 年上升至 1 362.8 毫米，降雨量达到近十年来最高。

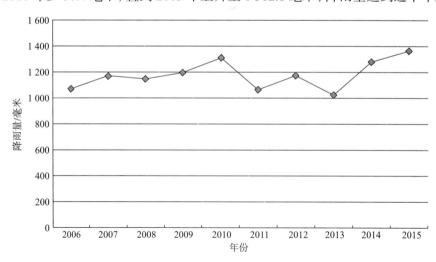

图 6-3 安徽省 2006~2015 年降雨量

接下来绘制了安徽省各市 2015 年降雨量，如图 6-4 所示。可以发现，黄山市的降雨量最高，占安徽省各市总降雨量的 11.25%；其次分别为池州、宣城、铜陵和安庆，降雨量均在 1 500 毫米以上，综合占比达到 34.28%；降雨量位于 1 000~1 500 毫米的分别为芜湖、六安、马鞍山、合肥、滁州和淮南，以上地区均位于安徽省江淮一带，而江淮地区也是安徽省降雨量最大的地区，其余地区降雨量相对较少，基本处于 500~1 000 毫米。

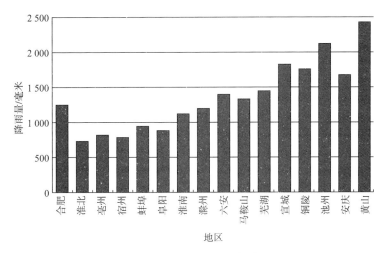

图 6-4　安徽省各市 2015 年降雨量

6.1.3　用水量现状分析

利用水资源的三个领域主要为工业、农业和生活。农业用水主要指用于灌溉和农村牲畜的用水，农业灌溉用水量受用水水平、气候、土壤、耕作方法、灌溉技术及渠系水利用系数等因素的影响，存在明显的地区差异。由于各地水源条件、作物品种、耕地面积不同，用水量也不尽相同。

工业用水指工业生产中直接和间接使用的水量，然而在生产过程中，工业行业实际消耗的水资源并不多，一般耗水量只占据其总用水量的 0.5%~10%，这说明工业生产中，大约 90% 的用水都是来源于经过处理、可以重复利用的水资源。

生活用水量主要包含两个部分：一是公共服务用水，是行政事业单位、公共设施等城市社会建设设施的用水量；二是居民家庭用水，主要包括城市、农村居民家庭的日常生活用水。

图 6-5 是安徽省 2006~2015 年用水量情况，从安徽省用水总量的总体变化趋势来看，2006~2008 年，安徽省用水总量较少，之后趋于稳定，波动幅度不是很大，整体呈较平稳状态。2007 年，安徽省用水总量为 232.05 亿立方米，是最近十年的最小值，2013 年安徽省用水总量达到 296.02 亿立方米，为近十年最多。在 2014 年，用水总量出现小幅下降，为 272.09 亿立方米，与全国总水平变化保持一致，后于 2015 年又回升，达到 288.66 亿立方米。

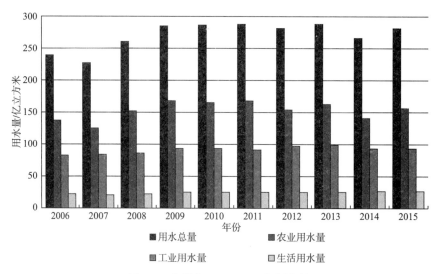

图 6-5　安徽省 2006~2015 年用水量

在三大用水量上，由图 6-5 可知，安徽省农业用水量所占比重较大，工业用水量所占比重次之，而生活用水量所占比重较小。而且安徽省近十年农业用水量波动幅度相对较大，而工业用水量和生活用水量波动幅度不大，分别大致维持在 91 亿立方米和 22 亿立方米的水平。

6.2　安徽省节水型社会建设效益评估

迄今为止，全国已经开展了七批节水型社会建设试点的建设工作，安徽省淮北市、合肥市、铜陵市均已成为全国性的试点城市，除此之外，安徽省还设立了六安市、淮南市、凤台县、固镇县等省级节水型社会建设试点，目前这些试点城市建设成效显著。在这些试点城市的示范带动作用下，安徽省各市、县正在以逐步改善安徽省的水资源现状、提高水资源可持续利用程度等为目标，争相开展相关节水建设工作。

在节水型社会建设的过程中，应该在获得最佳经济效益的同时，能够遵循生态规律，重视生态效益，最大限度地保持生态平衡和充分发挥生态效益。安徽省在节水型社会建设的过程中也取得了明显的效益，接下来通过总结 2006~2015 年《安徽省水资源公报》《安徽省统计年鉴》等有关数据，从农业、工业和生活用水的节水效益以及生态经济效益等方面对其建设情况进行分析，可以得到安徽省这十年的节水型社会建设的发展情况。

6.2.1　节水效益分析

1. 农业节水效益分析

2014 年安徽省农业生产总值占安徽省生产总值的 11.47%，2015 年农业生产总值占安徽省生产总值的 11.16%。在安徽省节水型社会建设绩效评估的过程中，农业节水效益分析可以通过相关指标的近十年的变化趋势来表现。

　　农业水分生产率反映了水资源在农业方面的投入产出效率，其值越大，表明农业节水效益越好。如图 6-6 所示，安徽省 2006~2015 年农业水分生产率仅 2008 年和 2015 年出现下降，2008~2014 年保持上升趋势，在 2014 年达到最大值，为 147.33 万元/亿米³，约为 2006 年的 2.3 倍。

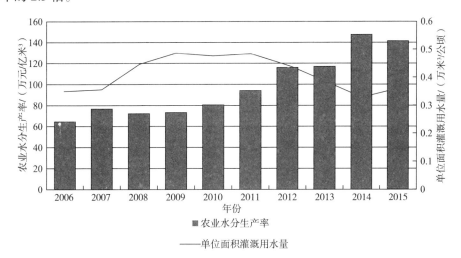

图 6-6　安徽省 2006~2015 年农业用水情况

　　而单位面积灌溉用水量的变化趋势基本为先增后减，2008~2011 年为增加区间，这与安徽省 2008~2011 年的气候变化和政府政策息息相关。由于近几年来安徽省生态文明建设逐步提上日程，故近几年来这项逆指标数据逐渐下降，2014 年取得近 10 年来最小值 0.33 万米³/公顷。近年来，安徽省呈现较好的节水效益发展趋势，农业节水效益也取得了一定进展。

　　2. 工业节水效益分析

　　工业用水在安徽省节水型社会建设中也发挥着举足轻重的作用，2014 年，安徽省工业总产值占安徽省总产值的 45.35%，2015 年，安徽省工业总产值占安徽省总产值的 42.10%。在安徽省节水型社会建设绩效评估的过程中，工业节水效益分析同样可以通过相关指标近十年的变化趋势来表现。

　　图 6-7 为近十年安徽省工业节水效益相关指标数据，从中可以看出，万元工业增加值用水量指标变化趋势基本为递减，由 2006 年的 0.043 9 亿立方米下降到 2015 年的 0.009 8 亿立方米，年均下降率达到 14.94%。这表明随着经济的发展，安徽省在经济建设过程中，并没有一味地追求经济的发展，同时平衡了生态发展，万元工业增加值所需的用水量越来越少，安徽省在节水与经济的共同发展中一直稳步前进，这也是未来安徽省生态经济发展的重要趋势。

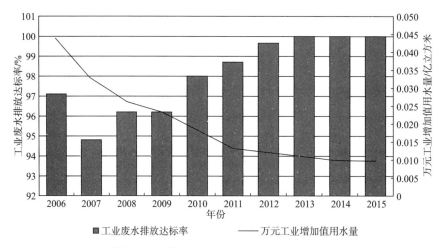

图 6-7　安徽省 2006~2015 年工业节水效益

而工业废水排放达标率在近十年也一直呈现较好的发展态势，自 2007 年之后基本稳步提高，2013~2015 年，已经接近 100%，这与安徽省近几年工业废水排放的相关政策息息相关。从这些指标来看，安徽省工业节水效益在近十年内也取得了一定进展。

6.2.2　生态效益分析

生态效益是指人们在农业生产过程中，依据生态平衡规律，使自然界的一切发展能够对人类生活、生产产生有益效果与帮助，它关系到人类生产过程中的根本利益和长远利益。生态效益的基础是生态平衡和生态系统的良好循环性。

安徽省节水型社会建设生态效益评估可根据指标值的变化趋势体现，本节选取的能够反映生态效益的指标有水资源开发利用率和城市污水处理厂集中处理率，这两个指标均为正指标，其取值越大越好。近年来，安徽省在经济发展的过程中，越来越重视生态环境的保护，能够借助先进科技发展经济，而不是单纯地依靠资本投入。

图 6-8 是安徽省万元 GDP 的用水量，万元 GDP 用水量是根据总用水量除以实际 GDP 得到的，在横向上能宏观地反映安徽省总体经济的用水状况，纵向上则反映安徽省水资源的利用效率和节水政策实施情况。从折线图的变化趋势可以看到，安徽省万元 GDP 用水量在近十年内不断下降，2006 年安徽省万元 GDP 用水量为 416.37 立方米，是近十年的最大值，2014 年为 190.58 立方米，是近十年的最小值，2006 的万元 GDP 用水量约为 2014 年的 2.18 倍，表明随着技术进步和社会发展，安徽省水资源利用效率在不断提高。

从图 6-9 近十年安徽省节水生态效益指标数据变化趋势可以看出，安徽省水资源开发利用率和城市污水处理厂集中处理率在 2006~2015 年一直呈现递增状态，年均增长率分别达到 11.1%、12.5%，2015 年取值分别为 2006 年的 2.6 倍和 2.8 倍。表明随着社会发展，在高科技促进下，相同水资源投入量能够产生更大的经济效益，这从另一方面反映了安徽省节水型社会建设的生态效益在不断提高，相信在各级政府的努力配合下，安徽省节水型生态建设发展会越来越好。

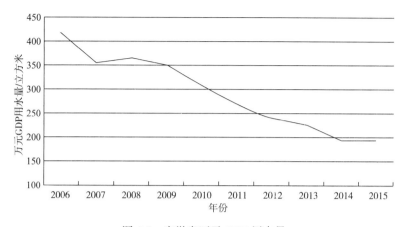

图 6-8　安徽省万元 GDP 用水量

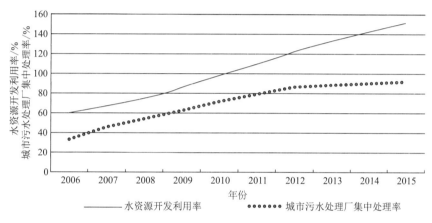

图 6-9　安徽省 2006~2015 年节水生态效益分析

6.2.3　社会效益分析

社会效益是指最大限度地利用有限的资源满足社会上人们日益增长的物质文化需求。在节水型社会建设过程中，社会效益分析可以反映在居民生活中。

如图 6-10 所示，安徽省 2006~2015 年饮用水源水质达标率和安全供水保证率变化趋势大致相同，基本保持上升趋势，二者均于 2012 年达到十年来的最高值，随后几年，稍有下降趋势，但基本在 96%以上。相比于 2006 年，安徽省 2015 年的饮用水源水质达标率和安全供水保证率分别上升了 15.6%和 12.3%。可见，近年来，安徽省在节水型社会建设过程中依然保持较安全的水资源供给。

农村居民基本采用水井和池塘用水，存在一定的饮用水安全隐患和较为严重的用水浪费现象，为积极响应节水型社会建设，安徽省对农村实行改水投入，提倡农村采用自来水节水设施。如图 6-11 所示，安徽省 2006~2010 年农村改水投入呈现递增状态，2010~2012 年出现小幅下降后继续提高，在 2015 年达到最大值，为 276 961 万元，在此期间，安徽省对农村改水一直十分重视，而且成效明显。自 2007 年起，农村的自来水普及率一直稳

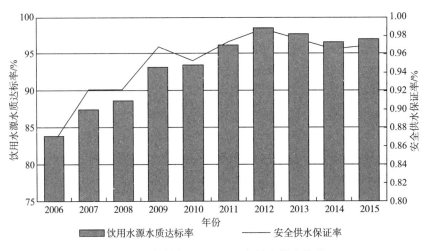

图 6-10　安徽省 2006~2015 年社会供水情况

步上升，2015 年已经达到 72%，农村改水受益率 96.8%。从整体来看，节水型社会建设过程中的社会效益评估结果较好。

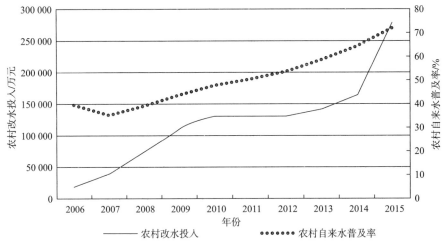

图 6-11　安徽省 2006~2015 年农村节水建设情况

6.3　安徽省节水影响因素分析

通过前文的分析，发现安徽省通过节水型社会建设为当地的水资源开发利用带来了节水效益、社会效益和生态效益，为进一步判断安徽省节水取得的成效是来源于其经济水平的提升，还是产业结构的调整或者水资源利用技术的提高，本节将致力于分析安徽省 16 个市的节水影响因素，深入了解安徽省节水型社会建设成效形成的内部结构，以期为其后续的节水型社会建设提供相应的参考资料和政策建议。

6.3.1　文献回顾

针对水、煤矿等资源的消耗以及废气、废水等污染物的排放，国内外学者已经进行了大量的研究，其中就包括探究造成这些问题的影响因素。从水资源的利用方面来看，张强等（2011）运用 LMDI 法，将影响大连市水资源利用的因素完全分解为定额、产业结构、经济规模和人口四个效应，并发现前两个效应抑制水资源利用，后两个效应拉动水资源利用；在此基础上，葛通达等（2015）也以此四个效应为基础，基于 LMDI 法对驱动江苏省盐城水资源利用的因素进行分析；秦昌波等（2015）以陕西省为例分析了生产用水的驱动因素，但在前两位学者研究的基础上，删去了定额和人口效应，增加了技术效应，并发现经济规模是增加陕西省用水量的主要因素，技术进步则能有效降低当地的用水量。

除了分析用水因素效应之外，还有学者将 LMDI 法应用到工业废水排放的因素效应中。刘平等（2011）选取了天津市 18 个行业 1995~2008 年的相关数据，通过因素分解，从技术和结构两个角度分析了天津市的各行业对工业废水排放量的贡献；章渊和吴凤平（2015）分析了全国的工业废水在排放系数、技术进步、产业结构、收入、人口流动和人口六个因素的作用下分别受到的影响的程度。

其实除了 LMDI 法，还有另外一种因素分解方法，即 Laspeyres 指数分析。佟金萍等（2011）就是以万元 GDP 用水量为研究对象，通过 Laspeyres 指数，考察了技术进步和结构调整对中国各地区用水效率的影响；李鹏飞和张艳芳（2013）为了分析中国工业和农业水资源利用效率发生变动的原因，也是采用 Laspeyres 指数从结构和效率两个角度进行因素分解。

除了运用以上两种指数分解模型之外，投入产出分析也被应用于用水量的影响分析中。例如，中国投入产出学会课题组（2007）通过编制各产业部门水资源利用的投入产出表，了解各部门的用水系数；张玲玲等（2015）采用投入产出结构因素分解模型，以江苏省为研究对象，分析在最终需求的拉动下造成三大产业的用水量变化的因素。

本节主要是以安徽省节水型社会建设为背景，分析在此背景下安徽省的节水成效。针对该问题，主要从两个方面入手，首先是考察安徽省的用水效率，在此基础上，了解安徽省的水污染控制和治理水平。因此，本节接下来将以安徽省各市为研究对象，以万元 GDP 用水量和工业废水排放量的变化情况为切入点，探究安徽省水资源利用情况的内部结构。

6.3.2　节水效率分解因素效应

为了了解安徽省的产业结构和节水技术对本省水资源利用效率的影响，本节采用的指标是万元 GDP 用水量。万元 GDP 用水量在反映安徽省总体经济的用水状况的同时，考察安徽省节水效率以及相关节水政策的实施情况。

通过参考相关文献的研究方法，分解万元 GDP 用水量的因素效应时，针对各地区的产业结构和节水技术，采用 Laspeyres 指数对安徽省整体及 16 个市的万元 GDP 用水量进行完全分解。

1. 因素分解模型——Laspeyres 指数

设安徽省各市的用水总量为 $S_i, i = 1, 2, \cdots, 16$，万元 GDP 为 $G_i, i = 1, 2, \cdots, 16$，则各市的万元 GDP 用水量为 $\text{SG}_i = S_i / G_i, i = 1, 2, \cdots, 16$；再设安徽省第一、第二和第三产业的用水总量为 $C_i, i = 1, 2, 3$，万元增加值为 $Z_i, i = 1, 2, 3$；则安徽省的万元 GDP 用水量可以表示为

$$\text{SG} = \frac{S}{G} = \frac{\sum\limits_{i=1}^{16} S_i}{\sum\limits_{i=1}^{16} G_i} = \frac{C}{Z} = \frac{\sum\limits_{i=1}^{3} C_i}{\sum\limits_{i=1}^{3} Z_i} \tag{6-1}$$

接下来，将安徽省总用水量表示成各市或各产业的万元 GDP 或万元增加值的函数，如式（6-2）和式（6-3）所示，其中，w_i 和 v_i 为各市或各产业的万元 GDP 用水量。

$$\sum_{i=1}^{16} S_i = \sum_{i=1}^{16} w_i G_i \tag{6-2}$$

$$\sum_{i=1}^{3} C_i = \sum_{i=1}^{3} v_i Z_i \tag{6-3}$$

然后将式（6-2）和式（6-3）代入式（6-1），得到式（6-4）和式（6-5），其中，g_i 和 z_i 分别表示各市或各产业万元 GDP 或万元增加值占安徽省总万元 GDP 的比例。

$$\text{SG} = \frac{S}{G} = \frac{\sum\limits_{i=1}^{16} w_i G_i}{G} = \sum_{i=1}^{16} w_i \frac{G_i}{G} = \sum_{i=1}^{16} w_i g_i \tag{6-4}$$

$$\text{SG} = \frac{C}{Z} = \frac{\sum\limits_{i=1}^{3} v_i Z_i}{Z} = \sum_{i=1}^{3} v_i \frac{Z_i}{Z} = \sum_{i=1}^{3} v_i z_i \tag{6-5}$$

针对不同年份的万元 GDP 用水量，设第 n 年的万元 GDP 用水量为 $\text{SG}^n, n = 1, 2, \cdots, N$，由于分别以地区和产业为例讲解公式较为烦琐，接下来将运用各市的万元 GDP 用水量数据，说明万元 GDP 用水量的 Laspeyres 指数分解方法。运用 Laspeyres 指数分解从第 $n-1$ 年到第 n 年的万元 GDP 用水量变化值 ΔSG，具体过程如式（6-6）所示：

$$\begin{aligned}
\Delta\text{SG} &= \text{SG}^n - \text{SG}^1 = \sum_{i=1}^{16} w_i^n g_i^n - \sum_{i=1}^{16} w_i^{n-1} g_i^{n-1} = \sum_{i=1}^{16} \left(w_i^n g_i^n - w_i^{n-1} g_i^{n-1} \right) \\
&= \sum_{i=1}^{16} w_i^{n-1} \left(g_i^n - g_i^{n-1} \right) + \sum_{i=1}^{16} g_i^{n-1} \left(w_i^n - w_i^{n-1} \right) \\
&\quad + \sum_{i=1}^{16} \left(w_i^n - w_i^{n-1} \right) \left(g_i^n - g_i^{n-1} \right)
\end{aligned} \tag{6-6}$$

式（6-6）中 $\sum\limits_{i=1}^{16} w_i^{n-1} \left(g_i^n - g_i^{n-1} \right)$ 表示由于不同地区或产业的各市万元 GDP 或万元增加值占安徽省总万元 GDP 的比例带来的万元 GDP 用水量变化值，即产业结构调整带来的万

元 GDP 用水量变化的结构份额；$\sum_{i=1}^{16} g_i^{n-1}\left(w_i^n - w_i^{n-1}\right)$ 表示由于不同地区或产业每一单位的万元 GDP 用水量变动带来的万元 GDP 用水量变化，反映的是技术变化带来的水资源利用效率变化；$\sum_{i=1}^{16} g_i^{n-1}\left(w_i^n - w_i^{n-1}\right)\left(g_i^n - g_i^{n-1}\right)$ 是分解完后的剩余值，本节将依据 Sun（1998）采用的余值联合产生和平等贡献的理论对其进行分解。

由于本节主要分析安徽省节水效率变化的影响因素，主要考虑不同地区和产业结构调整以及技术进步带来的用水变化，接下来将从结构效应 ΔSG_{jg} 和技术效应 ΔSG_{xl} 对不同地区和不同产业的万元 GDP 用水量进行分解，具体如式（6-7）和式（6-8）所示：

$$\Delta SG_{jg} = \sum_{i=1}^{16} w_i^{n-1}\left(g_i^n - g_i^{n-1}\right) + \frac{1}{2}\sum_{i=1}^{16}\left(w_i^n - w_i^{n-1}\right)\left(g_i^n - g_i^{n-1}\right) \qquad (6\text{-}7)$$

$$\Delta SG_{xl} = \sum_{i=1}^{16} g_i^{n-1}\left(w_i^n - w_i^{n-1}\right) + \frac{1}{2}\sum_{i=1}^{16}\left(w_i^n - w_i^{n-1}\right)\left(g_i^n - g_i^{n-1}\right) \qquad (6\text{-}8)$$

由于 $\Delta SG = \Delta SG_{jg} + \Delta SG_{xl}$，可以计算结构效应和技术效应分别占总万元 GDP 用水变化的比例，从而反映结构变动和技术变动分别对总万元 GDP 用水变化的贡献程度，如式（6-9）和式（6-10）所示：

$$p_{jp} = \frac{\sum_{i=1}^{16} w_i^{n-1}\left(g_i^n - g_i^{n-1}\right) + \frac{1}{2}\sum_{i=1}^{16}\left(w_i^n - w_i^{n-1}\right)\left(g_i^n - g_i^{n-1}\right)}{\sum_{i=1}^{16} w_i^n g_i^n - \sum_{i=1}^{16} w_i^{n-1} g_i^{n-1}} \qquad (6\text{-}9)$$

$$p_{xl} = \frac{\sum_{i=1}^{16} g_i^{n-1}\left(w_i^n - w_i^{n-1}\right) + \frac{1}{2}\sum_{i=1}^{16}\left(w_i^n - w_i^{n-1}\right)\left(g_i^n - g_i^{n-1}\right)}{\sum_{i=1}^{16} w_i^n g_i^n - \sum_{i=1}^{16} w_i^{n-1} g_i^{n-1}} \qquad (6\text{-}10)$$

2. 数据来源及描述性分析

根据以上分析，本节通过查找 2007~2016 年《安徽省统计年鉴》以及 2006~2011 年《安徽省水资源公报》获取了安徽省地区生产总值和总用水量、安徽省三大产业的产值和用水量及安徽省各地区的生产总值和用水量数据，然后用安徽省总体、各产业和各地区的总用水量和万元产值之间的比值作为其总体、各产业及各地区的万元 GDP 用水量数据。需要说明的是，2011 年巢湖市分别划入合肥、芜湖和马鞍山三市，因此，针对 2006~2010 年巢湖市相关指标的数据，咨询安徽省统计局并进行了处理，分别划分到合肥、芜湖、马鞍山三市的相关指标中，在下文工业废水排放量的分析中，也按同样的方法对巢湖市的数据进行了处理。

图 6-12 是安徽省三大产业的万元 GDP 用水量，从总体上看，三大产业的万元 GDP 用水量均呈现下降趋势，相比较于 2006 年，第一产业下降幅度最大，达到 71.6%，其次是第二产业，下降 54.04%，第三产业下降也达到 52.45%；通过比较，很容易发现第一产业的万元 GDP 用水量最高，基本都在 600 立方米以上，其次是第二产业，2012 年及以前

均在 100 立方米以上，2013 年后下降到 100 立方米以下，第三产业自 2006 年以来万元 GDP 用水量一直在 100 立方米以下，2014 年后更是下降到 50 立方米以下。

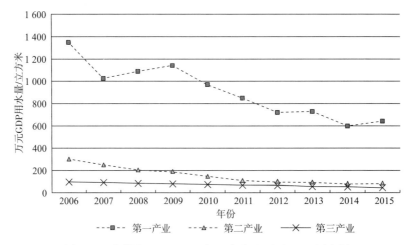

图 6-12　安徽省 2006~2015 年三大产业万元 GDP 用水量

　　表 6-1 是安徽省 2006~2015 年 16 个市万元 GDP 用水量，按照 2006 年各地区的万元 GDP 用水量对各市进行排序，发现在 2006 年，池州市万元 GDP 用水量最高，六安、淮南和安庆均在 500 立方米以上，宣城、马鞍山、阜阳和芜湖均在 400~500 立方米，合肥最低，仅仅只有 166.19 立方米；从时间上来看，各市的万元 GDP 用水量也主要呈现下降趋势，到 2011 年之后，除了六安市，其他市都位于 300 立方米以下；2015 年，有 9 个市达到 150 立方米以下，包括淮北、合肥和铜陵三个国家节水型社会建设试点；从这 10 年的降低幅度来看，池州市降低的比例最大，达到 80.70%，淮南、芜湖和淮北均达到 70%以上，除了马鞍山，剩余 11 个市降低幅度均在 50%以上。综上所述，安徽省水资源利用效率提高较为明显，而且各地区用水差异也逐渐缩小。

表 6-1　安徽省 2006~2015 年 16 个市万元 GDP 用水量（单位：立方米）

地区	2006	2007	2008	2009	2010	2011	2012	2013	2014	2015	降低比例/%
池州	932.98	661.98	576.40	445.05	358.99	277.59	232.60	227.15	190.27	180.09	80.70
六安	817.14	610.86	542.93	537.32	435.88	390.95	340.34	314.85	315.79	304.28	62.76
淮南	678.41	602.50	442.66	413.15	358.01	265.81	232.17	212.23	169.38	172.24	74.61
安庆	542.84	399.89	366.67	377.20	302.92	235.41	195.56	204.90	189.67	197.68	63.58
宣城	452.93	354.13	298.34	321.66	269.98	222.23	185.75	177.98	149.73	156.26	65.50
马鞍山	444.49	372.67	331.81	504.33	416.87	215.50	244.02	243.62	223.69	250.86	43.56
阜阳	442.96	316.91	322.76	310.29	273.73	210.73	168.10	162.45	133.90	135.47	69.42
芜湖	413.72	332.13	316.99	285.38	230.71	183.39	161.88	143.56	131.11	115.13	72.17
滁州	397.74	403.40	368.96	360.48	301.01	275.37	256.92	213.97	175.31	172.70	56.58
蚌埠	355.95	265.56	310.04	294.69	253.43	200.45	172.54	156.77	111.54	117.95	66.86
铜陵	319.76	272.57	335.37	282.55	212.77	200.89	176.08	160.01	119.31	129.88	59.38

续表

地区	2006	2007	2008	2009	2010	2011	2012	2013	2014	2015	降低比例/%
黄山	250.19	203.54	184.47	201.90	171.27	152.32	101.89	92.28	79.07	91.73	63.34
亳州	244.66	251.51	280.79	255.38	215.88	171.55	129.53	130.71	110.23	110.54	54.82
宿州	229.78	148.02	139.50	186.08	152.64	134.72	119.90	109.83	90.84	80.84	64.82
淮北	208.82	176.66	180.75	128.54	102.46	94.43	76.71	70.35	63.71	60.36	71.09
合肥	166.19	145.98	145.29	115.53	91.45	88.76	75.93	69.89	51.46	53.80	67.63

3. 分解结果分析

1）整体情况

运用式（6-1）~式（6-8）建立的分解模型，对安徽省 2006~2015 年整体的万元 GDP 用水量进行分解，具体结果如表 6-2 所示。最后一行数据是在 2006~2015 年累计因素效应中万元 GDP 用水量变动的各贡献值，技术效应的贡献率达到 83.51%，而结构效应只占 16.49%；其中技术效应的主要贡献来自第一产业和第二产业，结构效应主要来自第一产业，第二产业贡献值为负，拉低了结构效应的整体贡献；通过分析各产业数据，发现第二产业产业总值占安徽省的比重在 2006~2015 年是增加的，而第一产业和第三产业则是下降的，三个产业的万元 GDP 用水量都是下降的，因此，对安徽省万元 GDP 用水量的结构效应，第二产业贡献率为负值，第一产业和第三产业为正值，各产业的技术效应贡献均为正值。

表 6-2　安徽省 2006~2015 年整体的万元 GDP 用水量因素分解结构（单位：%）

因素	产业结构对节水效率的贡献			结构效应	技术进步对节水效率的贡献			技术效应
	第一产业	第二产业	第三产业		第一产业	第二产业	第三产业	
2006~2007 年	6.45	− 9.59	2.75	− 0.40	68.66	29.64	2.09	100.40
2007~2008 年	20.92	− 25.88	8.24	3.28	− 71.63	147.16	21.20	96.72
2008~2009 年	124.72	− 24.89	1.17	100.99	− 78.51	61.42	16.10	− 0.99
2009~2010 年	17.04	− 10.41	3.45	10.09	45.65	40.79	3.47	89.91
2010~2011 年	16.86	− 6.46	2.23	12.64	37.24	45.23	4.89	87.36
2011~2012 年	16.14	− 1.42	− 0.46	14.26	66.89	12.90	5.95	85.74
2012~2013 年	51.71	4.96	− 7.05	49.62	− 9.15	37.68	21.85	50.38
2013~2014 年	8.35	3.21	− 2.51	9.05	61.04	23.68	6.24	90.95
2014~2015 年	− 287.89	− 428.27	257.98	− 458.18	746.09	133.13	− 321.04	558.18
2006~2015 年	21.11	− 4.92	0.29	16.49	37.62	38.11	7.78	83.51

将每隔一年的结构和技术效应贡献值绘制成图 6-13，结合表 6-2 共同分析，可以发现，2006~2007 年安徽省万元 GDP 用水量的下降主要来自于技术效应的贡献，结构效应贡献值为负，而 2008~2009 年则相反，节水效率的提高主要来自于结构效应的贡献，技术效应反而增加了万元 GDP 用水量；2009~2012 年，每年节水效率的提高也都是来自技术效应的贡献，技术效应的贡献值基本都在 85% 以上，2012~2013 年结构效应和技术效应的贡献值都在 50% 左右，二者相差不大，较为均衡，但 2013-2014 年技术效应的贡献值再次高达 90.95%；2014~2015 年二者虽然一正一负，但二者的绝对值都远高于 100%，通过分析

2014~2015 年各指标数值的变化情况，发现这一年间，安徽省各产业万元 GDP 用水量和产业增加值占总产值的比重在数值变化上较往年变化值来说相差不大，但安徽省总的万元 GDP 用水量变化却很小，从而导致贡献值的绝对值较大。综合以上分析，可以发现技术效应对安徽省万元 GDP 用水量减少的作用更为显著。

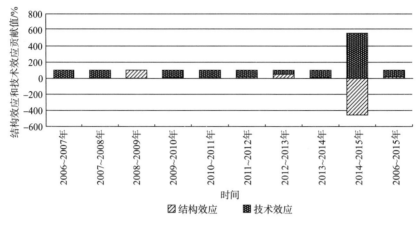

图 6-13 结构效应和技术效应贡献值

分别绘制三个产业对结构效应、技术效应的贡献值折线图，如图 6-14 和图 6-15 所示，发现第二产业除 2012~2014 年结构贡献值为正，其余年份间均为负值，2006~2015 年累计的结构贡献值也为负值，相比较于结构贡献值，其技术贡献值均为正值；第一产业在 2014~2015 年的结构贡献值为负，其余年份均为正，技术效应的贡献上，2007~2009 年、2012~2013 年为负，其余均为正值；第三产业 2011~2014 年结构效应为负值，2014~2015 年技术效应为负值，其余年份两种效应的贡献值均为正值。

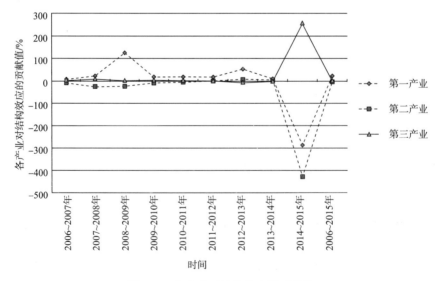

图 6-14 各产业对结构效应的贡献值

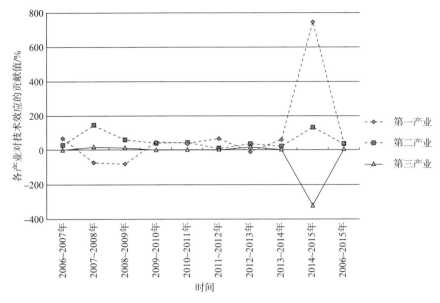

图 6-15　各产业对技术效应的贡献值

通过对比各产业在 2006~2015 年贡献值的大小，发现在结构效应上，2006~2014 年，第一产业的贡献值比第二产业和第三产业高，尤其是 2008~2009 年，达到 124.72%，其次是 2012~2013 年，达到 51.71%；第三产业相对于第二产业来说要高，且 2014~2015 年第三产业贡献值最高。可见，安徽省用水效率的提升在结构效应上主要依赖于第一产业，第一产业主要用水大户为农业，相对于第二产业中的工业和建筑业来说，农业万元 GDP 用水量较高。因此，第一产业结构调整将会带来较为明显的万元 GDP 用水量的变动。

如图 6-15 所示，在技术效应上，2006~2012 年第二产业的贡献值较高，后几年贡献值出现下降，且 2010~2014 年，第一产业和第二产业的技术贡献值出现此升彼降的特征，但第二产业 2014~2015 年贡献值低于第一产业，第一产业的贡献值波动较为频繁，第三产业贡献值为正，但是相对较低，且在 2014~2015 年降为负值。因此，在技术效应上，安徽省的节水效率主要来自第二产业、第一产业的贡献，即主要为工业、建筑业和农业的贡献，这些行业更容易采用节水的生产工艺，而这些高技术生产工艺的采用不仅会大幅度减少第二产业和第一产业用水，还会带来其生产总值的提高，从而降低万元 GDP 用水量。

2）各市情况

表 6-3 和表 6-4 分别是安徽省 16 个市在 2006~2015 年的万元 GDP 用水量的因素分解的结构效应和技术效应贡献值。通过比较表 6-3 和表 6-4，发现各市的技术效应对其万元 GDP 用水量的贡献普遍大于结构效应。从图 6-16 安徽省各市 2006~2015 年的累积效应来看，技术效应贡献值均高于结构效应。其中，技术效应中芜湖市对节水效率的提高贡献最大，达到 10.86%，其次为合肥市和六安市，贡献值均在 10%以上，最低的是黄山市。相比较来说，2006~2015 年各市结构效应的累计贡献值均在 6%以下，最高的是芜湖市 5.52%的贡献值，其次是合肥、六安，黄山市的结构效应贡献值同样是 16 个市中

最小的。

表 6-3 安徽省各市 2006~2015 年结构效应贡献值（单位：%）

地区	2006~2007 年	2007~2008 年	2008~2009 年	2009~2010 年	2010~2011 年	2011~2012 年	2012~2013 年	2013~2014 年	2014~2015 年	2006~2015 年
合肥	−1.37	−1.58	−30.59	−1.48	5.99	−1.37	−2.68	−0.83	1 391.89	5.17
淮北	0.07	−2.32	3.87	−0.07	0.14	0.09	−0.65	0.13	−449.66	1.02
亳州	0.86	0.92	7.36	0.67	0.01	−0.36	−0.12	−0.43	94.77	1.26
宿州	0.13	0.63	6.45	0.41	−0.15	−0.35	−0.29	−0.61	358.22	1.60
蚌埠	0.87	2.40	5.81	0.70	0.00	−0.52	−1.96	−1.28	587.39	2.61
阜阳	−0.39	2.48	1.23	1.18	1.07	−0.08	−0.09	−0.78	136.75	3.44
淮南	2.18	−9.90	1.69	1.29	1.39	1.02	4.27	−0.62	−1 831.34	4.55
滁州	0.55	2.75	4.57	0.67	0.01	−0.84	−1.69	−1.01	490.62	2.61
六安	−0.32	−0.61	23.70	1.30	0.36	0.55	0.30	7.91	−892.85	4.79
马鞍山	−1.71	2.88	24.33	0.66	−7.36	2.99	7.42	3.66	−1847.44	2.37
芜湖	−0.70	−7.09	−14.05	−0.61	−9.53	−0.27	−2.33	−0.36	150.60	5.52
宣城	0.72	−0.93	11.11	0.29	−1.06	−0.07	−0.63	0.13	−45.13	2.56
铜陵	0.17	4.46	8.19	−1.66	−0.27	1.40	0.34	−4.42	−1 019.70	1.47
池州	−0.43	0.27	−16.13	0.08	−0.22	0.12	−0.21	−0.47	−112.65	3.43
安庆	0.48	3.03	−0.10	−0.49	−0.26	0.47	7.31	7.57	−543.77	4.45
黄山	0.31	1.21	3.29	0.54	−0.01	0.05	−0.08	0.12	−96.13	0.81
合计	1.42	−1.38	40.71	3.47	−9.91	2.82	8.92	8.69	−3 628.43	47.66

表 6-4 安徽省各市 2006~2015 年技术效应贡献值（单位：%）

地区	2006~2007 年	2007~2008 年	2008~2009 年	2009~2010 年	2010~2011 年	2011~2012 年	2012~2013 年	2013~2014 年	2014~2015 年	2006~2015 年
合肥	6.18	0.85	83.95	12.09	1.58	12.67	12.63	18.37	2 081.66	10.51
淮北	1.54	−0.80	22.33	1.83	0.68	2.64	1.99	0.98	−419.52	2.03
亳州	−0.42	−6.88	12.60	3.15	4.23	7.14	−0.42	3.47	47.65	2.35
宿州	6.22	2.53	−29.09	3.37	2.18	3.22	4.60	4.14	−1 954.70	3.27
蚌埠	6.73	−12.68	9.27	4.08	6.29	5.90	7.08	9.87	1 268.86	5.24
阜阳	10.14	−1.85	8.48	4.11	8.32	9.80	2.71	6.50	317.55	7.00
淮南	4.79	40.36	16.82	5.19	10.16	6.36	7.57	7.51	427.66	8.78
滁州	−0.44	10.47	5.51	6.39	3.32	4.25	20.90	9.00	−541.21	5.17
六安	15.97	20.91	3.65	10.63	5.63	11.15	11.64	−0.19	−1 886.88	10.34
马鞍山	6.67	15.18	−133.37	10.91	32.72	−8.60	0.24	5.30	6 037.72	4.88

续表

地区	2006~2007 年	2007~2008 年	2008~2009 年	2009~2010 年	2010~2011 年	2011~2012 年	2012~2013 年	2013~2014 年	2014~2015 年	2006~2015 年
芜湖	8.40	6.39	30.62	9.21	10.85	9.62	17.23	5.55	-6 269.40	10.86
宣城	5.95	13.18	-11.68	4.18	4.78	6.60	2.94	5.03	1 014.67	5.17
铜陵	2.43	-12.26	20.96	4.75	1.04	3.78	4.95	6.51	1 584.01	2.95
池州	7.57	9.53	33.94	3.97	4.59	4.50	1.14	3.65	-889.79	6.62
安庆	15.06	13.65	-9.36	11.18	12.46	13.00	-6.15	4.29	1 827.99	9.61
黄山	1.81	2.81	-5.34	1.49	1.09	5.13	2.04	1.31	1 082.16	1.65
合计	98.58	101.38	59.29	96.53	109.91	97.18	91.08	91.31	3 728.43	96.41

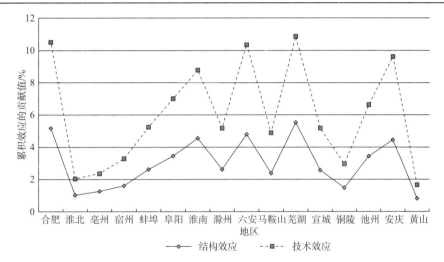

图 6-16　安徽省各市 2006~2015 年累积效应的贡献值

合肥市这 9 个年际的技术效应贡献值均为正值，2014~2015 年以及 2008~2009 年的贡献值最高，而在结构效应中，仅仅 2010~2011 年、2014~2015 年贡献值为正值，其余年份为负值；除合肥市之外，淮南市的技术效应贡献值也均为正值，其余城市均含有负技术效应贡献值；而各市在不同年际的结构效应贡献值均有负值，芜湖市 2006~2014 年结构效应贡献值均为负值、技术效应均为正值，2014~2015 年结构效应为正值，技术效应为负值。事实上芜湖市万元 GDP 用水量是逐年递减的，其地区生产总值在安徽省生产总值中所占的比例却是逐年上升的，但安徽省总的万元 GDP 用水量在 2006~2014 年一直保持下降的趋势，2014~2015 年略有上升。所以，芜湖市在安徽省万元 GDP 用水量下降时，其技术效应贡献值为正，而在安徽省万元 GDP 用水量上升时，其万元 GDP 用水量下降，也就是其技术不仅没有加剧安徽省节水效率的降低，反而促进其提高，因此表现为技术效应贡献值为负值。但是其结构效应却相反，产值比例上升，表明芜湖市产业结构调整在安徽省总体的万元 GDP 用水量下降时，降低了安徽省的总体节水效率。

再看安徽省另一个节水型社会建设试点城市淮北市，发现 2008~2009 年淮北市技术和结构效应的贡献值均为最高，而且淮北市技术效应贡献值也仅在 2007~2008 年和 2014~2015 年为负。2007~2008 年为负的原因，是由于淮北市万元 GDP 用水量上升，而安徽省总的万元 GDP 用水量在此期间下降，所以虽然该期间淮北市万元 GDP 用水量上升的技术效应的贡献值为正，但在安徽省总的万元 GDP 用水量下降的背景下，其技术效应的贡献值表现为负值。2014~2015 年则是因为淮北市万元 GDP 用水量出现下降，而安徽省总的万元 GDP 用水量在此期间上升，两种负值的原因刚好相反。

6.3.3 工业废水排放分解因素效应

针对安徽省工业废水排放问题，本节旨在了解影响工业废水排放量增加和减少的内在因素。首先，工业废水的排放强度是首要考虑因素，其次各企业的产业结构和生产技术也会影响其废水排放的数量，与此同时，工业废水的排放量与一个地区的经济发展水平之间有一定的联系，而经济发展水平可以通过人均生产总值来衡量，这一影响因素可以称为收入效应。除此之外，需求带来产品的供应，而需求主要来自社会公众，因此工业废水的排放与当地的人口数量也存在一定的联系。考虑到要分解的因素较多，本节在分析时将采用更适合多因素的 LMDI 法对安徽省各地区的工业废水排放的影响因素进行分解。

1. 因素分解模型——LMDI 法

如表 6-5 所示，列举了模型中所需要的变量及其相应的表示符号，运用各指标的比值和乘积可以将工业废水排放量表示为式（6-11），为简化后续计算过程的表达，将各比值运用一定的数学符号表示后，可以对应地将式（6-11）表示为式（6-12）：

$$F = \sum_{i=1}^{16} F_i = \sum_{i=1}^{16} \frac{F_i}{W_i} \times \frac{W_i}{E_i} \times \frac{E_i}{D_i} \times \frac{D_i}{P_i} \times \frac{P_i}{P} \times P \qquad （6-11）$$

$$F = \sum_{i=1}^{16} F_i = \sum_{i=1}^{16} FW_i \times WE_i \times ED_i \times DP_i \times PP_i \times P \qquad （6-12）$$

表 6-5　模型符号说明

数据指标	安徽省总值	安徽省各市指标值	单位
工业废水排放量	F	$F_i, i=1,2,\cdots,16$	万吨
工业用水量	W	$W_i, i=1,2,\cdots,16$	万立方米
工业增加值	E	$E_i, i=1,2,\cdots,16$	亿元
地区生产总值	D	$D_i, i=1,2,\cdots,16$	亿元
人口	P	$P_i, i=1,2,\cdots,16$	万人
废水排放系数	$\sum_{i=1}^{16} F_i / W_i$	F_i / W_i	吨/米^3
万元工业增加值用水	$\sum_{i=1}^{16} W_i / E_i$	W_i / E_i	立方米

续表

数据指标	安徽省总值	安徽省各市	单位
地区工业增加值占比	$\sum_{i=1}^{16} E_i / D_i$	E_i / D_i	—
地区人均生产总值	$\sum_{i=1}^{16} D_i / P_i$	D_i / P_i	万元
地区人口占比	$\sum_{i=1}^{16} P_i / P$	P_i / P	—

为了分析不同时期的工业废水排放量的影响因素，需要对各时间间隔的指标数值进行处理；针对工业废水排放量，本节采用对数均值权值函数，运用式（6-12）对工业废水排放量数据进行处理；针对废水排放系数、工业用水强度等六个比值，决定采用不同时间的指标值的对数的差值来表示，最后将处理后的工业废水排放量数据和各差值相乘可以得到分解后的各效应值，具体如式（6-13）~式（6-19）所示。$LNFW_i$ 是在工业废水排放量和工业用水比值的基础上处理而来的，反映工业废水的排放强度对其排放量的贡献；$LNWE_i$ 是每一份工业增加值的用水量，反映的是工业用水的效率带来的贡献值；$LNED_i$、$LNDP_i$ 分别表示当地的产业结构和经济发展水平对工业废水排放的贡献；$LNPP_i$ 和 LNP 反映的是各地区人口占安徽总人口的比例和安徽省总人口对工业废水排放量的贡献值，安徽省总体的各效应表示为

$$LNF_i = \frac{F_i^n - F_i^{n-1}}{\ln F_i^n - \ln F_i^{n-1}} \tag{6-13}$$

$$LNFW_i = \frac{F_i^n - F_i^{n-1}}{\ln F_i^n - \ln F_i^{n-1}} \ln \frac{FW_i^n}{FW_i^{n-1}} \tag{6-14}$$

$$LNWE_i = \frac{F_i^n - F_i^{n-1}}{\ln F_i^n - \ln F_i^{n-1}} \ln \frac{WE_i^n}{WE_i^{n-1}} \tag{6-15}$$

$$LNED_i = \frac{F_i^n - F_i^{n-1}}{\ln F_i^n - \ln F_i^{n-1}} \ln \frac{ED_i^n}{ED_i^{n-1}} \tag{6-16}$$

$$LNDP_i = \frac{F_i^n - F_i^{n-1}}{\ln F_i^n - \ln F_i^{n-1}} \ln \frac{DP_i^n}{DP_i^{n-1}} \tag{6-17}$$

$$LNPP_i = \frac{F_i^n - F_i^{n-1}}{\ln F_i^n - \ln F_i^{n-1}} \ln \frac{PP_i^n}{PP_i^{n-1}} \tag{6-18}$$

$$LNP = \frac{F_i^n - F_i^{n-1}}{\ln F_i^n - \ln F_i^{n-1}} \ln \frac{P^n}{P^{n-1}} \tag{6-19}$$

2. 数据来源及描述性分析

根据以上模型需要的指标，通过查找 2007~2016 年《安徽省统计年鉴》获取了安徽省各地区生产总值、工业用水量、工业废水排放量、工业增加值及人口等数据，然后按照式（6-11）计算出六个比值，接下来对安徽省各市的各指标数据进行分析。

图 6-17 为安徽省各市的工业废水排放量，通过分析可以发现：第一，安徽省工业

废水排放总量在 2007~2012 年一直处于下降趋势，其中 2010 年和 2012 年降幅最大。第二，这 10 年各市累积的废水排放量淮南市最高，且自 2011 年以后淮南市废水量增长迅速；排放量次之的为马鞍山，2007 年马鞍山工业废水排放量最高达到 10 434.67 万吨，随后慢慢下降，但 2015 年仍然达到 7 694.53 万吨；废水排放量排在第三位和第四位的为合肥市、滁州市。第三，排放量相对较小的为池州市和黄山市以及淮北、亳州、阜阳等地，近 10 年来累计排放的废水都在 30 000 万吨以下，其中，阜阳市的排放量相对降低且保持稳定，蚌埠市自 2009 年后，废水排放量就开始逐年降低，黄山市 2006 年工业废水排放量较高，达到 6 319 万吨，随后开始大幅下降，2007 年仅为 1 842 万吨。

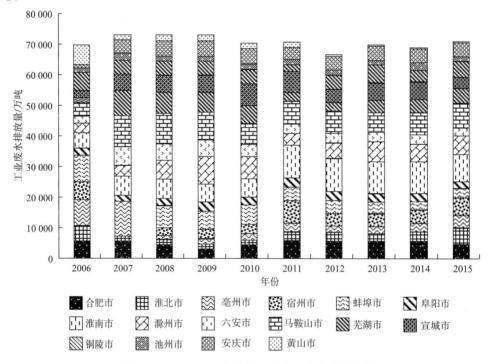

图 6-17　2006~2015 年安徽省各市工业废水排放量

图 6-18 为安徽省各市工业废水排放系数，是各市工业废水排放量与工业用水的比值，该比值越小说明该地区的工业用水重复利用水平越高。合肥、阜阳、芜湖、铜陵、池州、安庆和黄山的比值在各市中相对较小，合肥除 2014 年之外，其余年份均在 1 000 吨/米^3 以下，阜阳和铜陵都在 100 吨/米^3，芜湖和池州 2015 年分别只有 348.89 吨/米^3 和 384.89 吨/米^3，安庆和铜陵 2015 年也都在 600 吨/米^3 以下，黄山市 2013 年之后该比值出现了小幅上涨；淮南市 2012 年之前均在 1 000 吨/米^3 以下，2012 年之后开始上涨，相关部门有必要重视地区内的废水治理问题；淮北和宿州 2015 年的比值都在 2 000 吨/米^3 以上，亳州、淮南、滁州、宣城均在 1 000 吨/米^3 以上。

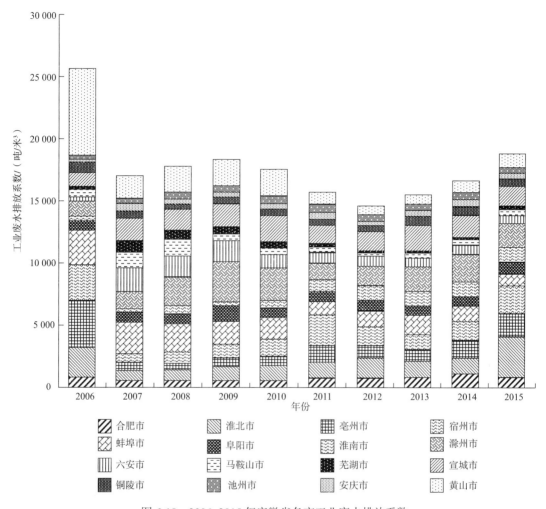

图 6-18　2006~2015 年安徽省各市工业废水排放系数

表 6-6 为安徽省各市的万元工业增加值用水量，通过将各市工业用水量除以万元工业增加值计算得到，该比值越低，说明该地区的工业用水效率越高。通过表 6-6 可以发现，相比较于 2006 年，马鞍山和淮南万元工业增加值用水量有所上升，需要进一步提高其工业用水效率；而安徽省其余 15 个市的万元工业增加值用水量在总体上保持下降趋势，池州市和淮南市下降的速度较快，安庆市和铜陵市次之，且这些地区 2015 年的万元工业增加值用水量都在 20~200 立方米。

表 6-6　2006~2015 年安徽省各市万元工业增加值用水量（单位：立方米）

地区	2006	2007	2008	2009	2010	2011	2012	2013	2014	2015
合肥	166.74	162.40	132.41	108.24	84.51	50.63	39.75	32.33	25.08	23.21
淮北	199.31	157.20	100.63	61.77	47.14	59.94	46.40	41.82	41.16	41.60
亳州	364.55	320.66	240.70	195.63	149.62	112.01	92.95	93.24	64.87	63.50
宿州	251.53	237.42	169.35	166.20	119.39	107.46	92.33	79.15	64.98	65.58
蚌埠	286.43	237.78	195.39	162.10	129.53	115.23	79.21	63.94	51.15	55.61

续表

地区	2006	2007	2008	2009	2010	2011	2012	2013	2014	2015
阜阳	238.42	223.88	189.73	155.37	125.30	120.42	91.38	89.95	67.96	66.94
淮南	1 064.08	874.90	521.10	462.41	381.12	263.85	220.63	206.67	209.11	205.81
滁州	256.45	178.07	141.52	123.03	93.80	84.06	72.18	65.42	52.39	54.66
六安	410.76	241.92	183.82	179.95	135.59	115.34	98.24	85.36	72.85	80.27
马鞍山	284.12	244.24	172.88	399.02	312.62	195.91	264.03	275.55	274.45	343.77
芜湖	291.79	242.91	220.95	159.49	124.29	141.28	135.13	131.21	121.07	111.08
宣城	290.26	279.97	212.55	212.68	166.50	107.66	90.77	74.91	56.36	57.29
铜陵	407.96	356.01	461.35	368.52	252.22	231.65	204.52	187.38	174.32	181.28
池州	1 325.03	1 117.37	814.81	536.94	405.50	231.76	269.22	245.22	215.56	187.20
安庆	481.96	386.25	317.24	252.40	186.27	106.97	125.12	122.86	119.41	139.18
黄山	171.15	169.75	137.88	130.25	102.68	81.76	60.51	49.00	40.28	38.82

表 6-7 为 2006~2015 年安徽省各市的人均生产总值，反映了各地区的居民收入水平，可以看出，除了铜陵市和淮南市之外，其余城市在历年均保持上涨的趋势，说明近 10 年来，安徽省的经济发展水平较以前明显上升；铜陵市在 16 个市中人均生产总值水平最高。铜陵市和淮南市在历年也表现出上升趋势，但 2015 年却出现急剧下降，但依然高于芜湖、马鞍山和合肥三个地区，与此同时，这三个地区的人均生产总值水平也较高，而且上升趋势十分明显。淮南市在各市中的人均生产总值水平也仅次于芜湖、马鞍山、合肥、铜陵，但其 2015 年出现下降，2015 年的水平仅高于亳州、宿州、阜阳和六安四个地区。

表 6-7　2006~2015 年安徽省各市人均生产总值（单位：元）

地区	2006	2007	2008	2009	2010	2011	2012	2013	2014	2015
合肥	23 404	27 670	33 590	40 697	47 635	48 354	54 996	61 394	67 317	72 665
淮北	11 080	13 033	17 029	18 052	21 834	26 232	29 229	32 848	35 193	34 900
亳州	5 820	6 580	7 910	8 502	10 571	12 841	14 620	15 983	17 687	18 677
宿州	6 285	7 456	8 982	9 571	12 158	14 954	17 013	18 676	20 790	22 302
蚌埠	11 089	12 763	15 152	16 576	20 163	24 564	27 968	31 296	35 337	38 071
阜阳	4 456	5 428	6 475	7 305	9 494	11 198	12 600	13 770	15 198	16 041
淮南	13 376	15 032	19 809	22 120	25 887	30 442	33 423	34 771	38 434	26 262
滁州	9 076	10 597	12 624	14 019	17 666	21 634	24 607	27 415	30 474	32 503
六安	5 937	7 148	8 768	9 302	12 048	14 570	16 248	17 777	17 036	21 439
马鞍山	16 175	20 130	23 981	25 087	30 509	52 306	56 216	58 561	59 808	60 353
芜湖	13 297	16 027	20 520	24 230	31 193	46 497	52 365	58 392	63 846	67 241
宣城	11 194	12 893	15 954	16 774	20 765	26 356	29 635	32 882	35 647	37 473
铜陵	34 313	39 847	44 563	46 441	64 461	79 230	84 646	92 446	122 980	57 254
池州	9 099	11 050	13 455	17 295	21 450	26 345	29 419	32 500	36 166	37 927
安庆	8 816	10 513	12 584	14 268	18 621	22 913	25 558	26 535	25 168	30 907
黄山	13 342	15 231	17 850	19 069	22 770	28 079	31 408	34 689	37 210	38 647

3. 因素分解结果

根据式（6-13）～式（6-19）分解得出安徽省整体的 2006~2015 年工业废水排放量变化的因素分解效应。通过图 6-19 可以看出，安徽省 2006~2015 年工业废水排放量变化的各因素累积效应中，总效应的贡献值达到 1316.67 万吨，其中产业结构效应、收入效应和人口效应的贡献值均为正值。安徽省在 2006~2015 年，工业废水排放总量增加 1 316.67 万吨，对于工业废水排放量的增加，收入效应贡献值最高，是加剧工业废水排放量增加的首要因素，接下来是产业结构效应，贡献值达到 10 424.25 万吨，然后是人口流动效应和人口效应，说明人口总量和人口结构的变化均会增加工业废水排放量；六个效应中，还有排放系数效应和效率效应的贡献值为负值，说明二者能够抑制安徽省工业废水排放量增加，其中效率效应代表的是万元工业增加值的用水量，贡献值达到 −92 111.96 万吨，排放系数可以反映企业的水资源回收利用的情况，但是这 10 年来，这两种效应带来的工业废水排放量的减少始终没能抵消掉其他四个效应带来的增加量，安徽省的工业废水排放量仍然表现为增加。

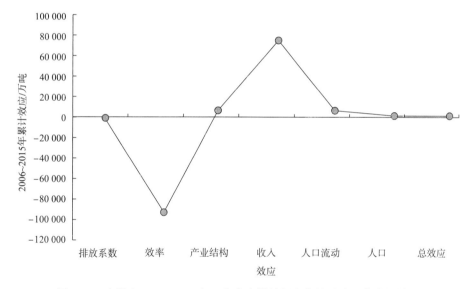

图 6-19　安徽省 2006~2015 年工业废水排放量变化的累计因素分解效应

由表 6-8 可以看出，2007~2012 年、2013~2014 年安徽省工业废水排放量均逐年降低，其中 2011~2012 年降低幅度最大，排放系数和效率效应贡献值为负，其余效应贡献值为正，同样的情况也发生在 2007~2008 年，而且这两个年际也都是收入效应对工业废水排放量增加的贡献最大；2008~2009 年和 2009~2010 年，除了排放系数和效率效应抑制了工业废水的排放量，人口效应的贡献值也表现为负值；而 2010~2011 年和 2013~2014 年排放系数效应贡献值为正值，前者抑制工业废水排放的为效率效应和人口流动效应，后者除这两个效应之外，还有产业结构效应。

表 6-8 安徽省 2006~2015 年工业废水排放量变化的因素分解效应（单位：万吨）

效应	排放系数效应	效率效应	产业结构效应	收入效应	人口流动效应	人口效应	总效应
2006~2007 年	−99.08	−11 091.62	3 387.20	10 947.99	200.94	88.57	3 434
2007~2008 年	−1 101.06	−17 162.10	3 586.82	14 373.73	43.42	203.42	−55.77
2008~2009 年	−6 809.13	−2 728.53	2 416.94	6 996.73	116.02	−47.80	−55.77
2009~2010 年	−3 589.58	−18 886.52	5 530.43	16 065.89	566.08	−2 156.50	−2 470.19
2010~2011 年	364.99	−18 059.81	2 241.03	16 097.73	−1 102.01	206.70	−251.37
2011~2012 年	−3 793.45	−7 632.67	230.96	7 415.38	2.46	232.83	−3 544.49
2012~2013 年	4 371.19	−6 341.12	−288.47	5 623.81	−48.69	479.97	3 796.69
2013~2014 年	5 167.24	−9 229.08	−4 143.88	6 275.99	−76.82	614.69	−1 391.86
2014~2015 年	1 782.29	2 063.07	−4 985.43	−4 146.74	6 446.66	695.58	1 855.43
2006~2015 年	−321.74	−92 111.96	10 424.25	76 853.54	6 101.11	371.48	1 316.67

2006~2007 年、2012~2013 年和 2014~2015 年的工业废水排放量是上升的，其中，2006~2007 年起到抑制性效果的因素为排放系数效应和效率效应；2012~2013 年效率效应、产业结构效应和人口流动效应的贡献值为负值，其中效率效应发挥的作用最大；2014~2015 年产业结构效应和收入效应的贡献值为负，这也是唯一一个收入效应发挥抑制工业废水排放量的年际，其余年份中收入效应均是发挥增加排放量的作用，贡献值较大；同时，2014~2015 年也是唯一一个效率效应贡献值表现为正值的年份，但从总体上看，效率效应仍然是降低工业废水排放量的主力。自 2012 年后，安徽省排放系数效应贡献值开始变为正值，产业结构效应贡献值开始由正转负，根据前文数据描述分析的结果可以发现，2012 年后，安徽省工业废水排放量与工业用水量的比值开始上升，工业增加值占安徽省总产值的比重开始逐年降低。

安徽省有 16 个市，如果再单独分析各市在 2006~2015 年的每一个年际里的六个效应值，数据量将十分庞大，因此本节将主要分析各市在这 10 年间的累积效应和总效应，通过绘制各市的总效应值，也就是各市 2015 年相对于 2006 年的工业废水排放的变化量，如图 6-20 所示，发现安徽省仅有 6 个市的工业废水排放量下降，其中蚌埠市降低值最高，黄山市次之，之后为亳州市和合肥市，铜陵和池州的降低值都在 150 万吨以下；其余 10 个市均表现为上升，其中淮南、马鞍山、安庆、芜湖、滁州 5 个市的工业废水排放量增加值都在 2 000 万吨以上，阜阳和宣城在 500 万吨以上，而淮北、宿州和六安都在 500 万吨以下。

接下来根据表 6-9 来分析影响各市工业废水排放量的具体是哪些效应。首先来看废水排放量下降的 6 个城市，如图 6-21 所示，蚌埠市效率效应和排放系数效应对其废水排放量下降作用显著，收入效应对排放量增加的作用比产业结构、人口流动和人口三个效应贡献值之和还要高 4 871.57 万吨；亳州市、黄山市除了排放系数效应和效率效应会降低其工业废水排放量之外，人口流动效应也发挥了降低的作用，收入效应和产业结构效应仍然是增加工业废水排放量的最大因素；合肥市仅有效率效应发挥抑制作用，其余效应均是增加废水排放量，其中收入效应贡献值最大，人口效应最小；铜陵市是六个市中唯一一个产业结构抑制工业废水排放量增加的地区，另外其排放系数和效率两个效应发挥的也是抑制作

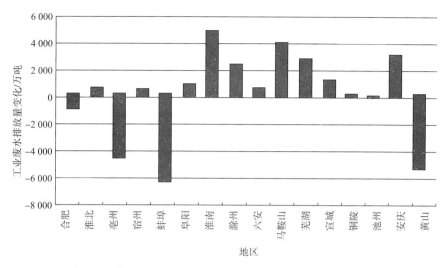

图 6-20 安徽省各市 2006~2015 年工业废水排放量变化总效应

用，同时铜陵市还是唯一一个收入效应增加排放量的贡献值小于人口流动效应的地区；池州市同黄山市和亳州市一样，人口流动效应发挥的是抑制增长的作用，但是其贡献值只有－1.61，主要贡献值还是来自于效率效应。

表 6-9 安徽省各市 2006~2015 年工业废水排放量变化的累积因素分解效应（单位：万吨）

地区	排放系数效应	效率效应	产业结构效应	收入效应	人口流动效应	人口效应	总效应
合肥	665.67	－11 546.80	1 702.31	6 634.32	1 438.06	32.12	－1 074.31
淮北	1 692.43	－8 071.30	574.79	5 910.66	310.84	28.26	445.67
亳州	－4 309.04	－9 700.88	2 841.37	6 473.04	－110.28	30.45	－4 775.33
宿州	－941.03	－7 982.59	1 963.40	7 521.59	－221.17	32.58	372.77
蚌埠	－5 846.94	－8 287.05	1 253.84	6 236.30	83.15	27.74	－6 532.98
阜阳	32.73	－3 253.24	844.31	3 280.15	－182.90	14.05	735.11
淮南	8 954.69	－10 630.90	－618.78	4 365.44	2 609.12	35.50	4 715.06
滁州	2 330.99	－7 185.74	1 262.03	5 930.40	－120.46	25.50	2 242.72
六安	888.18	－3 565.91	930.04	2 804.53	－569.53	11.98	499.29
马鞍山	－1 847.55	1 047.02	－1 651.85	7 235.18	－878.75	30.14	3 934.20
芜湖	645.71	－3 358.78	－374.15	5 636.56	23.53	19.08	2 591.94
宣城	1 401.40	－5 061.75	898.08	3 769.18	9.96	17.11	1 033.98
铜陵	－2 422.16	－4 388.02	－472.31	2 769.74	4 339.32	29.68	－143.75
池州	237.89	－2 888.33	428.30	2 106.76	－1.61	8.10	－108.89
安庆	2 921.19	－3 383.84	577.33	3 417.32	－583.30	14.94	2 963.63
黄山	－4 725.89	－3 853.79	265.56	2 762.37	－44.89	14.25	－5 582.38

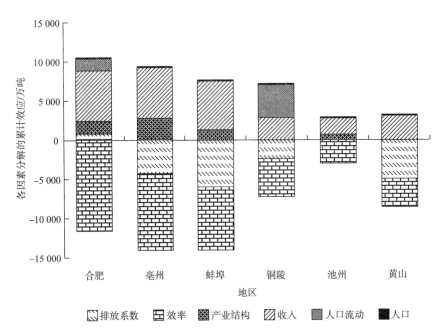

图 6-21　工业废水排放量减少的市区 2006~2015 年各因素分解效应

　　针对工业废水排放量增加的 10 个市，如图 6-22 所示，发现除马鞍山、宿州之外，其余城市的排放系数效应贡献值均为正值，因此这些工业废水排放量高的城市很有必要提高其废水处理回用率；另外，马鞍山工业废水排放量还依赖于产业结构效应和人口流动效应，但是马鞍山市的效率效应值为正值，也是这 10 个城市中，唯一一个效率效应不发挥抑制废水排放的地区，因此马鞍山有必要降低其万元工业增加值的用水量，提高用水效率。相比较于工业废水排放量减少的城市，人口流动效应在工业废水排放量增加的城市中发挥抑制排放的作用更为明显，贡献值也相对要大；在这些城市中，阜阳、滁州、六安和安庆都依赖于效率和人口流动效应来降低工业废水排放量，淮南和芜湖则是依赖于效率效应和产业结构效应，宿州和马鞍山是仅有两个排放系数效应贡献值为负的城市，二者的人口流动效应也同时为负值，除此之外，前者还依赖于效率效应降低工业废水排放量，后者则依赖于产业结构效应，淮北市则仅仅依靠效率效应来降低自身的废水排放量。

　　通过以上分析可以发现，在各市中，效率效应仅仅在马鞍山的贡献值为正值，其余均为负值，排放系数效应、产业结构效应、人口流动效应分别在 6 个、4 个、9 个市的贡献值为负值，也就是说对降低工业废水排放量来说，效率效应贡献最大，人口流动效应次之，其次再是产业结构效应和排放系数效应。收入效应和人口效应对各市的工业废水排放量的贡献值全部为正值，其中收入效应的贡献值最低为 2 106.76 万吨，最高达到 7 521.59 万吨，相对来说，人口效应的贡献值比较小，最高也仅仅为 35.50，最低只有 8.10，而且二者的最大贡献值和最小贡献值均在淮南市和池州市，因此，各城市中收入效应和人口效应对增加废水排放量的贡献较大。

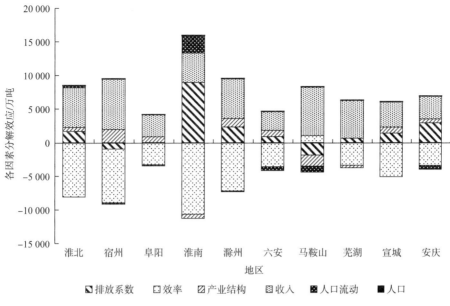

图 6-22　工业废水排放量增加的市区 2006~2015 年各因素分解效应

6.4　安徽省水资源使用效率变化及其收敛性

目前水资源短缺已经成为全球紧迫的问题，中国人均用水量较少，水资源直接关系到居民的健康和生存。特别是在中国的中部地区，水资源人均占有量较低，降水季节分布不均，流域内江河进入平原地区流速放缓，导致污染物扩散缓慢，水污染严重；中部经济相对于东部地区欠发达，水资源治理资金和技术还不到位，资源环保意识较差，导致了中国中部地区严重的水资源短缺问题。不同于中国西部地区的自然性缺水，中部地区本身水资源较为丰富，特别是多数处于温带季风或亚热带季风气候内，夏秋季节降水丰富，导致中部地区缺水的主要原因是水资源使用效率低下，以及大量的水资源浪费和污染。因此，解决中部地区的水资源困境的根本在于提高水资源的利用效率。中国有关水资源和环境生态保护的政策法规制定了一系列提高生活用水效率、工业和农业用水效率的措施。本节选择安徽省作为案例，研究节水型社会建设对安徽省水资源利用效率的影响，并分析安徽省水资源效率提高的收敛性，运用超效率 SBM-DEA（slack based measure-data envelopment analysis）和 Malmquist 指数相结合的方法测算安徽省水资源利用效率及其进步速度，根据效率测算结果分析水资源利用效率存在的 σ 收敛（σ-cobvergence）、β 收敛（β-convergence）和俱乐部收敛（club-convergence）。

6.4.1　文献回顾

鉴于水资源效率问题的重要性，专家学者不断深化研究该问题，取得了丰硕的成果。马海良等（2012）选取基于投入导向的 DEA 模型和 Malmquist 指数分析了我国各省（自治区、直辖市）的水资源利用效率，发现在区域上，各地区的利用效率存在较大差异，其中东部效率最高，而在时间上则表现出降—升—降的波动趋势；夏莲等（2013）在分析农业水资源利用效率时，以农户马铃薯的生产为例，通过 SFA 模型得到甘肃省 2007 年和 2009 年农户生产用水的平均技术效率达到 66.8%，但是水资源利用效率只有 29.5%，水渠情况、土地的质量对提高农业用水效率具有显著的作用；赵良仕等（2014）利用带有考虑和不考虑非期望产出的 DEA 方法，测度 1997~2011 年我国 31 个省（自治区、直辖市）的水资源利用效率，在此基础上实证检验我国省际水资源利用效率的空间溢出效应；王克强等（2015）基于多区域可计算的一般均衡（computable general equilibrium，CGE）模型，模拟分析了农业用水效率政策和水资源税政策对国民经济的影响，发现农业用水效率政策、水资源税政策效果好，有利于节约区域的生产用水量并促进经济增长；杨骞和刘华军（2015）同样将视角定位于农业用水效率，通过全要素效率测定发现，中国大部分地区的农业用水效率没有达到生产前沿，而在效率影响因素上，最重要的是农田水利建设以及环境规制。

6.4.2　水资源效率分析方法

本节选取安徽省作为中国中部地区水资源使用效率的案例进行研究，分析安徽省节水型社会建设的现状。

1. 超效率 SBM-DEA

针对多投入多产出多个决策单元的面板数据，DEA 可以运用处于不同水平的投入产出数据来构建生产前沿面，并以生产前沿面为基准，来判断各决策单元的技术和规模是否有效（刘玉海和张丽，2012）。目前应用较为广泛的 DEA 模型主要有 CCR 模型和 BBC 模型两种，但是二者都是从径向角度出发，认为投入产出指标不存在松弛性，能够以等比例缩小和扩大，在某些问题上，这样的假设基础会使度量的决策单元的效率值出现偏误（成刚，2014；刘秉镰等，2012）。为了规避这一缺点，Tone（2001）充分考虑了投入产出变量的松弛性，提出了基于非径向和非角度的 SBM 模型。考虑到在节水型社会建设过程中的投入具有可变性，本节采用 SBM-DEA 模型来测算安徽省在节水型社会建设背景下的水资源利用效率，其具体计算公式可以表示如下：

$$p^* = \min \frac{1 - \frac{1}{m} \sum_{i=1}^{m} \frac{s_t^+}{x_{ki}^t}}{1 - \frac{1}{n} \sum_{j=1}^{n} \frac{s_j^-}{y_{kj}^t}}$$

$$\text{s.t.} \begin{cases} \sum_{k=1}^{K} z_k^t x_{ki}^t + s_i^+ = x_{ki}^t, & i = 1, 2, \cdots, n \\ \sum_{k=1}^{K} z_k^t y_{ki}^t - s_j^- = y_{kj}^t, & j = 1, 2, \cdots, m \\ z_k^t \geqslant 0, s_i^+ \geqslant 0, s_j^- \geqslant 0, & k = 1, 2, \cdots, k \end{cases} \tag{6-20}$$

其中，x_{ki}^t, y_{kj}^t 表示第 k 个决策单元在第 t 个时期的投入值和产出值；s_i^+, s_j^- 表示第 i 个投入指标和第 j 个产出指标的松弛变量；z_k^t 表示第 k 个决策单元在第 t 个时期的权重值。

2. Malmquist 指数

根据式（6-20）第 t 时期的权重值 z_k^t，可以得到 $t \sim t+1$ 时期的绿色全要素生产率 ML 指数，定义为

$$\text{ML}_t^{t+1} = \sqrt{\frac{1 + \vec{D}^t\left(x^t, y^t, b^t; g^t\right)}{1 + \vec{D}^t\left(x^{t+1}, y^{t+1}, b^{t+1}; g^{t+1}\right)} \times \frac{1 + \vec{D}^{t+1}\left(x^t, y^t, b^t; g^t\right)}{1 + \vec{D}^{t+1}\left(x^{t+1}, y^{t+1}, b^{t+1}; g^{t+1}\right)}} \tag{6-21}$$

ML 指数可以进一步分解为表示生产前沿面从 $t \sim t+1$ 移动速度的技术效率变化指数（EC）和技术落后区域 $t \sim t+1$ 向技术先进区域生产前沿面追赶程度的技术进步（TC）：

$$\text{TC}^{t,t+1} = \sqrt{\frac{1 + \vec{D}^{t+1}\left(x^t, y^t, b^t; g^t\right)}{1 + \vec{D}^t\left(x^{t+1}, y^{t+1}, b^{t+1}; g^{t+1}\right)} \times \frac{1 + \vec{D}^{t+1}\left(x^t, y^t, b^t; g^t\right)}{1 + \vec{D}^{t+1}\left(x^{t+1}, y^{t+1}, b^{t+1}; g^{t+1}\right)}} \tag{6-22}$$

$$\text{EC}^{t,t+1} = \frac{1 + \vec{D}^t\left(x^t, y^t, b^t; g^t\right)}{1 + \vec{D}^{t+1}\left(x^{t+1}, y^{t+1}, b^{t+1}; g^{t+1}\right)} \tag{6-23}$$

借助线性规划方法在规模报酬不变和规模报酬可变的情况下，对安徽省水资源效率进行评价。技术进步的含义是全要素生产率的进步，包括技术的一般进步或者外部技术的引进。

$$\left[\frac{D_i^t\left(x_i^{x+1}, y_i^{t+1}\right)}{D_i^{t+1}\left(x_i^1, y_i^1\right)} \frac{D_i^t\left(x_i^t, y_i^t\right)}{D_i^{t+1}\left(x_i^{t+1}, y_i^{t+1}\right)}\right]^{1/2} \tag{6-24}$$

式（6-24）的值大于 1，也即技术效率指数大于 1，就表示与上一时期对比，全要素生产率有所提高，即有

$$M\left(x^{t+1}, y^{t+1}, x^t, y^t\right) = \text{TECH} \times \text{EFFCH} \tag{6-25}$$

当式（6-25）中的指数大于 1 时，地区全要素生产率从技术上和技术效率上都有很大的提升。

6.4.3　指标选取和数据来源

DEA 模型的特点是数据分为投入和产出两部分，且数据不需要进行量纲的处理。水

资源作为一种要素投入，在人类社会经济生活中必不可少，只有与其他要素相结合才能作用于经济社会。在进行社会化生产的过程中，最基本的投入要素是劳动和资本，水资源与劳动和资本结合参与社会化生产。

针对投入指标，从水资源投入、资本投入、劳动力投入三个角度出发，其中，资源投入可以用用水量来衡量，但由于不同的用水量作用不同，生活用水主要用于居民日常生活中，而农业和工业用水则是在经济生产中使用，二者之和可以简记为生产用水，因此资源投入最终确定生活用水和生产用水两个指标；在资本投入上，通过固定资产投资总额来表征；劳动力投入则取用年末从业人员总数。

水资源作为要素投入参与到经济活动中，最终目的是保障经济的发展，因此将地区生产总值作为经济发展的代理变量。具体指标体系如图 6-23 所示。

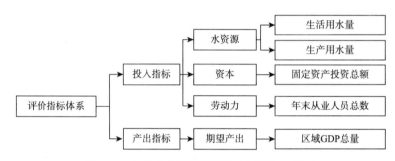

图 6-23　安徽省水资源利用效率评价指标体系

通过 2007~2016 年《安徽省统计年鉴》以及《安徽省水资源公报》获取安徽省 16 个市区的面板数据，其中，2011 年巢湖市撤销地级市，一区四县分别并入合肥、芜湖和马鞍山，因此针对 2006~2010 年巢湖市相关指标的数据，通过咨询安徽省统计局并进行了处理，分别划分到合肥、芜湖、马鞍山三市的相关指标中。

6.4.4　水资源利用效率结果分析

Malmquist 指数是技术进步和技术条件不变情况下技术效率两种变化的综合作用，可以很好地衡量安徽省各地市水资源利用效率的变化情况，结合软件 MaxDEA 6.0 可以得到安徽省 16 个市 2006~2015 年的水资源利用效率的 Malmquist 指数，具体如表 6-10 所示。

表 6-10　2006~2015 年安徽省 16 个市的 Malmquist 指数

地区	2006~2007 年	2007~2008 年	2008~2009 年	2009~2010 年	2010~2011 年	2011~2012 年	2012~2013 年	2013~2014 年	2014~2015 年	均值
合肥	1.224	1.233	1.227	1.266	1.096	1.158	1.113	1.188	1.046	1.170
芜湖	1.108	1.206	1.079	1.155	1.141	1.002	1.016	1.036	1.114	1.093
宣城	1.112	1.065	0.802	1.119	1.317	1.041	1.006	1.055	0.975	1.047
淮北	0.993	0.969	1.061	1.015	0.993	1.030	1.013	1.013	1.018	1.011
马鞍山	1.138	1.154	0.904	1.030	0.987	0.889	0.988	0.984	0.982	1.003

地区	2006~ 2007 年	2007~ 2008 年	2008~ 2009 年	2009~ 2010 年	2010~ 2011 年	2011~ 2012 年	2012~ 2013 年	2013~ 2014 年	2014~ 2015 年	均值
淮南	1.047	2.132	0.753	0.932	1.031	0.803	0.707	1.520	0.686	0.995
蚌埠	1.080	1.082	0.735	0.766	1.202	0.963	1.048	1.146	0.967	0.986
阜阳	0.982	1.310	0.759	0.966	1.035	0.979	0.973	0.979	0.961	0.985
宿州	1.256	0.971	0.782	0.927	1.050	0.992	0.931	1.008	0.99	0.983
黄山	1.011	0.960	0.912	0.972	1.016	1.025	0.960	1.011	0.947	0.979
滁州	0.839	0.857	0.794	0.985	1.357	0.955	0.966	1.071	0.967	0.965
六安	1.190	1.098	0.641	0.93	1.307	0.951	0.874	0.728	1.115	0.959
安庆	0.932	1.086	0.764	0.955	1.518	1.031	0.729	0.652	1.145	0.950
铜陵	0.939	0.884	0.887	0.999	1.018	0.994	1.007	1.114	0.740	0.948
亳州	0.883	0.861	0.754	0.816	0.979	0.974	0.954	0.982	0.940	0.901
池州	0.378	1.059	0.649	0.484	1.445	0.868	0.851	0.966	0.842	0.782
均值	1.007	1.120	0.844	0.957	1.156	0.978	0.946	1.028	0.965	0.985

注：因篇幅限制，本部分仅给出 Malmquist 指数，技术进步（TC）和技术效率（EC）不再列示

根据表 6-10 可以看出，2006~2015 年，安徽省各地市的 Malmquist 指数总体接近或者超过 1，说明各地区节水效率的进步向生产前沿面靠近，即各地区的综合用水效率有着明显的提升。分地区来看，进步速度最快的是合肥、芜湖、宣城、淮北、马鞍山，Malmquist 指数均超过 1，进步速度较快。效率较低的是池州，在 2006 年、2007 年 Malmquist 指数仅有 0.378，虽然 2010~2011 年达到 1.445 以及在 2011 年以后进步速度加快，但是整体效率依然偏低。铜陵和黄山的 Malmquist 指数呈现了一定的下降趋势，2014 年 Malmquist 指数甚至低于 2006~2007 年的增长，特别是铜陵地区 2014~2015 年 Malmquist 指数仅有 0.740，属于省内最低值。

虽然整体上安徽省各地市的水资源使用效率不断提高，但是部分地区形势仍然不宜乐观，安徽省 2015 年颁布实施的《安徽省节约用水条例》提出在全省范围内进行节水型社会的建设，将提高水资源的使用效率放在了突出位置，各地区贯彻实施的情况，直接决定了安徽省未来水资源利用效率的提升情况，目前这一举措尚未发挥作用，不过也已经从制度上为水资源高效利用提供了保障。

合肥市作为第三批水利部全国节水型试点城市，自 2008 年起就加紧节水型社会建设，并在 2013 年通过评审验收，这一建设计划近期为 2015 年，远期为 2020 年。根据图 6-24 的 Malmquist 指数分析结果，合肥市用水效率自 2006~2010 年呈现上升趋势，2011 年由于行政区划调整，巢湖地区并不在节水型建设行列，导致了合肥市 2012 年技术进步（TC）的下降，因而 Malmquist 指数相对下降，2011 年以后合肥水资源利用效率基本平稳，在 2014 年之后再次出现下降的态势。值得注意的是随着时间推移，合肥市的技术进步变化（TC）和技术效率（EC）的差距逐渐缩小，单纯地依靠技术投入已经难以满足合肥市节水型社会建设的要求，技术不变情况下技术效率的变动对于 Malmquist 指数的进步贡献度增加。因此，要提高合肥市水资源的利用效率，仍然要加强技术投入，技术进步是提高水

资源利用效率的一个重要方面，另外要重视技术效率的作用，低效率的技术进步难以维持水资源长期效率的提高。

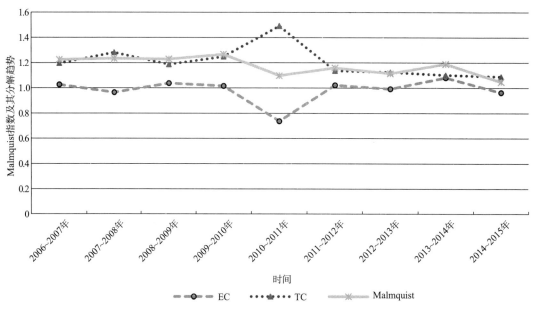

图 6-24　2006~2015 年合肥市 Malmquist 指数及其分解趋势

6.4.5　水资源利用效率的收敛性分析

根据 Malmquist 指数的分析，安徽省 16 个市之间的水资源利用效率存在较大差别。在安徽省即将全面实施节水型社会建设的背景下，水资源利用效率分布的不均性却很少引起重视。水资源所依赖的水循环不同于其他经济变量或者自然环境，具有高度的一致性，一旦水资源利用效率发展呈现非均衡的增长，很可能带来流域内水资源利用效率的下降，节水型社会建设的预期目标将难以实现。因此有必要分析安徽省各地市水资源利用效率是否收敛，符合怎样的收敛以及影响因素，以期为全面建设节水型社会提供参考。

1. 基本理论与模型

索罗在经济分析中将收敛纳入其中，其基本思想是：由于边际报酬递减，先发展地区会降低发展速度，后发展地区会自动拥有发展的空间，并且具有后发优势，因此不断追赶先发展地区，最终达到收敛。根据表 6-10 安徽省各地市 Malmquist 指数和图 6-24 合肥用水效率的分析，可以看出，合肥属于节水型社会优先发展的地区，受到技术进步影响作用减少，效率提升更多的依赖技术效率，降低了水资源利用效率的进步速度；池州在 2006 年的技术进步远小于合肥等地区，但是 2015 年技术进步速度与其他地区十分接近。因此，可以将经济学领域的收敛性引入水资源效率的分析。本节将各地市的水资源利用效率收敛性分为以下三类：σ 收敛、β 收敛和俱乐部收敛。

（1）σ 收敛。水资源利用效率的 σ 收敛，指各地区水资源利用效率对数值的标准差随着时间推移下降，将各地区的水资源利用效率记作 WRE_{it}，则有式（6-26）：

$$\sigma_{it} = \sqrt{\frac{1}{n}\sum_{i=1}^{n}\left(\ln\mathrm{WRE}_{it} - \frac{1}{n}\sum_{i=1}^{n}\ln\mathrm{WRE}_{it}\right)^2} \qquad (6\text{-}26)$$

其中，i，t 分别为样本和时间维度；n 取 16，表示安徽省所属的 16 个地市；σ_{it} 为 σ 收敛系数。

（2）β 收敛。根据新古典经济学理论，该收敛模型表示为

$$\ln\left(\frac{y_{i,t+T}}{y_{i,t}}\right)\Big/ T = \alpha - \left(\frac{1-\mathrm{e}^{-\beta T}}{T}\right)\ln y_{i,t} + \varepsilon_{i,t} \qquad (6\text{-}27)$$

其中，$y_{i,t+T}$，$y_{i,t}$ 分别为解释变量在 $t+T$ 和 t 时的值，这里指水资源利用效率值；T 为时间间隔；令 $\theta = -[(1-\mathrm{e}^{-\beta T})/T]$ 为趋同系数，则 β 为趋同速度。根据 Baumol（1986）的理论，要消除发达地区和后发达地区差距的一半时间被称为半生命周期（half-life of convergence）：$\tau = -\ln I/\ln(I+\theta)$，一般将趋同系数作为 β 收敛的值，因此 β 收敛的含义与 β 趋同速度是有差别的。如果趋同系数显著为负，说明水资源利用效率单位时间增长与初始水资源利用效率负相关，那么各地区之间的水资源利用效率是在趋同趋势，也就是水资源利用效率较低的地区效率变化速度要比初始水资源利用效率较高的地区进步要快，反之则不收敛。

模型（6-27）被称为绝对收敛，在模型中加入其他影响水资源利用效率的因素构成条件 β 收敛：

$$\ln\left(\frac{y_{i,t+T}}{y_{i,t}}\right)\Big/ T = \alpha - \left(\frac{1-\mathrm{e}^{-\beta T}}{T}\right)\ln y_{i,t} + \lambda x_{it} + \varepsilon_{it} \qquad (6\text{-}28)$$

控制变量 x_{it} 从工业、农业、居民三个方面进行选择：第一，工业废水处理（indwater），各地区每天的废水治理措施处理能力，单位万吨。工业废水的处理和可循环成为水资源有效利用的关键，可以直接提高地区水资源可使用总量。第二，节水灌溉面积（agrsvae）。农业灌溉用水作为主要的农业用水，其节约利用情况影响整体的水资源利用效率。第三，人均用水量（pwater），单位是立方米。通常可以按照人口对水资源进行加权，但是安徽省面临的一个问题是水资源总量并不贫乏，而是因为人口较多，所以水资源的利用效率与居民节约用水的情况密不可分。

（3）俱乐部收敛。根据 Galor（1996）的定义，俱乐部收敛指在一个区域存在收敛的前提下，区域内部较为先进的区域和较为落后的区域之间都存在各自的收敛，但是集团之间不存在收敛的情况。根据本节的研究目的，俱乐部收敛的含义是初始效率较低或者较高的地区之间存在收敛，但是初始效率较高的地区和初始效率较低的地区之间不存在收敛。俱乐部收敛的小区域划分的依据一般是制度、要素或者自然条件比较接近。由于样本为安徽省 16 个市，制度要素禀赋相差较小，自然条件和社会经济条件更具有可比性，使依据区域的划分得到的比较结论更为符合俱乐部收敛的理论。

安徽省跨越淮河和长江两大主要流域，且淮河是中国温带季风性气候和亚热带季风气

候的天然接线。安徽北部包括淮北、淮南、蚌埠、阜阳、亳州和宿州六个地级市，处于温带季风气候，降水量相对较少，划分为皖北地区；滁州、芜湖、宣城、铜陵、池州和黄山更为靠近长江流域，受到季风气候的影响降雨量相对丰富，且比较靠近江苏和浙江，属于安徽省经济相对发达的地区，划分为皖南地区；其余包括合肥在内的六安、安庆和马鞍山四个地区，则处于中间的过渡地带，降水气候性特征不明显，人口较为集中，划分为皖中地区。首先检验安徽省整体收敛是否符合 β 收敛，如果符合，则有必要按照这一划分对俱乐部收敛进行相关检验。其收敛判别标准与 β 收敛一致。

2. 收敛结果分析

根据模型（6-25），将 DEA 模型分析得到的安徽省各地市 2006~2015 年的水资源利用效率作为收敛变量，得到 2006~2015 年的 σ 收敛值，如表 6-11 所示。

表 6-11　安徽省各地市水资源利用效率的 σ 收敛

年份	收敛值	年份	收敛值
2006	0.563 6	2011	0.393 0
2007	0.608 8	2012	0.406 2
2008	0.533 1	2013	0.414 6
2009	0.528 5	2014	0.509 0
2010	0.571 3	2015	0.409 1

可以看出，2006~2015 年安徽省水资源利用效率存在 σ 收敛，虽然出现波动，但是 σ 收敛整体呈现下降趋势。2006 年 σ 收敛值为 0.563 6，最高时达到 0.608 8，但是随着时间的推移，2011 年以后收敛值基本低于 0.5，2011 年以后的 σ 收敛值明显低于 2011 年以前，虽然 2011 年巢湖市进行了行政区划调整，但是仅涉及合肥、芜湖和马鞍山，并且这一调整无论是对效率评估还是收敛都不会产生影响。2011 年包括合肥、铜陵、淮北、淮南等多个地区建设节水型社会取得显著成效，大量地区开展节水型社会建设，极大地提高了全省水资源的利用效率。

根据模型（6-27）和模型（6-28）计算安徽省水资源利用效率的绝对 β 收敛和条件 β 收敛，在条件 β 收敛分析中，加入影响水资源变动的相关约束因素，得到表 6-12 中的结果。

表 6-12　安徽省水资源利用效率的 β 收敛和俱乐部收敛

指标	全省		皖北		皖中		皖南	
	绝对收敛	条件收敛	绝对收敛	条件收敛	绝对收敛	条件收敛	绝对收敛	条件收敛
常数项	0.629 7***	0.328 5**	0.741 9***	0.594 1***	0.890 9***	0.594 1***	0.338 7***	0.237 3
	（0.083 7）	（0.029 1）	（0.142 8）	（0.209 2）	（0.064 5）	（0.209 2）	（0.240 5）	（0.540 8）
θ	−0.701 9***	−0.700 4***	−0.751 9***	−0.889 1***	−0.872 2***	−0.889 1***	−0.529 5***	−0.539 4***
	（0.106 0）	（0.084 2）	（0.140 4）	（0.061 9）	（0.055 2）	（0.061 9）	（0.162 7）	（0.167 7）
工业废水	—	0.039 2**	—	0.009 5*	—	0.009 5*	—	0.047 1**
		（0.025 4）		（0.015 3）		（0.015 3）		（0.048 8）

续表

指标	全省		皖北		皖中		皖南	
	绝对收敛	条件收敛	绝对收敛	条件收敛	绝对收敛	条件收敛	绝对收敛	条件收敛
变量 2	—	0.023 1[*]	—	0.000 8	—	0.000 8	—	− 0.025 7[*]
		（0.038 6）		（0.007 6）		（0.007 6）		（0.140 8）
变量 3	—	0.020 9[***]	—	0.042 7[**]	—	0.042 7[**]	—	0.069 9[**]
		（0.042 5）		（0.035 0）		（0.035 0）		（0.070 3）

***、**和*分别表示在 1%、5%和 10%的水平上显著

注：括号中的数字表示标准差

从表 6-12 可以看出，全样本的绝对 β 收敛和条件 β 收敛的 θ 值分别为− 0.701 9 和 − 0.700 4，且在 1%的水平上显著，说明安徽省水资源利用效率是存在 β 收敛的。进一步对是否存在俱乐部收敛进行检验，将安徽省分为皖南、皖北和皖中三个区域，可以看到 θ 值依然是显著为负，说明俱乐部收敛存在，同时在子样本内部同样存在着绝对 β 收敛和条件 β 收敛。

6.5　安徽省节水型社会建设综合评价

绩效评估体系涵盖的主要内容有评估目标、评估程序、评估指标体系和结果运用等，本节主要以"三条红线"为评估目标，对安徽省节水型社会建设绩效评估进行考核。"三条红线"主要涵盖用水总量、用水效率和水功能区限制纳污三个方面的内容，具体源于 2011 年的中央一号文件，文件出台之后，我国就从以上三个方面严格贯彻实行最严格的水资源管理制度。根据我国在各地区实行的主要政策，在评估节水型社会建设的过程中，本节首先立足于安徽省各年的综合实力，从多方面比较，选取合理的评估指标，对指标进行归类分层，建立指标体系，并通过适用的模型确定各指标的权重；其次根据各项指标结果确定安徽省 2006~2015 年节水型社会建设绩效评估总得分，进行综合比较，得到近十年的趋势变化；最后总结出安徽省节水型社会建设工作开展情况，并据此给出合理的结论和政策建议。

6.5.1　评估原则

评估工作与国家经济社会发展五年规划相适应，采用年度评估和期末评估相结合的方法，并规定每五年为一个评估期。先确定评估目标和工作计划，节水型社会建设绩效评估是以"三条红线"为评估目标，根据指标算出每年安徽省节水型社会建设绩效总得分，再进行比较。年度评估指立足于安徽省每年的节水型社会建设绩效评估，评估过程中要按时按质进行自我评估和结果上报，考核组应组织完成审查工作及进行抽样调查。

我国在五年规划结束之后，会于第六年的一月对我国该五年规划阶段的绩效进行评估，评估原则主要是根据前几年上报的工作总结、自我评估和指标数据完成情况（郭唯等，2014）。本节模型的构建立足于安徽省 2006~2015 年的节水型社会建设绩效总得分，因此可划分为两个阶段，根据得分结果分析安徽省节水型社会建设阶段性是否获得较为显著的发展。

6.5.2 指标体系的建立

安徽省属于中度缺水地区，存在严重的水资源问题，目前出现人均水资源量偏少的情况，主要源于其水体受到污染、自然水资源分布不均和开发水资源不合理等。针对安徽省的水资源问题，本着效率原则选取"三条红线"为评估目标，结合安徽省水资源利用特点，分模块对安徽省节水型社会建设绩效评估进行指标体系的构建，这三个模块分别是用水总量控制、水功能区限制纳污和用水效率控制（陶洁等，2012）。各模块评估意义各有不同，表 6-13 给出了每个模块指标体系所能关联到的制度建设和措施落实情况。

表 6-13　准则层各指标意义

评估项目	评估内容
用水总量控制	取水许可监管制度、水资源论证、规划水资源论证开展情况
	取用水计量设备安装情况
	"三条红线"指标分解下达情况
	地下水取水管理
水功能区限制纳污	水功能区管理
	水源地管理
	入河排污口监督管理
	河道整治和生态修复
	入河排污总量控制
用水效率控制	用水定额管理
	节水型社会建设
	计量管理、管网管理
	非常规水源开发利用
	水量调度实施情况

制度建设和措施落实都是为了提高节水型社会建设的绩效。而制度建设着重于以实现目标为准则来制定相应的规章制度，措施落实强调计划采取的相关措施在实际过程中的执行能力。在不同的指标体系模块中，为了更直观地考察各项制度措施在各个模块中所发挥的作用，本节针对各项政策措施选取相应的指标，其具体内容见图 6-25~图 6-27。

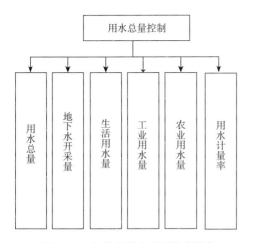

图 6-25　安徽省用水总量控制指标

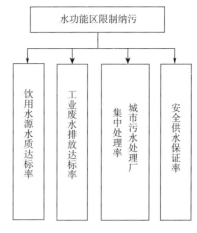

图 6-26　安徽省水功能区限制纳污指标

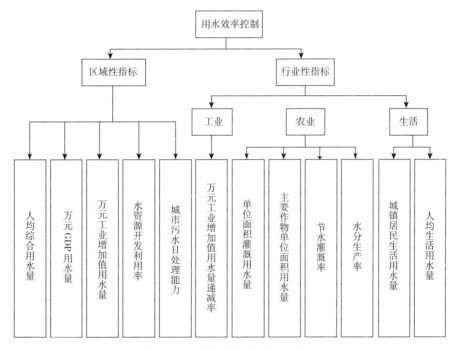

图 6-27　安徽省用水效率控制指标

6.5.3　实证分析

1. 数据预处理

选取的指标根据属性的不同，可分为正指标和负指标，前者表示在进行评估时指标值越大越优，后者则相反。由于是以"三条红线"为评估目标，可以将安徽省每年指标的真实值与 2015 年的计划值进行比较来对数据进行预处理，得到的结果便是安徽省节水型社会建设绩效发展状况较 2015 年"三条红线"的预计发展的情况，可以使节水型社会建设绩效评价更加具有现实性。

可设安徽省 2015 年所设定的指标数据为 H_{ij}，原始指标值可设为 C_{ij}。正指标以原始值为分子，2015 年指标数据为分母，负指标则相反，取值越大，表明该项指标的计划发展水平处在一个相对较高的水平；在此基础上，可以将 2015 年的计划取值当成建设成效的一个及格水平，通过给计算出来的比值赋上一个 0.6 的权重，得到两指标的计算公式为

$$\begin{cases} C_{ij(\text{归一})} = \left(C_{ij}/H_{ij}\right) \cdot 0.6 & \text{正指标} \\ C_{ij(\text{归一})} = \left(H_{ij}/C_{ij}\right) \cdot 0.6 & \text{负指标} \end{cases}$$

接下来可对安徽省节水型社会建设绩效评估体系相关数据进行预处理，结果如表 6-14~表 6-16 所示。

表 6-14　用水总量控制指标归一化数据表

指标	用水总量	生活用水量	工业用水量	农业用水量	用水计量率	地下水开采量
指标属性	负指标	负指标	负指标	负指标	负指标	正指标
2006 年	0.21	0.01	0.01	0.32	0.55	0.29
2007 年	0.01	0.14	0.07	0.01	0.10	0.71
2008 年	0.54	0.36	0.17	0.65	0.35	0.64
2009 年	0.94	0.57	0.67	0.99	0.45	0.77
2010 年	0.94	0.72	0.74	0.93	0.01	1.00
2011 年	0.98	0.81	0.50	1.00	0.90	0.01
2012 年	0.88	0.82	0.91	0.70	0.50	0.29
2013 年	1.00	0.87	1.00	0.88	1.00	0.02
2014 年	0.63	0.93	0.64	0.42	0.20	0.65
2015 年	0.88	1.00	0.69	0.72	0.05	0.92

表 6-15　水功能区限制纳污指标归一化数据表

指标	城市污水处理厂集中处理率	饮用水水源水质达标率	工业废水排放达标率	安全供水保证率
指标属性	正指标	正指标	正指标	正指标
2006 年	0.01	0.01	0.44	0.01
2007 年	0.21	0.25	0.01	0.46
2008 年	0.36	0.33	0.27	0.46
2009 年	0.50	0.64	0.27	0.85
2010 年	0.66	0.66	0.61	0.69
2011 年	0.78	0.84	0.75	0.85
2012 年	0.91	1.00	0.93	1.00
2013 年	0.94	0.94	1.00	0.92
2014 年	0.97	0.87	1.00	0.85
2015 年	1.00	0.90	1.00	0.85

表 6-16　用水效率控制指标归一化数据表

指标	万元 GDP 用水量	万元工业增加值用水量	万元工业增加值用水量递减率	单位面积灌溉用水量	人均日生活用水量	节水灌溉率
指标属性	负指标	负指标	正指标	负指标	负指标	正指标
2006 年	1.00	1.00	0.01	0.11	1.00	0.01
2007 年	0.72	0.67	0.74	0.20	0.67	0.17
2008 年	0.76	0.48	0.72	0.73	0.47	0.67
2009 年	0.70	0.40	0.46	1.00	0.01	1.00
2010 年	0.50	0.23	0.75	0.92	0.01	1.00
2011 年	0.34	0.11	0.93	0.95	0.28	0.92
2012 年	0.21	0.09	0.54	0.67	0.16	0.67
2013 年	0.14	0.05	0.74	0.34	0.18	0.42
2014 年	0.01	0.02	1.00	0.01	0.20	0.17
2015 年	0.01	0.01	0.76	0.18	0.28	0.25

指标	主要作物单位面积用水量	水资源开发利用率	水分生产率	城市污水日处理能力	城镇居民生活用水量	人均综合用水量
指标属性	正指标	正指标	正指标	正指标	负指标	负指标
2006 年	0.36	0.01	0.01	0.01	0.46	0.19
2007 年	0.01	0.63	0.15	0.40	0.01	0.01
2008 年	0.65	0.73	0.09	0.33	0.11	0.48
2009 年	0.99	1.00	0.11	0.49	0.05	0.85
2010 年	0.91	0.98	0.19	0.62	0.14	0.98
2011 年	1.00	0.77	0.36	0.50	0.39	1.00
2012 年	0.71	0.79	0.62	0.57	0.56	0.90
2013 年	0.90	0.20	0.63	0.85	0.65	0.98
2014 年	0.41	0.17	1.00	0.90	0.79	0.59
2015 年	0.74	0.09	0.93	1.00	1.00	0.81

2. 确定各指标权重

安徽省节水型社会建设绩效评估实行满分为 100 分的评分方法，用水总量控制、水功能区限制纳污和用水效率控制的重要性占比相同，故可直接对各模块得分进行加权平均法计算得分。

本节采用熵值法，熵值法是依据信息论的原理解释，是反映整体有序程度的度量工具，若熵值越大，说明指标反映的信息量越大，若熵值越小，说明指标反映的信息量越小。熵值法能够有效避免层次分析法中其他赋权方式的主观性等方面的缺点。

接下来运用 MATLAB 得到各指标的最终权重，如表 6-17 所示。由表 6-17 可知，在各指标的权重大小排序中，权重最高的指标是万元工业增加值用水量，其次是单位面积灌溉用水量，而且权重最大的指标均分布在用水效率控制这一模块，而权重排序 11、12、14、16 均位于用水总量控制模块，水功能区限制纳污模块的指标权重排序则最靠后，这说明用水效率控制对于节水型社会建设成效来说发挥着十分重要的作用，提高农业、工业和生活用水效率在贯彻最严格的水资源管理制度中有着举足轻重的地位。用水总量控制模块的各用水量衡量指标次之，可见在提高用水效率的同时，还要进一步考虑如何降低经济社会中的各项用水量。水功能区限制纳污模块与饮用水安全相关的指标重要性最低，这主要是因为随着社会进步，以及自来水和净水器等推广使用，目前的饮用水安全性较以前也已经得到有效控制，然而虽然它们权重较小，仍然需要给予较高的重视。

表 6-17　各指标权重分布表

目标	指标	权重	权重排序
用水总量控制	用水总量	0.039 2	12
	地下水开采量	0.046 1	14
	生活用水量	0.060 1	16
	工业用水量	0.036 8	11
	农业用水量	0.084 5	20
	用水计量率	0.066 6	18
水功能区限制纳污	饮用水源水质达标率	0.090 1	21
	工业废水达标排放率	0.083 9	19
	城市污水处理厂集中处理率	0.095 8	22
	安全供水保证率	0.063 5	17
用水效率控制	人均综合用水量	0.033 9	9
	万元 GDP 用水量	0.050 8	15
	万元工业增加值用水量	0.011 7	1
	水资源开发利用率	0.028 7	7
	城市污水日处理能力	0.039 9	13
	万元工业增加值用水量递减率	0.025 5	5
	单位面积灌溉用水量	0.014 2	2
	主要作物单位面积用水量	0.027 4	6
	节水灌溉率	0.036 3	10
	水分生产率	0.015 3	3
	城市居民家庭用水量	0.033 3	8
	人均日生活用水量	0.016 4	4

3. 结果分析

以各指标的权重为系数，对各指标标准化数据加权求和，计算出安徽省节水型社会建设绩效评估综合得分，为了使结果更直观，绘制出如图 6-28 所示的折线图。

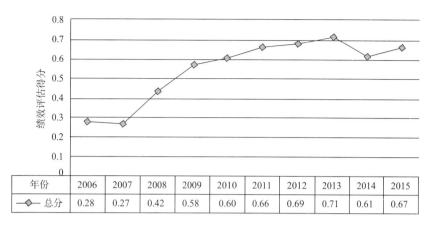

年份	2006	2007	2008	2009	2010	2011	2012	2013	2014	2015
总分	0.28	0.27	0.42	0.58	0.60	0.66	0.69	0.71	0.61	0.67

图 6-28　安徽省 2006~2015 年节水型社会建设绩效评估得分

由图 6-28 可以很直观地看出，安徽省节水型社会建设成效仅仅在 2007 年和 2014 年出现过下降，其余年份一直保持较好的增长趋势。2006 年安徽省节水型社会建设水平还较低，该年淮北市作为安徽省的代表城市进入了全国节水型社会建设试点，随后安徽省开始逐步探索节水型社会建设的道路，在建设初期，成效还不是很显著，而且 2007 年的建设成效较 2006 年下降了 3.571%，成为近 10 年来的最低水平，随后两年上升速率较快，年均增长率达到 46.83%。

2009 年和 2011 年，合肥市、铜陵市前后分别开始走上节水型社会建设之路，2012 年淮北市试点建设成果成功被验收，成为安徽省首个"全国节水型社会建设示范市"。但 2010~2013 年安徽省节水型社会建设成效增长放缓，年均增长率仅为 5.22%。节水型社会建设成效在 2013 年达到最高，而 2014 又出现了下降，建设成效降至与 2010 年水平相当，2015 年继续回升，水平仅低于 2012 年和 2013 年，仍然处在较高水平，说明安徽省节水型社会建设在近十年内发展迅速，政府相关政策实施取得了实质性的进展。

6.6　结论与政策建议

6.6.1　主要结论

在分析安徽省的水资源基本情况时发现：安徽省的水资源总量在全国处于中等水平，但是人均水资源量却处于中等偏下水平。安徽省人口众多，一方面使人均水资源拥有量减少，另一方面也增加了生活污水等的排放，但安徽省的生活用水量依然是三大用水量中最少的，农业用水依然占比最大。

在节水型社会建设之后，发生如下变化：①安徽省水分生产率显著提高，单位面积的用水量得到有效降低。②工业用水效率得到提高，万元工业增加值用水量、万元 GDP 用水量逐年下降，与此同时，废水排放达标率、城市污水处理厂集中处理率也呈现出逐年递增的状态。③节水型社会建设带给安徽的不仅是水资源利用效率的提高，更带来了巨大的生态效益和社会效益，改善了农村居民的饮用水问题，保障了居民的饮用水安全。④通过安徽省水资源利用效率和效率进步的评估，得到了安徽省各地区水资源利用的效率特征，可以看出随着节水型社会建设的开展，安徽省整体的水资源利用效率不断提升，水资源效率的差距呈现缩小的趋势。根据这一特征分析了安徽省水资源效率的 α 收敛、β 收敛和俱乐部收敛，发现这几种收敛形式在安徽省水资源效率中都得到验证。⑤自 2007 年淮北市开始节水型社会建设之后，安徽省节水型社会建设水平绩效显著，基本保持上升趋势，2013 年合肥市试点通过国家验收，该年安徽省也达到了最高绩效，随后出现小幅下降，但在 2015 年又迅速回升，从总体上来看，节水型社会建设确实对安徽省水资源利用情况具有明显的效用。

6.6.2　相关政策建议

根据以上分析，对安徽省的节水型社会建设现状有了更具体深入的了解，根据研究过程发现的问题或受到的启发有针对性地提出一些政策建议，希望能有助于安徽省更好更快地建设节水型社会，实现绿色可持续发展。

1. 全面提升水资源利用效率

根据本章的实证分析，安徽省在建设节水型社会的进程中，极大地提高了水资源利用效率，特别是合肥、铜陵等国家级节水试点城市的一系列举措，提高了当地水资源利用效率。水资源是一个整体的生态系统，水资源的流动性决定了部分地区节水难以实现全省范围内水资源的有效利用，因此需要各地区水资源利用效率同步提高。根据 Malmquist 指数分解收敛理论可以看出，随着水资源效率的提高，单纯的技术投入对水资源效率的提升作用降低，初始水资源效率较高的地区效率值增速放缓，这时想要突破这一瓶颈就需要提高技术效率。因此，安徽省节水型社会要想快速发展，必须做到区域效率同步、效率提升同步，各行各业应增强自身的生态发展意识，不能再一味地追求经济水平的发展，应该致力于将经济水平的发展与生态水平的进步有机结合起来，追求发展绿色经济（倪红珍等，2004），从整体上提升水资源效率。

2. 全面开展工业、农业节水

水资源的主要用途是工业、农业和生态用水。高耗水项目、高耗水工艺和落后设备是水资源利用效率低下的主要原因，创新优化节水体制，开展化工、钢铁等高耗水企业节水技术改造，建设低能高效的新型产业，有助于缓解水资源压力。而重视污水处理有利于提高水资源的重复利用率，同样是资源短缺背景下的有力举措，应当得到全社会的重视。安徽省沿淮和沿江流域设有大量高耗水的工业企业，工业废水排放量巨大，因此，在工业方面，应该以最严格的水资源管理制度为准则，严格控制工业废水排放，而且针对排放的污水，也要加大技术改进和资金投入，提高工业废水治理效率和重复利用率。

安徽省是农业大省，粮食生产关系到全国的战略安全，保证提高水资源效率也就是保持安徽省农业大省的地位，维护全国的粮食安全。但是安徽省农作物生产灌溉用水落后，传统的浇灌形式仍然十分普遍，而且部分地区水利设施不健全。安徽省季风性气候特征明显，降水集中在每年的 7~8 月，部分地区落后的水利设施，导致雨季洪涝严重，旱季无水可用的局面，这极大地降低了水资源利用的效率。因此，在落后地区，首先要解决的是水资源的时间和空间分布问题，加大水利设施建设，提高水资源利用率，调整种植结构，节约农业用水，提高灌溉效率，增加灌溉方式。而在农业水利相对完善的区域，灌溉技术尚有较大的改善余地，推广喷灌、滴灌、渗灌等先进的高效灌溉技术，提升农业器具水平，增强农业科技能力，提高田间水利用率，使农业用水效率在科技的作用下取得较大的进步，当然最重要的还是提高农民的节水意识。

3. 加强水污染治理和水资源再利用

根据世界缺水分布图，安徽省属于淡水资源缺乏地区，即使夏秋季节季风气候带来大量降水，也难以直接转换为可利用的工业用水、农业用水和饮用水。目前，安徽省只有合肥市依托国家级节水城市试点的优势，建立雨污分离收集体系，一方面综合治理了城市防洪，另一方面也提高了有限的水资源利用效率。雨水收集对工程技术的要求比较高，相关设施在建设上也需要大量的成本，安徽省内多数区域尚不具备装备条件，但是可以从中获取水资源利用的有益经验。安徽省淡水缺乏，大量的淡水资源遭到污染，因此，目前最为紧要的工作是保护有限的淡水资源，防止水污染，加强污染处理，实现水资源的合理循环利用。

4. 紧抓水资源管理，积极推进水利改革

近年来，安徽省水资源管理制度并不是十分健全，为了规范推进安徽省节水型城市建设、水生态文明城市建设，政府应该建立科学优质的水利资源管理体系，让各级部门配合更加高效；并且密切监督各地的水资源管理政策的实施，提高对各市水资源管理的要求；除此之外，进一步完善水利投资体系，使其更加多元化、深层次化也十分必要；在投资方面，应该推广节水器具等的使用，加大对非常规水源开发利用的投资力度。

5. 全社会节水

水资源关系到人类的健康和生存，生活用水的质量关系到居民健康和民族未来。目前来讲，相对于温室效应、雾霾污染等问题，中国的水污染问题更加严重，但是却没有能够得到居民、学者和政府的重视。这一原因是居民对水资源状况缺乏了解，居民没有接触水资源的处理，导致居民日常用水过程中存在着大量的浪费行为。节水型社会建设是一件"功在当代，利在千秋"的工作，它的现时投入回报可能并不明显，但是我们要关注其长远意义。

政府还需在全社会范围内加强宣传，合理调整城市供水价格，引导和提高全民节水意识，提高居民的水资源保护意识。政府应该以相关节水日、社区活动日等为契机，在居民中进行水资源相关知识的普及和宣传，向居民解释目前水资源短缺的现状，可以通过播放纪录片等形式让居民了解中国部分地区的水资源短缺现象，同时也要让居民了解各地建设节水型社会获得的效益，从而让居民切身体会到水资源的价值，以及建设节水型社会的必要性。在此基础上，政府可以进一步向居民普及日常生活中的节水措施，让居民感受到日常节水的切实可行。

6.7　案例：服务业绿色节能清洗现状调查

加强节能减排，实现低碳发展，是生态文明建设的重要内容，是促进经济发展的必经之路。近年来，经济的快速发展提高了人们的生活水平，但也带来了一些负面的影响，如资源短缺、环境恶化等。虽然政府已经加大了节能减排和环境治理的力度，但各行各业仍存在着许多能源资源浪费的行为。本案例以安徽省蚌埠市为例，针对洗车行业绿色节能节水方面展开调查，通过对洗车行业的调查以及查阅相关资料，对全自动洗车与人工洗车进行了全面对比分析，并主要针对洗车行业浪费水和不合理排污的现象，提出了一些优化改进的方案，尝试在以蚌埠市为例的四五线城市发展推广全自动洗车机的使用。根据调查结果，基于政府提出的绿色发展理念，尝试设计并优化现有的洗车行业工作模式。本次调查旨在分析并改善洗车行业浪费能源资源的现状，加强人们的节水节能意识，科技节能节水，深化绿色环保，更快地推进节能减排政策的发展。

6.7.1　研究背景及意义

1. 课题研究背景

"十一五"规划和"十二五"规划纲要中都明确指出了要坚持可持续发展，保护环境、改善环境，中国还明确指出要坚持绿色发展，着力改善生态环境。政府的一系列政策都表现出了对能源资源不合理利用等问题的高度重视，所以我们要以科学发展观为指导，不仅坚持节约资源和保护环境的基本国策，更要坚持全面节约，合理高效利用资源。与此同时，也要强化约束性的指标管理，并实行能源及水资源消耗等总量和强度的双重控制行动。要实现全民的节能绿色行动计划，提高节能、节水、节地、节材、节矿标准是必要的，而开展能效、水效领跑者引领行动也是必不可少的（李荣融，2007）。

如今在中国社会经济飞速发展的同时，居民生活质量也随之提高，汽车作为现代社会的代步工具，作用也越来越大。随着其规模的迅速膨胀，洗车行业进入了一个高速发展的阶段。作为一个需要大量用水的行业，洗车行业带给人们许多便利，同时也带来了很多烦恼。人们在追求更高质量的生活时，也更加关注自己周围的环境问题。随着相关节水政策的倡导，人们对节能减排产品的兴趣大大提高，传统的手工洗车行业浪费水、不合理排污等行为，与我们倡导实行的可持续发展政策背道而驰，坚持可持续发展就要打破常规，寻求对环境、对人们更好的发展方式（欧小媛，2007）。全自动洗车机就是在此基础上产生并发展起来的一种新型洗车工具，它可以有效改善传统手工洗车浪费水、效率低等一系列问题。

2. 研究目的和意义

1）研究目的

众所周知，洗车行业引进全自动洗车机，给传统的手工洗车带来了很大的冲击，但高效环保的洗车模式也迅速被人们认可。本节通过关注城市中随处可见的洗车行业，关注洗车行业浪费水资源的现象，对传统的手工洗车与新兴的全自动洗车进行全面的调查对比，了解国内外洗车行业的发展现状，并针对国内现在的情况提出一些合理的意见和建议，尝试解决这些存在的问题。根据调查结果，基于政府提出的绿色发展理念，尽力向洗车行业推广全自动洗车机，加大全自动洗车机在各地区的使用范围，尝试设计并优化现有的洗车行业工作模式。

2）研究意义

（1）对比国内外洗车行业和洗车技术的现状，针对国内洗车行业水资源浪费和污水处理的不合理问题，提出合理的意见和建议，促进洗车行业节能减排模式的发展。

（2）通过对全自动洗车机的研究、对洗车行的实地调查和对有车一族的问卷调查，提出合理的优化方案，改善洗车行业能源资源浪费、污水处理不合理的现状。

（3）倡导人们绿色洗车，节约资源，解决人们生活中遇到的洗车方面的问题。推广全自动洗车机，加强人们对绿色节水洗车方式的认识，向人们普及全自动洗车的优点，提高人们的节水节能意识，从而促进全社会环保意识的提高。

3. 相关国内外研究进展

1）国外研究现况

在全球化发展已是大趋势之时，欧洲、北美洲等地区的汽车已经相当普及，据相关数据反映，如今全球汽车保有量最多的国家就是美国，其中 1/5 都是美国人所持有的汽车，具体则是平均每一点几人就拥有 1 辆家庭小轿车。令人意外的是，在美国却只有不到 3 万家洗车行。美国洗车行为数不多的原因，主要是因为国民自助洗车已经是美国人生活中不可缺少的一部分，并不是美国没有相关洗车行，而是这些更加方便快捷的自助式投币刷卡洗车方式，已经在美国各种场所得到普及，美国居民十分习惯这种节能的方式。

2）国内研究现况

过去十余年，中国经济高速发展的同时，国民购买力也在相应提升，2001~2014 年，中国汽车产销量实现大幅度增长，汽车产销量分别从 234.4 万辆和 236.36 万辆增至 2 372.3 万辆和 2 349.2 万辆，中国也逐渐成为全球汽车行业的主要增长点（郭政和黄佳敏，2013）。而以私家车为主的乘用车逐渐成为汽车市场的消费主力，根据公安部统计，2015 年末中国汽车驾驶人数已超过 3.27 亿人，以个人名义登记的私家车为 1.24 亿辆，乘用车市场前景广阔。在洗车行业里，中国目前拥有 3 万多家以上的洗车行，按年份平均下来，每家店要洗4万多辆车。但现实情况却不容乐观，中国大多数洗车行都分布在城市的外围，给洗车用户造成了极大不便，不仅降低了人们的工作效率，也浪费了不少国家资源，存在很大弊端。

目前国内传统的洗车行大多是一把充满自来水的高压水枪和几块大毛巾，用这样的简单设备对车进行清洗，由此可见洗车用水浪费现象会有多么严重，尽管某些洗车行的洗车房内配备了循环水洗车，但也如同摆设。同时，洗车行的污水大多得不到合理的处理，减排和节水应用都难以得到推广（蒋秋凤和陈琳，2011；李欣，2011；赵放，2009）。

4. 研究内容

研究内容具体包括：①全自动洗车机和人工洗车在洗车方式和用水用电等方面的详细对比分析；②调查分析全自动洗车机的各种应用；③基于蚌埠市洗车行业及有车一族进行实地走访和问卷调查；④全自动洗车机省水、省电、省时、能耗分析；⑤全自动洗车机的应用和推广。

6.7.2　全自动洗车机与人工洗车的对比差异

1）人工洗车简介及优缺点

（1）人工洗车概述。

这里指的是洗车行中工作人员人工洗车过程，包括接车、冲车、打泡沫、擦车内外部等环节。

（2）人工洗车优点。

第一，洗车效果佳。大部分车主认为人工洗车干净，效果好。

第二，价格实惠。人工洗车价格便宜，经济实惠，大众接受度高。

（3）人工洗车缺点（周昱等，2011）。

第一，耗费时间多。人工洗车比较耗费时间，至少需要20分钟，工作效率很低，且车主到洗车行还需要耗费等待时间。

第二，耗水量大。人工洗车耗水量大，不符合节能减排的要求。

第三，车辆容易受损。根据大量调查可知，人工洗车由于受多种人为因素影响，很容易使车辆外观及内部受到磨损。

第四，发展前景不佳。与全自动洗车机相比，人工洗车没有树立品牌形象，不利于后期的发展。

2）全自动洗车机简介及优缺点

（1）全自动洗车机概述。

全自动洗车机全称为全电脑自动洗车机，它可以通过电脑设置相关程序从而来实现自动清洗、打蜡等工作，分为无接触式自动洗车机和毛刷式自动洗车机。

随着社会的发展，全自动洗车机逐渐普及，人们渐渐地熟悉和了解全自动洗车机，有车一族也开始尝试并喜爱上全自动洗车机。使用全自动洗车机洗车在一二线城市里成为一种潮流（吕瑜洁和陶幸，2006）。

（2）全自动洗车机的优点。

第一，安全性高。全自动洗车机的工作原理是按照电脑事先设计好的程序操作，从而来控制进行全自动洗车，安全性较高，能够免除很多人身、设备意外事故。

第二，便捷高效。全自动洗车机洗一台车最多需要 10 分钟，大幅度减少了人工洗车所耗费的时间，提高了洗车的工作效率。

第三，节约水资源。全自动洗车机相当节约水资源，每洗一辆车仅需要 10~12 升水。如果按照一家洗车行每天洗车 120 辆来计算，每天全自动洗车机总共能够节约水 1~2 吨，那么每年一共可以节约水资源 300~850 吨。同时，洗车行可以回收洗车所使用的废水，不仅符合环保理念，而且可以大量节约水资源（詹兴旺，2003）。

第四，发展前景较好。人工洗车一般给车主的第一印象是环境脏乱，而全自动洗车机容易给车主一个高档的形象，发展前景较好。

（3）全自动洗车机的缺点（蒋宇和王明刚，2007；毛海峰，2009）。

第一，清洁不彻底。相较于人工洗车来说，全自动洗车机在细节方面做的还是不足，无法将汽车外部内部的每一个角落都完全清洁干净，清洗得不够彻底。

第二，耗费多余的人力。经过全自动洗车机洗车后，车子内部仍需要几个人来进行清洁。

第三，前期投入大，回收期长。购买一台全自动洗车机至少需要十几万元，多则几十万元，前期投入的资金较多。

6.7.3 问卷调查结果及具体分析

1. 调查设计

1）调查背景

近年来国家大力推进节能减排的发展，各行各业也积极响应国家可持续发展的政策。洗车行业的节能减排项目也日趋多样，如今新兴的全自动洗车机渐渐映入人们的眼帘，走进人们的生活，响应着国家的可持续发展政策（李涛等，2010）。

2）调查目的

通过对安徽省蚌埠市洗车行的实地调查，对有车一族发放问卷，了解该市洗车行业的发展现状，提出相应的意见和建议，并尝试推广全自动洗车机的应用。

3）调查实施

（1）调查范围：蚌埠市怀远县、固镇县、五河县，以及龙子湖区和高新区的各大洗车行。

（2）调查对象：蚌埠市有车一族。

（3）调查方法：简单随机抽样、多层次简单抽样等。

（4）调查内容：用户洗车情况、洗车行情况、用户的洗车体验。

2. 调查结果

1）用户洗车情况

这一部分分为三个问题，"您平时几天洗一次车？"、"您每次洗车需要花费多少钱？"以及"您最近一次去洗车行洗车花费多长时间等待？"，调查结果分别如图 6-29~图 6-31所示。

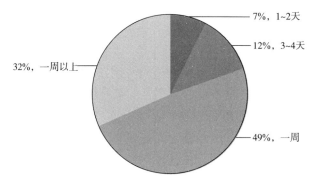

图 6-29　洗车频率

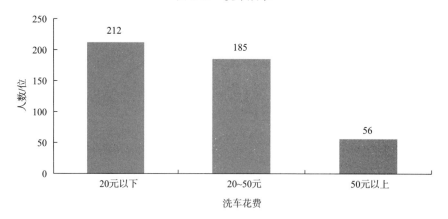

图 6-30　洗车花费

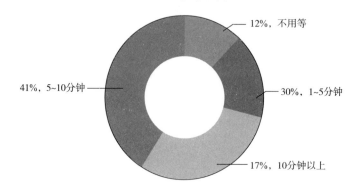

图 6-31　洗车等待时间

从图 6-29 可以看出，所调查的 453 位有车族中，有 49%的人平均 1 周洗 1 次车，而 32%的人平均超过 1 周才洗 1 次车，少部分人洗车较勤。这说明了在安徽省蚌埠市这样的中小型城市，有车族基本上 1 周洗 1 次车，不是很频繁。

由图 6-30 可以看出，大部分调查对象每次洗车花费 50 元以内的费用，可见在类似蚌埠市规模的城市洗车成本并不是很高。

关于洗车等待时间（图 6-31），一般情况下去洗车行洗车所需的等待时间在 10 分钟之内，有 41%的人的等待时间为 5~10 分钟，有 17%的人的等待时间为 10 分钟以上。等待时间基本上较短，属于可以接受的范围。

2）洗车行情况

这一部分分为四个问题，"洗车员一般用多长时间洗完一部车？"、"您去过的洗车行有全自动洗车机吗？"、"您有用过全自动洗车机洗车吗？"和"全自动洗车机洗车一般耗费您多长时间？"，调查结果分别如图 6-32~图 6-35 所示。

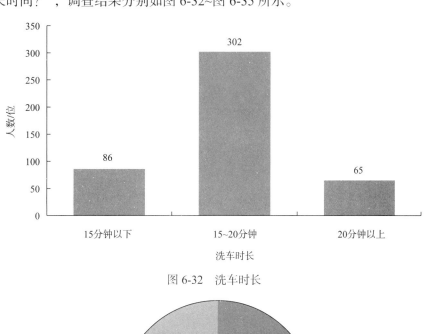

图 6-32　洗车时长

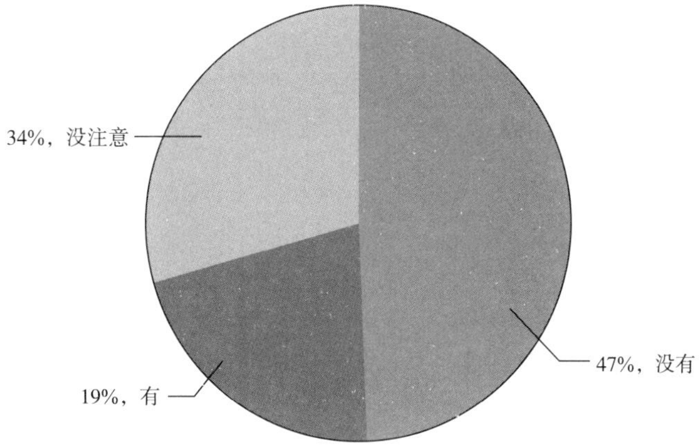

图 6-33　有无全自动洗车机

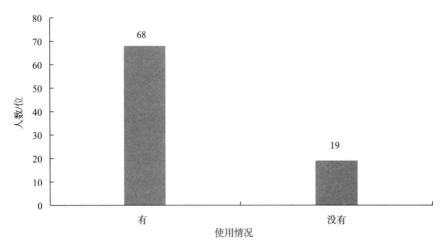

图 6-34　全自动洗车机的使用情况

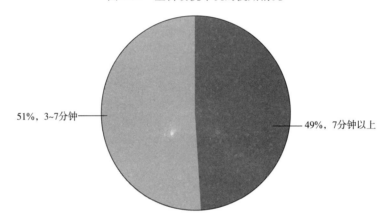

图 6-35　全自动洗车机洗车用时

由图 6-32 可以得出，所调查的蚌埠市洗车行中，目前绝大多数洗车员平均需要 15~20 分钟洗完一部车，少部分较慢，需要 20 分钟以上。能在 15 分钟以下洗完车的洗车员较少，且洗车质量高低无从得知。

从图 6-33 可以得出，有 19% 的调查对象注意到他们去过的洗车行有全自动洗车机，47% 的调查对象注意到他们去过的店中没有洗车机，还有 34% 的用户平时只尝试过人工洗车，并没有注意过平时去的洗车行是否有全自动洗车机。

由图 6-34 可以得出，在上一个问题调查到的 87 位注意到平时常去的洗车行有全自动洗车机的调查对象中，有 68 位用过全自动洗车机，还有 19 位没有尝试过。

由图 6-35 可以得出，有 51% 的用户表示用全自动洗车机仅仅需要 3~7 分钟就可以完成清洗，将近 49% 的用户表示需要 7 分钟以上，这证明了使用全自动洗车机相较于人工洗车非常节省时间。

3）用户的洗车体验

这一部分分为五个问题，"您理想的洗车时间是多少分钟之内？"、"您觉得全自动洗车机与人工洗车相比有什么优点？（多选）"、"您更偏向哪种洗车方式？"、"在清洗效果相同的情况下，您会选择更加节水的洗车方式吗？"以及"您认为全自动洗车机耗电多吗？"，调查结果分别如图 6-36~图 6-40 所示。

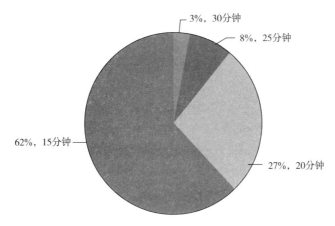

图 6-36　消费者理想洗车时长

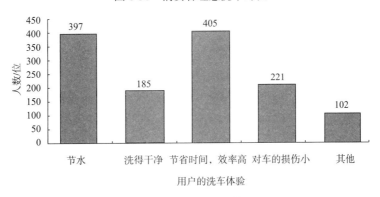

图 6-37　用户的洗车体验

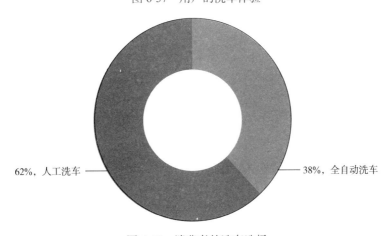

图 6-38　消费者的洗车选择

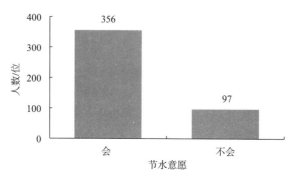

图 6-39　消费者的节水意愿

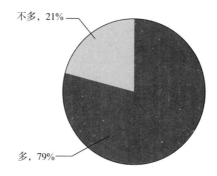

图 6-40　消费者对全自动洗车机耗电的认识

由图 6-36 可以得出，62% 的有车族认为，理想的洗车时间为 15 分钟之内；27% 的有车族认为，理想的洗车时间为 20 分钟。可见作为顾客，大家都希望洗车时间越短越好，效率越高越好。

在这道多选题中，提供了"节水"、"洗得干净"、"节省时间，效率高"、"对车的损伤小"以及"其他"这五个选项，由图 6-37 可以得出，绝大多数的用户都认为，全自动洗车机相较于人工洗车更加节水和节省时间，效率高，有将近一半的用户都认为全自动洗车机对车的损伤小。可见，虽然所调查的蚌埠市有车一族只有少部分使用过全自动洗车机，但是大家从各种渠道得到的信息或体验，都认为全自动洗车机有很多突出的优点。

由图 6-38 可以得出，目前所调查的蚌埠市 62% 的有车一族更倾向于人工洗车，38% 的有车一族倾向于全自动洗车。这很好理解，因为蚌埠市目前没有全面普及全自动洗车，只有少部分人尝试或了解过全自动洗车机，因此倾向于全自动洗车的人相较于人工洗车的人少。所以，像蚌埠市这样的没有全面普及全自动洗车的城市更适合于推广全自动洗车机，发展前景更好，更有利于推进节能减排，促进可持续发展。

由图 6-39 可以得出，在清洗效果相同的情况下，有 79% 的有车一族愿意选择更加节水的洗车方式，证明大家的节能减排意识较强，愿意为保护环境贡献出自己的一份力量。

由图 6-40 可以得出，79% 的有车族认为全自动洗车机耗电多，仅有 21% 的人认为全自动洗车机耗电不多。其实这是一个误区，全自动洗车机在使用过程中耗电较少，成本很低，只是机器较多，会给人造成耗电较多的误解。关于耗电量这一点将会在 6.7.4 节进行具体分析。

通过对回收的 453 份问卷数据的分析,我们得到了蚌埠市有车一族对于洗车及洗车行的一些具体信息和看法。大部分有车的人会选择 1 周左右洗 1 次车,每次洗车的花费在 20 块钱左右,但多数人表示洗车需要等待 5~10 分钟,时间不长,算是可以接受的范围。但是,随着经济的发展,人们生活压力越来越大,生活节奏也越来越快,人们可能不会为了洗车浪费耐心和精力,这时候就需要有更高效率的洗车方式。

全自动洗车机是一类新型的高效节能的洗车机器,它不仅洗车速度快,还更加节水节能,可以为有车一族提供更好的服务。但是,在调查中发现,蚌埠市在全自动洗车机的发展方面还处于萌芽状态,全市洗车行业拥有的全自动洗车机为数不多,仅有很少一部分配备了全自动洗车机。在调查的有车一族中也仅有 15%左右的人用过全自动洗车机洗车,可见蚌埠市洗车行业相对于其他一些中小型城市比较落后。其中,用过全自动洗车机的车主都表示,洗车时间比传统的人工洗车要少很多,这非常节省他们的时间,提供了很大的便利。调查还涉及全自动洗车机的优点,人们普遍认为全自动洗车机更加节水、节约时间。但由于蚌埠市还没有全面普及全自动洗车机,所以人们对全自动洗车机的认识未免会有一些偏差。在自我认知有限的情况下,很多人会更偏向于传统的人工洗车,毕竟全自动洗车对很多车主来说还是一个未知的领域,但在洗车效果相同的情况下,多数人还是会选择更加节水节能的洗车方式,可见人们的节能减排意识还是比较强,只要让车主更多地了解全自动洗车机的应用及功效,就会更容易地做到推广全自动洗车机,从而实现节能减排的目的。

6.7.4 全自动洗车机能耗分析

1. 节约用水

1)全自动洗车机用水少

调查结果显示,绝大多数车主的洗车频率为 1 周 1 次。据统计分析,以家用轿车为例,它们利用全自动洗车机洗车平均耗水 29 升/辆,利用高压水枪冲洗平均耗水 48 升/辆。预测计算,蚌埠市洗车年度用水量如下:2007 年约为 263.3 万立方米,2008 年约为 376.8 万立方米,2009 年约为 421.7 万立方米,2010 年约为 661.4 万立方米。具体使用情况见表 6-18。

表 6-18　蚌埠市洗车用水具体分析

水源分析	自来水 71.45%、中水 0.25%、浅层地下水 28.3%、雨水 0
用水分析	循环用水方式 35%、不循环用水方式 65%
用水量分析/辆	全自动洗车机洗车(循环处理 20 升、无处理设备约 90 升)、人工洗车 150 升

根据表 6-18,自来水是洗车时的主要用水,同时,过半的洗车行都没有采用循环用水系统,而传统的人工擦洗洗车方式耗水量几乎是配备水循环装置的全自动洗车机洗车用水量的 5 倍。从用水量数据来看,虽然各种洗车方式的用水量都很高,但是有循环用水的全

自动洗车机可以大大节约用水。

各种洗车方式均导致大量水资源的浪费，通过对比人工洗车流程与全自动洗车机的用水原理，来探究全自动洗车机较节水的原因。

人工洗车的流程是（王海祥，2010）：取脚垫→高压水枪冲水→打泡沫→擦洗→再次高压水枪冲水→拖水→擦水、冲水→擦内室→脚垫还原。根据人工洗车流程，这种洗车方式用水量大的原因在于两次使用高压水枪，事实上高压水枪会浪费大量水，而且其高压的特性使它很难控制，要求熟练的洗车工人有技巧地用它冲车，对于不熟练的工人来说，他们难以掌控力度和方向，会造成更多用水浪费，所以一般来说洗车行里有固定的工人负责高压水枪冲车。

全自动洗车机是由电脑程序控制毛刷和高压水来清洗汽车的一种机器，它的洗车的流程是：高压冲洗→小刷去泥→底盘冲洗→泡沫喷淋→清水冲车→水蜡喷淋→强力风干→完成洗车。同样，其用水最多的部分也是使用高压水冲车，但是全自动洗车机的水射流清洗装置，由动力部分、电源、泵、喷嘴、软管及工作附件组成，在电脑控制下配合工作，事先的程序设计能够针对污垢物的强度，控制压力和用水，使准确冲车、用水最少，不存在人工冲车时的浪费，如工人在方向和力道上的失误和疲惫。

全自动洗车机洗一台家用轿车的用水量为16~20升，比人工洗车节水6~7倍。如果以洗车行每天洗车100辆计算，每天节水达8~10吨，每年节水达2 400~3 000吨。一个三线城市按1 000家洗车店计，每年节水量将达数百万吨以上（李静宇，2012）。

2）全自动洗车机配备污水处理装置提高水的利用率

若全自动洗车机配备循环污水回用处理技术，这不但响应环保号召，而且可以大量节约用水，提高水资源利用率，同时增加雨水这一水源，降低洗车行用水成本。洗车行的基本水循环如图6-41所示。

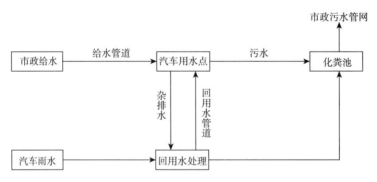

图6-41　洗车行水循环系统

对洗车污水的回用处理不必达到饮用水的标准，污水回收处理的成本也相应较低，但是能够节约的用水量很可观，这部分水可以用来对车进行初洗或者以备停水时之需，洗车行就不用另行储备自来水在停水时使用，甚至避免停水就停业的尴尬。所以，全自动洗车机配备污水处理装置来提高水的利用率是很有必要的。

据实测数据，两种典型洗车污水水质比较见表6-19。

表 6-19　污水水质比较

项目	第一类	第二类	回用水质标准
pH	7.62	5.72	6.5~9.0
COD_{cr}/（毫克/升）	244	516	50
BOD/（毫克/升）	34.2	85	10
阴离子洗涤剂/（毫克/升）	2.6	1.742	0.5
SS/（毫克/升）	89	206	5
石油类/（毫克/升）	2	7.4	0.4

由表 6-19 可知，根据上述两类洗车污水的水质比较，它们受污染程度不同，除阴离子洗涤剂和 pH 值在第一类水中的值比第二类的高，第一类污水中的其他各项指标均低于第二类污水，这表示此两类水受污染的侧重点不同。数据显示，对第二类污水进行处理时应着重除油与各类有机物。虽然不同的污水被污染的种类和程度不同，但它们的污染程度都较高，特别是一些有机物和阴离子洗涤剂含量较高（徐汝和葛燕萍，2012）。

一般使用传统工艺：沉淀—除油—过滤来处理污水，洗车污水一般是修车后的含油废水和洗车污水的混合水，水量较多。其处理工艺流程见图 6-42。

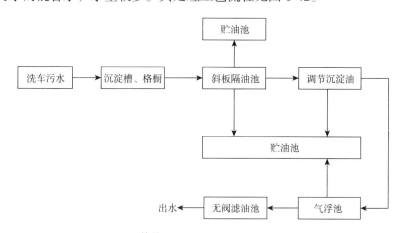

图 6-42　传统工艺处理洗车污水工艺流程图

对于回收污水达到的节水量，使用节水率以及废水回收利用率的概念来衡量。节水率代表污水回用技术措施的节水情况，由字母 C 表示，其回用时收集和减少的自来水量表示处理回用水量。式（6-29）和式（6-30）分别表示节水率、废水回收利用率：

$$C = \frac{Q_u}{Q_t} \times 100\% \tag{6-29}$$

其中，C 为节水率（%）；Q_u 为每天实际利用污水水量（米^3/天）；Q_t 为每天的总用水量（米^3/天）。

$$R = \frac{Q_u}{Q_y} \times 100\% \tag{6-30}$$

其中，R 为废水回收利用率（%）；Q_u 为每天实际利用污水水量（米^3/天）；Q_y 为每天收集的污水水量（米^3/天）。

2. 节时节电

接下来从节时节电两方面进行能耗分析。全自动洗车机，是人工洗车方式的代劳者，集高效、省力、省电于一身，日益受到人们的喜爱。

从省时方面说，人工洗车方式完全清洗一辆车平均需要 8~15 分钟，而使用全自动洗车机完全清洗一辆车均只需要 1~3 分钟，即在 1 小时之内全自动洗车机洗车数量达二三十辆，且清洗得较洁净，每日洗车量更是可达 200~300 辆。这是中小型洗车行使用人工洗车无法达到的数字，它的高效极大地提高了洗车的工作效率，增大了洗车行的潜在利润。

当下社会，提高工作效率就是创造更多财富，能在相同的时间内多洗 3 倍数量的车，就有更多的机会来抓住流走的利润，这是洗车行所关注的。现在的社会生活节奏越来越快，而对洗车的车主来说，高效省时的洗车能让他们节省更多宝贵的时间，这是消费者所关注的。

从省电方面来看，即使现代的设备型号各不同，但是它们的总功率平均都在 15~25 千瓦，在 1~3 分钟的时间里清洗一辆轿车实际用电大约是 0.6 千瓦时。以蚌埠市来看，电费标准为 0.5 元/千瓦时，所以洗一辆车花费的电费为 0.3 元。综合看来，现代洗车方式全自动洗车机耗电量较低，清洗费用低，并不是像大多数人误以为的全自动洗车机耗电就多。

最后，从洗车行的总体情况分析看，大大小小洗车行的洗车员工均普遍紧缺，洗车工作的劳动强度较大且伤手，导致大多数人不愿意从事该工作。洗车行招聘员工需要投入一笔较大的资金，而使用全自动洗车机设备就能大大减少劳动力、降低劳动强度，节省应付的员工工资，降低整个营业成本，为洗车行提高整体形象，吸引客户，又能较大幅度地提高利润。

6.7.5 倡导全民节能减排，推广全自动洗车机

1. 洗车行业节能减排需要政府扶持

根据相关统计资料显示，2007~2012 年交通运输部推出了 100 个节能减排示范项目，涵盖了交通运输的各个领域，新技术、新材料的应用，信息化、精细化的管理都体现了交通业的兴起，交通业的发展意味着服务业的更新，洗车行的节能减排在其中发挥着重要作用。

而蚌埠市洗车行存在"脏、乱、差"的局面，想要改变这一局面需要政府的监督及改革。节水环保、减排降耗、增加科技含量和提高服务档次是洗车行发展的必经之路。随着可持续发展的深入，政府将大力推进循环经济，提高用水价格，调节市场经济，使传统费水洗车行以及不规范的路边洗车行得到统一规划管理。

2. 全自动洗车机的推广

全自动洗车机是通过电脑设置相关程序来实现各个洗车环节的节水环保型洗车机。

2014 年蚌埠市各种机动车的数量约为 30 多万辆，并且车辆数量近年来飞速增长。初步估算洗车行一年的洗车用水就可达到 750 多万立方米，而这些洗车废水又成了污染废水，治理污水又将需要新的污水处理设备和大笔费用。全自动洗车机不仅每年可节省约 4/5 的洗车用水，更自带污水处理系统，每年可为蚌埠市省下一座小水库和一大笔污水治理财政支出。如果全自动洗车机能够得以实施推广，每一家洗车行都引进全自动洗车技术，毫无疑问蚌埠市将在汽护洗车行业达到耗水、排污最大限度的减量化，同时为工业环保清洗行业打开新纪元，引领全民节能减排时代的到来（崔福义等，2003）。

尽管全自动洗车机的前期投资要大于人工洗车的前期投资，但随着国家可持续发展道路的深入，政府对节能减排企业的扶持，群众对环保产品的偏爱，市场的走向将会使传统人工洗车成本持续提高，全自动洗车机利益越来越明显。只要有车，就需要洗车，随着汽车普及率越来越高，洗车行的发展潜力也越来越大，清洗服务业的前景十分宽广，而洗车行的经营者们要想在清洗服务市场中赢得先机，就必须有长远的目光和顾瞻全局的眼光，在各种兴起的洗车方式中择优而选，顺应时代需求，寻得最大的经济效益和社会效益，不能居于一隅，这样只会被市场淘汰。

3. 倡导全民节能减排，体验绿色服务业

调查研究显示，全自动洗车机不仅绿色环保，同时高效安全，使车主的爱车得到更好的保养。作为社会的一员，我们也有义务承担更多的责任，宣传绿色消费观念。

4. 结语

蚌埠是发展中的城市，蚌埠人生活节奏适中，应当注重发展蚌埠人自己的企业文化，建设蚌埠洗车行的企业精神，创造节能减排新理念。为此，不仅要推广全自动洗车机的产品与技术，更要推广创新的节能减排经营理念、商业模式。从洗车行出发，建立以创新技术引导市场，以市场需求支持节能减排，以先进产品带动绿色服务，以绿色服务带动节能产品的可持续发展经营模式。希望能在推广绿色节水洗车理念的同时，为车主提供一种高效、便捷、舒适、绿色、环保的洗车方式，也据此在水资源浪费的问题上提供一个有效合理的解决途径，最终在节能减排这一绿色环保的理念上做到节约水资源，降低能源消耗等，让蚌埠人、蚌埠企业随处都能体现出科技创新节能减排的绿色理念。

参 考 文 献

成刚. 2014. 数据包络分析方法与 MaxDEA 软件[M]. 北京：知识产权出版社.

崔福义，唐利，徐晶. 2003. 洗车废水处理技术现状与展望[J]. 环境污染治理技术与设备，（9）：46-49.

高嘉琳，李志勇，李岩松. 2012. 水文地质因素对地质灾害的影响分析[J]. 黑龙江水利科技，40（8）：63-64.

葛通达，卞志斌，方红远，等. 2015. 基于因素分解法的区域水资源利用驱动因素分析[J]. 中国农村水利水电，（8）：98-101.

顾月红，葛朝霞，薛梅，等.2008. 北京市生活用水年预报模型[J]. 河海大学学报，36（1）：19-22.

郭唯，左其亭，靳润芳，等.2014. 郑州市最严格水资源管理绩效评估体系及应用[J]. 南水北调与水利科技，12（4）：86-91.

郭政，黄佳敏.2013-05-16. 洗车业节水，路在何方？[N]. 福建日报.

蒋秋凤，陈琳.2011-03-11. 洗车行业悄悄涨价[N]. 舟山日报.

蒋宇，王明刚.2007. 洗车行废水回用设备的设计与运行[J]. 黑龙江科技信息，（22）：268.

李柏年，蔡晓薇.2011. 安徽水资源和可持续发展分析[J]. 怀化学院学报，30（11）：16-19.

李静宇.2012. 洗车"新"概念——记大福洁思派克新款洗车机[J]. 中国储运，1：70-71.

李鹏飞，张艳芳.2013. 中国水资源综合利用效率变化的结构因素和效率因素——基于 Laspeyres 指数分解模型的分析[J]. 技术经济，32（6）：85-90.

李荣融.2007. 充分认识节能减排的必要性和紧迫性[J]. 经济研究参考，（71）：33.

李涛，张建丰，王向荣，等.2010. 西安市洗车用水调查与节水对策[J]. 人民黄河，（9）：56-67.

李欣.2011-09-06. 循环水洗车名存实亡[N]. 沈阳日报.

刘秉镰，刘玉海，穆秀珍.2012. 行政垄断、替代竞争与中国铁路运输业经济效率——基于 SBM-DEA 模型和面板 Tobit 的两阶段分析[J]. 产业经济研究，（2）：35-36.

刘平，王超，魏源送，等.2011. 技术进步和结构调整对天津市工业废水排放变化贡献分析[J]. 环境科学学报，31（5）：1098-1104.

刘玉海，张丽.2012. 耕地生产率与全要素耕地利用效率——基于 SBM-DEA 方法的省际数据比较[J]. 农业技术经济，（6）：49-50.

吕瑜洁，陶幸.2006-02-26. 我市洗车耗水是大城市数倍[N]. 绍兴日报.

马海良，黄德春，张继国.2012. 考虑非合意产出的水资源利用效率及影响因素研究[J]. 中国人口·资源与环境，（10）：35-42.

毛海峰.2009-07-07. 高节能洗车机清洗每辆车仅消耗 5 升水[N]. 中国改革报.

倪红珍，王浩，汪党献.2004. 产业部门的用水性质分析[J]. 水利水电技术，（5）：91-94.

欧小媛.2007. 现阶段我国发展循环经济存在的问题及对策研究[D]. 河海大学硕士学位论文.

秦昌波，葛察忠，贾仰文，等.2015. 陕西省生产用水变动的驱动机制分析[J]. 中国人口·资源与环境，25（5）：131-134.

陶洁，左其亭，薛会露，等.2012. 最严格水资源管理制度"三条红线"控制指标及确定方法[J]. 节水灌溉，（4）：64-67.

佟金萍，马剑锋，刘高峰.2011. 基于完全分解模型的中国万元 GDP 用水量变动及因素分析[J]. 资源科学，33（10）：1870-1875.

王海祥.2010. 全自动隧道式洗车机控制系统的实现[J]. 机电工程技术，（6）：27-29.

王克强，邓光耀，刘红梅.2015. 基于多区域 CGE 模型的中国农业用水效率和水资源税政策模拟研究[J]. 财经研究，（3）：40-52，144.

夏莲，石晓平，冯淑怡，等.2013. 农业产业化背景下农户水资源利用效率影响因素分析——基于甘肃省民乐县的实证分析[J]. 中国人口·资源与环境，（12）：111-118.

徐汝，葛燕萍.2012. 龙门往复式全自动洗车机仿形刷洗系统设计[J]. 机械制造与自动化，（4）：35-38.

杨骞，刘华军.2015. 污染排放约束下中国农业水资源效率的区域差异与影响因素[J]. 数量经济技术经济研究，（1）：114-128，158.

詹兴旺.2003. 汽车清洗服务市场专题报道[J]. 汽车与驾驶维修，8：57-60.

张玲玲，李晓惠，王宗志.2015. 最终需求拉动下区域产业用水驱动因素分解[J]. 中国人口·资源与环境，25（9）：124-129.

张强，王本德，曹明亮.2011. 基于因素分解模型的水资源利用变动分析[J]. 自然资源学报，（7）：1210-1214.

章渊，吴凤平.2015. 基于 LMDI 方法我国工业废水排放分解因素效应考察[J]. 产业经济研究，（6）：100-108.

赵放.2009-06-17. 洗车业：三大主力分割"黄金蛋糕"[N]. 国际商报.

赵良仕，孙才志，郑德凤.2014. 中国省际水资源利用效率与空间溢出效应测度[J]. 地理学报，（1）：121-133.

中国投入产出学会课题组. 2007. 国民经济各部门水资源消耗及用水系数的投入产出分析——2002 年投入产出表系列分析报告之五[J]. 统计研究, 24（3）: 21-23.

周亮广. 2013. 安徽省水资源与社会经济协调发展空间分布研究[J]. 南水北调与水利科技, 11（4）: 149-152.

周昱, 牟融, 吴飞军. 2011. 上门洗车市场调查报告[J]. 中小企业管理与科技（下旬刊）,（7）: 63.

Baumol W J. 1986. Productivity growth, convergence, and welfare: what the long-run data show[J]. The American Economic Review, 76（5）: 1072-1085.

Galor O. 1996. Convergence? Inferences from theoretical models[J]. Economic Journal, 106（437）: 1056-1069.

Sun J W. 1998. Changes in energy consumption and energy intensity: a complete decomposition model[J]. Energy Economics, 20（1）: 85-100.

Tone K. 2001. A slacks-based measure of efficiency in data envelopment analysis[J]. European Journal of Operational Research, 130: 498-509.

第 7 章

节水型社会建设背景下的节水型高校建设

水源型缺水、水质型缺水、工程型缺水等现象，已经成为各国高度重视并亟待缓解的问题。高校作为用水大户之一，存在较为严重的水资源浪费现象，校内人员节能减排意识不强。高校节水建设是城市节水的重要组成环节，在节水型社会建设的开展过程中具有重大意义。本章首先回顾国内外高校中水回用现状，并通过实地调查，了解中国高校用水特征，在此基础上探讨建设节水型高校的意义及可行性；其次以蚌埠市为例，针对集体宿舍、教学楼、学生食堂、公共浴室四大高校建筑，从经济效益和环境效益的角度，分析高校的节水潜力；再次根据以上分析结果，分别对这四大高校建筑设计相应的节水方案；最后通过案例进行分析，通过对蚌埠高校的实地考察，提出绿色屋顶、透水铺装、下凹式绿地、雨水花园等海绵校园建设方案，并分析各方案的优缺点，探讨海绵校园建设中存在的问题以及相应的解决方案。

7.1 中国节水型高校建设

7.1.1 国内外高校中水回用现状

美国在 20 世纪初期就把中水回用作为缓解水资源紧张的重要措施，成为最早回用处理污水的国家（韩芳，2002）。圣彼得堡是美国全部实现污水再回用的大城市。该城市设计了两组供水系统，一组专用于输送淡水资源以供日常饮用及生活盥洗等方面，另一组则是将处理后的污水用于厕所冲洗、绿化灌溉及车辆清洗等。中水作为当今社会一种重要的水资源补给物，已经成为美国等地区不可缺少的水资源组成部分（刘正美，2002）。

20 世纪 70 年代的日本出现严重的水荒，多地采取了限量用水的措施，给生活生产及经济发展带来极大的不便。为了解决水资源缺乏的问题，多地逐渐推行多种合理用水的方式，在这些措施中，中水回用取得了较为显著的效果。一般建筑物占地面积达 30 000 立方米以上，只要每日的可回用水量超过了 100 立方米，都必须按照相关规定构建中水回用设施（赵玲萍和张凤娥，2007）。日本是中水回用的典型国家，迄今将近 50 年的时间里，生活用水的再利用率达到 20% 以上，节约了供水系统的建造成本，带来了巨大的经济效益（谢旭东等，2007）。

目前，中国已经有 400 多个城市供水不足，中国的水资源短缺现象严重，水资源短缺数量多年都达到 60 亿立方米，而预测 2030 年将会达到 400 亿~500 亿立方米；与此同时，中国还面临着较为严重的水污染现象，每年的污水排放量高达 414 亿立方米，2030 年的预计污水排放量为 963 亿立方米，远远高于短缺的水量（徐亚明和蒋彬，2002）。直至 2010 年，北京市已建成的中水系统约 1 000 多套，仅在酒店宾馆中有较佳的应用，其余约 70% 的地区使用效果并不理想（范晓虎，2005）。国内学者有关这方面的研究大多集中于理论上的计算，缺乏较好的实际应用价值。中水回用建筑的理论设计工况与实际应用工况脱节，工程建造中的质量低下，不能保证水质的安全，因而用户的使用中会存在众多担忧（崔福义等，2005）。

中国高校近年来对学生实行扩招，学生、教职工人数大幅升高，导致用水量也逐年攀升，而高校本身的节能减排意识不够强，对水资源的浪费程度较高。高校节水是城市节水的一个重要组成部分，高校节水的质量直接关系到节水型社会的建设。同时，高校的污水相比于工业污水及居民生活污水的水质较佳，因而可以针对校园不同区域的污水特性，应用相应的中水回用工艺流程，进而将处理后的水资源用于校园的绿化灌溉、厕所冲洗等对水质要求并非极高的领域，真正将节能减排落到实处，以进一步构建资源节约型和环境友好型社会。

目前，中国学者对节水型高校的研究大多集中在北京地区，白玉华等（2005）研究北京市高校用水现状时指出，高校是北京用水量的大户之一，并以北京工业大学为例，指出绿地、宿舍及浴室的用水量占到高校总用水量的 90%，如果高校能够在这些区域完全普及节水器具，建设中水回用系统，节水能力可分别达到 20%、20%~50%、15%~20%。北京师范大学是中国首个节水型校园建设试点，多名学者对其节水现状和节水效益进行了研究，贾香香和许新宜（2010）运用水平衡测试用水定额，得到北京师范大学的学生在冬天用水定额要比夏天低，平均用水定额为每人每天 100 升的结论；在此基础上，徐劲草等（2012）认为北京师范大学还存在中水处理不足、自来水用水浪费、洗浴冲厕用水过多等现象，针对以上问题，通过增加中水处理规模重新设计了中水回用系统，并提出将学生每月的用水定额限制在每人每天 20~30 分钟，将学生在洗澡过程的水价用阶梯式水价来替代等措施可以有效控制学生用水量；根据徐劲草对用水单元的划分，田舒菡等（2015）基于生命周期理论，再次对北京师范大学的供水系统进行优化，计算得出该方案能够每年节约用水 15 万~30 万吨，实施 10 年的节水效益能够达到 341.1 万元。

除了对北京市节水型高校建设的研究，中国部分学者也对其他地区的情况进行了分析，王利平等（2007）针对常州市大学城进行研究，结果表明采用一卡通消费水资源与非智能用水模式相比，可使浴室用水节约 40%；常州纺织服装职业技术学院自建的中水系统在 2004 年为其节约水资源 14 万立方米；常州信息职业技术学院采用的绿化节水灌溉技术可节约用水 8 万立方米；曹麟和蔡瑜（2010）将视角集中在水资源相对短缺的地区，将宁夏大中专校区分为山区和川区，计算得到二者在不采用节水措施时的用水定额分别为每人每天 112 升和 126 升，采用节水措施则分别降低 56 升和 46 升；潘应骥（2012）对全国 26 所高校进行问卷调查，分析了不交水费、用水额度之内给予用水补贴和额度之外付费、学生自己承担全部水费这三种高校用水管理制度下的用水量之间的不同，以及用水量与水价之间的相关性，发现三种制度对限制学生用水量的作用依次增大，而且收取水费能够有效限制高校学生用水量。

通过以上研究现状的总结，发现已有学者对经济相对发达地区、水资源短缺地区等进行过研究，综合以上因素，本章将在各位学者的研究基础上，以安徽省蚌埠市为例，考察经济水平一般而水资源相对丰富地区的高校节水现状。

7.1.2 高校用水现状及主要特征

1. 蚌埠市高校的校园用水概况

由于全国高考逐步实行扩招，中国大学的总量和大学生的人数也在不断增加，高校已然成为各大城市的用水大户。通过对蚌埠市高校校园用水量的调查，我们发现蚌埠市九万多名在校大学生年用水总量可以达到 13 080.05 吨，相当于一个中小城市的全年生活用水总量，由此可见蚌埠市高校节水的必要性。虽然近年来，蚌埠市几所高校，如安徽财经大学、蚌埠医学院、蚌埠学院等高校已经在校园节水系统和节水政策上取得了一定的成效，但是就目前现状来看，仍然处于低级摸索阶段，在节水方面，没有什么实质性突破。因此，基于节能减排的科学理念对蚌埠市高校校园用水现状进行深入调查，通过线上问卷调查、线下问卷调查和实地走访调查，在一定程度上了解了现阶段蚌埠市高校用水情况。

据调查，蚌埠市现有三所本科性大学和四所专科性大学，其中本科院校在校学生约为 64 000 人，专科院校在校学生约为 26 300 人。本科院校在用水总量的额度和影响上较为突出，由于受到调研经费、时间和人力等方面限制，此次调研选取蚌埠三所高校作为代表，即安徽财经大学、蚌埠医学院和蚌埠学院，三所高校人数的分配比例如图 7-1 所示。

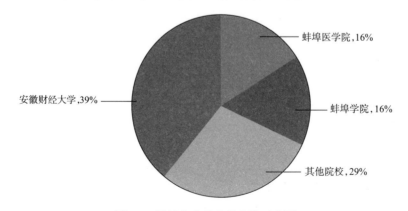

图 7-1　蚌埠市高校在校人数对比图

由图 7-1 可知，选取的三所本科院校在校人数占蚌埠市高校在校人数的 71%，其中安徽财经大学人数最多，占比达到 39%，蚌埠医学院和蚌埠学院人数相当，占比均为 16%，因此本章选取的三所本科院校具有代表性。

（1）安徽财经大学用水概况。

安徽财经大学是安徽省省属重点建设大学，占地总面积 1 014 050 平方米，在职教职工 1 428 人，在校本科学生 21 185 人，硕士研究生 1 663 人。据调查分析，安徽财经大学每年学生用水总量为 5 691.946 吨。虽然该校已经加强了节水管理制度，并在校内大力宣传节水，提高校内人员节水意识，但是从三所高校的年用水总量来看，安徽财经大学的用水总量最高，所以该校有必要在校园推行新的节水装置，节约水资源。

（2）蚌埠医学院用水概况。

蚌埠医学院是安徽省省属普通高等医学本科院校和国家首批具有学士和硕士学位授予权的大学，占地面积近 1 000 亩，总建筑面积达 33 万平方米，有教职工 3 000 余人，普通本科在校生近 13 000 名，硕士研究生近 1 000 名。据调查分析，蚌埠医学院每年学生用水总量为 3 581.15 吨。单从用水总量上来看，该校的用水量小于安徽财经大学的用水量，但是从人均用水量来看，又高于安徽财经大学的用水量，究其原因应该是该校作为医学院，对卫生要求很高，所以人均清洁用水较多。因此对医学院的用水设备进行改进也是十分必要的。

（3）蚌埠学院用水概况。

蚌埠学院是经国家教育部批准的一所以工学为主，理学、管理学、文学、教育学、艺术学多学科协调发展的综合类大学。该校占地面积 1 300 余亩，全日制在校生约 14 500 人。据调查分析，蚌埠学院每年学生用水总量为 3 806.952 吨。从年均用水量可以看出，该校高于前面两所本科院校。所以有必要对该学校的用水设备进行改进，提高水资源利用效率，针对不同用水设备提出不同的设计方案。

2. 蚌埠市高校用水特征分析

随着社会的发展进步，能源资源的消耗日益增多，推行节能减排、建设资源节约型和环境友好型社会是当下的重中之重，促进当今社会可持续发展的关键是大力推进水资源的节约，全民的节水意识也需逐步提高。高校作为整个社会的用水大户之一，水利部及相关的调研人员已经对校园用水总量、人均用水定额等特征进行了调查与研究。本章以各大学为调查研究对象，实地走访，了解学生的人均用水量、每小时的用水变化情况、冲厕使用的水资源比例，以及其他水资源浪费现象，进而对学生用水的特点和一般规律进行分析和探讨。

在统计各所高校用水总量的基础上，以不同的校内建筑为切入点，考察不同建筑的用水总量，并对结果进行分析。

（1）不同高校的用水总量分析。

图 7-2 直观地反映出不同高校不同建筑物用水总量的差别。可以看出，在三所高校中，集体宿舍用水总量都是最大的，安徽财经大学四个建筑的用水量均高于其他两个大学；在每一个学校中，教学楼、公共浴室、学生食堂的用水量基本差别不大；安徽财经大学的规

模较其他两个学校大，但用水量增加的幅度并不是很大，其他学校的用水量也基本控制在一定的范围，说明各个高校的节水工作已经有效开展，各个高校的学生节水意识都有所提高。如果各高校能够增加节水方面的投资，扎实推进节水工作，其还有很大的节水潜力。

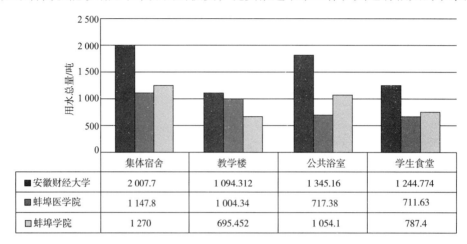

	集体宿舍	教学楼	公共浴室	学生食堂
■ 安徽财经大学	2 007.7	1 094.312	1 345.16	1 244.774
■ 蚌埠医学院	1 147.8	1 004.34	717.38	711.63
□ 蚌埠学院	1 270	695.452	1 054.1	787.4

图 7-2　不同学校不同建筑用水总量变化图

（2）不同季度的用水总量分析。

不同季度不同建筑物的用水总量不同。例如，夏季的用水量会比其他几个季度高，因为夏季温度高，学生的洗澡频率、洗衣服次数等变多，用水量自然变多。图 7-3 是蚌埠市三所高校不同季度的用水量，可以发现用水量呈现出明显的季度特征，以第二季度、第四季度居高，而且安徽财经大学各个季度的用水总量都高于其他两所高校。

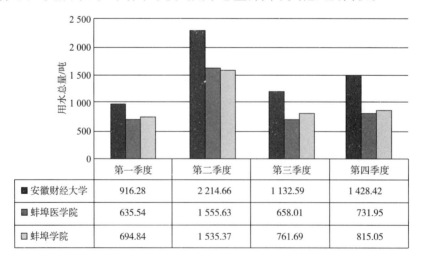

	第一季度	第二季度	第三季度	第四季度
■ 安徽财经大学	916.28	2 214.66	1 132.59	1 428.42
■ 蚌埠医学院	635.54	1 555.63	658.01	731.95
□ 蚌埠学院	694.84	1 535.37	761.69	815.05

图 7-3　不同季度各个大学用水总量

图 7-4~图 7-6 反映的是各高校不同季度不同建筑物的用水总量的变化趋势。根据图 7-4 分析得出，安徽财经大学不同季度的用水量变化曲线呈现"N"形，因此可以判断出用水量存在一个高峰期，以及两个用水的低谷期。高峰期为第二季度，低谷期为第一季度和第

三季度，可以初步确定用水高峰期为 4~6 月，因为在夏季，生活用水和饮用水等都有所增多。用水低峰期为 1~3 月以及 7~9 月，此时恰逢寒暑假学生离校。高校水资源的使用者主要是学生，即学生在高校节水工作的有效推行方面起很大作用，所以非常有必要提高学生的节水意识，同时节水装置的设计也很重要。

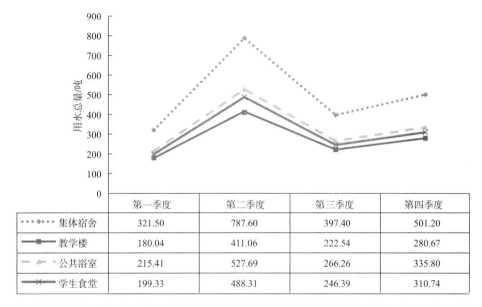

	第一季度	第二季度	第三季度	第四季度
…◆… 集体宿舍	321.50	787.60	397.40	501.20
━■━ 教学楼	180.04	411.06	222.54	280.67
‑‑▲‑‑ 公共浴室	215.41	527.69	266.26	335.80
━✕━ 学生食堂	199.33	488.31	246.39	310.74

图 7-4　安徽财经大学不同季度不同建筑的用水总量变化

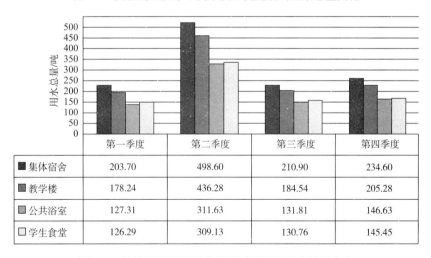

	第一季度	第二季度	第三季度	第四季度
■ 集体宿舍	203.70	498.60	210.90	234.60
■ 教学楼	178.24	436.28	184.54	205.28
▨ 公共浴室	127.31	311.63	131.81	146.63
□ 学生食堂	126.29	309.13	130.76	145.45

图 7-5　蚌埠医学院不同季度不同建筑的用水总量变化

　　通过图 7-5 可以看出：不管是公共浴室、教学楼，还是学生食堂、集体宿舍，用水量存在一个普遍的趋势，就是随着季节的变化而变化，按照春季、秋季、冬季、夏季的顺序用水量依次递增。其中，集体宿舍的用水量在夏季达到 498.60 吨，而教学楼、学生食堂

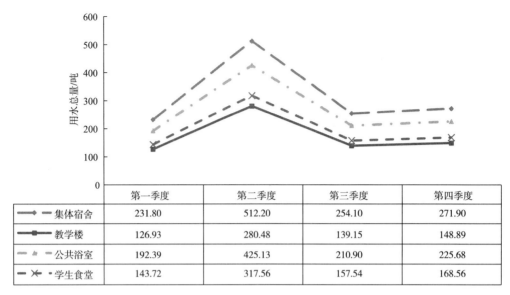

图 7-6 蚌埠学院不同季度不同建筑的用水总量变化

	第一季度	第二季度	第三季度	第四季度
集体宿舍	231.80	512.20	254.10	271.90
教学楼	126.93	280.48	139.15	148.89
公共浴室	192.39	425.13	210.90	225.68
学生食堂	143.72	317.56	157.54	168.56

和公共浴室的用水量在夏季也分别达到 436.28 吨、309.13 吨和 311.63 吨。由于学校性质的不同，蚌埠医学院教学楼的用水量高于公共浴室和学生食堂的用水量，要着重加强教学楼节水措施的实施。综上所述，蚌埠医学院具有较高的节水潜力。

根据图 7-6 可知：从整体看，蚌埠学院的集体宿舍用水量最多，其次是公共浴室、学生食堂和教学楼。分季度来看，夏季的用水量最多，其次是冬季、秋季和春季，其中，集体宿舍在夏季的用水量甚至达到 512.20 吨的高峰，而公共浴室、学生食堂和教学楼用水量在夏季也分别达到 425.13 吨、317.56 吨、280.48 吨，因此，在高校安装节水设施是非常有必要的。

3. 一天中不同时点用水总量的对比分析

通过对安徽财经大学、蚌埠学院和蚌埠医学院三所大学的集体宿舍、教学楼、公共浴室和学生食堂日用水量百分比的变化趋势的调查，发现三所学校的变化趋势几乎相同。因此，以安徽财经大学为例，分析集体宿舍、公共浴室、学生食堂及教学楼的用水量随时间变化的趋势。其中，公共浴室用水的高峰在下午一点到三点，日用水量占比达到 17%，由于浴室开门时间限制，每天晚上十点至次日早晨八点浴室用水量为零；学生食堂的用水量在中午 11 时达到高峰，占日用水量的 13%，这主要是因为中午学生吃饭的人多，此时食堂保洁的用水量较高，此外，学生食堂工作人员洗菜、做饭等也要用到大量的水；教学楼的日用水量有三次达到小高峰，分别为 11 点、13 点和 21 点，其中，11 点到 21 点的用水量一直居于高峰。集体宿舍的每小时用水量相比于其他建筑物更为平均，从早上 9 点到晚上 23 点每小时用水量占日用水量的 5%~7%，其他时间每小时用水量占日用水量的 2%以下。因此，日用水量的变化与人们的生活习惯和作息时间有很大的关系。

1）人均用水量统计

由于不同学校不同建筑物人均年用水量不同，为了更加具体地了解人均年用水量的不同，为后续的节水装置提供更加强大的理论依据，我们通过绘制柱形图来更加直观地反映数据特征。

从图 7-7 可以看出，安徽财经大学和蚌埠学院人均年用水量在不同地点的趋势近似相同，即集体宿舍最高，其次是教学楼、学生食堂和公共浴室。而蚌埠医学院则不同，蚌埠医学院属于医学类大学，课堂上要做各种实验，需要用到大量的水，因此，集体宿舍用水量最高，教学楼用水量比公共浴室高，用水量最低的地方则是学生食堂。可见，学校性质的不同也会影响不同地点的用水量。

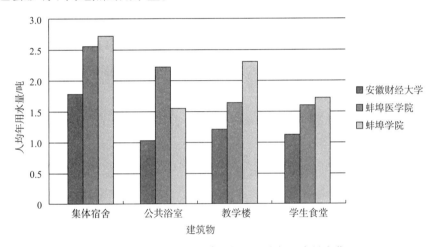

图 7-7 不同学校不同建筑物的人均年用水量变化

2）具体建筑物用水量分配统计

集体宿舍和教学楼的用水量分配有所不同，在集体宿舍，公用水房用水量较大，而公用厕所用水量相对较小；在教学楼，公用洗手间用水量较大，公用厕所用水量相对较小。若是能够将公共水房和公共洗手间的废水回用，将会实现较高的经济效益和环境效益，具体如图 7-8、图 7-9 所示。

（1）集体宿舍用水量分配的分析。

通过对安徽财经大学、蚌埠医学院和蚌埠学院的调查分析，发现几乎每所学校集体宿舍的用水总量在公用水房和公用厕所的分配都大致如图 7-8 所示，公用水房占集体宿舍用水总量的 67%，公用厕所占 33%，如果能将公用水房产生的水质相对较好的废水二次利用到公用厕所，不仅会节约水资源，还大大减少学校的用水成本。为实现这一想法，在7.3.1 节中针对集体宿舍公用水房和公用厕所的用水设施进行了方案设计，并给出明确的方案工程图。

（2）教学楼用水量分配的分析。

通过对安徽财经大学、蚌埠医学院和蚌埠学院的调查分析，每所学校的教学楼用水量在公用洗手间和公用厕所的大致分配如图 7-9 所示。公用洗手间用水量占教学楼用水总量

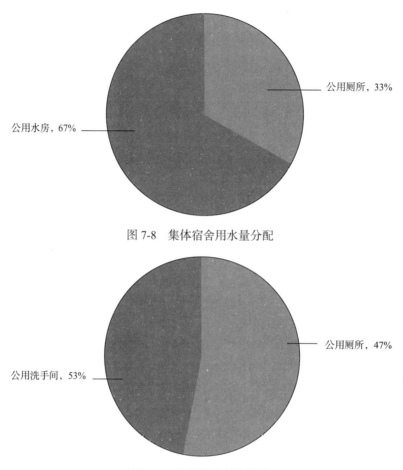

图 7-8　集体宿舍用水量分配

图 7-9　教学楼用水量分配

的 53%，公用厕所用水量占教学楼用水总量的 47%，两者比例相近，若是能够将公用洗手间的废水回用，进行公用厕所的冲水，这样不仅节约了水资源，而且降低了经济成本，还可以在给学校带来经济效益的同时也带来环境效益和社会效益。为了实现这个目的，在7.3.2 节的叙述中针对教学楼公用洗手间废水回用冲厕设计了一个节水装置。

7.1.3　建设节水型高校的意义及可行性

节能减排是人类经济和社会可持续发展的必然选择，水资源是人类赖以生存的重要物质之一，是经济社会发展进步的前提。目前，水资源的短缺、污染、浪费及资源型缺水、水质型缺水、工程型缺水等现象，都已经成为各国高度重视并急需缓解的问题。

随着中国高等教育的普及，据统计，中国 2014 年约有 3 559 万名在校大学生（中国教育报，2016），人均用水量在 500~600 升/天，是居民人均用水量的 2~3 倍（刘进荣，2009），同时，高校绿化面积的不断加大也增加了用水需求，因而在众多高校中推广可行且有效的节水体系，对缓解校园内水资源浪费的现象有重要作用。除此之外，高校大量废水的水质相比于工业污水及居民生活污水的水质较佳，针对不同区域的污水采用适当的处理方式，可以使污水在厕所冲洗及绿化灌溉等方面得到充分利用。

中水回用作为污水再利用的主要形式，是一种有效的节水方式，已越来越受到各所高校的重视，对节能减排的实际开展具有突出的价值，可以广泛地应用于高校节水建设中。中水回用技术将某系统的生活污水（包括盥洗、淋浴、洗衣、冲厕所等方面）集中处理后，使其达到一定标准后再回用于该系统的某领域（申芷娟等，2010），可以收集大量可再利用的水资源，避免了不必要的水资源浪费。

针对集体宿舍，可以发现公用水房、公用厕所的用水量较大，可以将公用水房的废水收集起来，然后二次利用到公用厕所，这样就可以节约大量的水资源；教学楼用水最多的地方在公用洗手间和公用厕所，若是能将公用洗手间的废水回用冲厕，便能达到经济效益和环境效益的双赢；根据学生食堂污水的特点，采用水解酸化反应器、膜生物反应器（membrane bio-reactor，MBR）等工艺进行处理，将处理过的水通入一个最终集水区，最终集水区的水可以用于食堂地面的清洗以及校园绿化灌溉等；运用序列间歇式活性污泥（sequencing batch reactor，SBR）技术处理公共浴室的污水然后将其通入集水装置，在需要的时候通过集水装置将中水进行冲厕处理，这样便能减少水资源的浪费。

通过分析，可以发现中水回用技术运用到高校建设中具有很大的经济效益、社会效益和环境效益，对顺利实现节能减排的目标和经济社会的可持续发展，都具有重要意义。

7.2　高校节水潜力分析

高校人数众多，是社会中的用水大户，具有生活用水量大，生产用水量少的特点。由于大多数高校供水较为充足，大多数都采用一次性收费，学生节水意识薄弱，普遍存在用水浪费的现象；加之高校每天都会排放大量的生活污水，而较少有高校采用污水回用措施，水资源回用效率低；除此之外，高校在节水型技术、工艺及产品的推广和使用上的力度不够，水龙头、排水管等存在较为严重的浪费现象。如此看来，中国高校存在较高的节水潜力。本节将以安徽财经大学为例，针对集体宿舍、教学楼、学生食堂、公共浴室四大高校建筑，从经济效益和环境效益的角度，分析高校的节水潜力。

7.2.1　中水利用在集体宿舍的节水潜力分析

通过分析调研资料相关数据，发现集体宿舍用水量占高校用水总量的比例较大，接近35.27%，而在集体宿舍用水量中，主要分为公用水房和公用厕所的用水量。公用水房的用水主要包括清洗衣物、盥洗、洗漱和清理楼道等用水，因为这些用水是学生日常生活中所不能避免的，所以公用水房每天会产生大量废水，且这些废水的水质相对较好，优于食堂排水和生活污水；除此之外，集体宿舍公用厕所的用水量也不可小觑，现在高校集体宿舍一般将公用水房产生的这些水质相对较好的废水直接排放到下水道。此外，大多数高校都直接用自来水冲走公用厕所的排泄物，会造成淡水资源的过度浪费，而且会增加学校成本的投入，不符合节能减排和可持续发展的理念。如果能将公用水房的废水收集起来，然后二次利用到公用厕所，就可以节约大量水资源。

1. 节水经济效益分析

以一栋普通宿舍楼为例，假设一层有 27 间宿舍，每间宿舍住有 5 人，每一层两端各设有一个公用水房和一个公用厕所，每个公用水房或公用厕所有一个贮水箱。如果在原来装置的基础上多添加两个贮水箱、左右再加三根导水管和两个过滤器，以市面价格算，一个 120 升的塑料水箱 26 元左右，一根 3 米的导水管 39 元左右，一个简易过滤器 10 元左右，加上管道施工费，整套装置大概需要 410 元左右，假设楼层数为 6，则大概需要 2 460 元的成本投入。但改进后的节水装置每月大约可节水 4 000 吨，与未改进之前相比节水 1 900 多吨，按目前蚌埠市自来水价格 1.7 元/吨算，每月共节省费用 3 230 元，1~2 月就可以回收成本。从长远来看，该装置的经济效益远远高于它的短期经济投入。

2. 节水环境效益分析

公用水房中盥洗池流出的水还含有一定量的洗衣粉（液）、洗发水和牙膏等清洁成分，这些清洁成分会和厕所水池的污垢、刺鼻气体等排泄物发生化学反应，不仅减少了自来水的使用，而且减少了洁厕灵的使用，同时还掩盖了厕所的难闻气味，可谓一举三得。

7.2.2　中水利用在教学楼的节水潜力分析

根据前面的调研数据分析可以知道，学校学生人数较多，下课洗手、倒水和清洗茶杯的用水量均较大，导致教学楼的总用水量很大。同时每天的卫生清洁也导致清洗抹布和拖把的用水量很大，洗手间废水量较大。而高校教学楼的排水给水特点是洗手间和厕所相连，使洗手间废水二次回收利用更便利，同时冲洗便池用水对水质要求不高，洗手间的废水基本是学生洗手，清洁阿姨涮洗拖把等的废水，这些废水中仅含有少量的污渍，水质相对较好，因此只要能除去这些废水中体积比较大的废物，便可满足冲厕要求。将洗手间的废水通过简单装置进行收集和处理，然后二次利用到厕所，减少了自来水的使用量，从而达到废水循环利用的目的。

1. 节水经济效益分析

以安徽财经大学一栋教学楼为例，明德楼一共有 6 层，每层有 4 个厕所，一层有大概 28 个大小不同的教室，每个厕所平均分布在一层楼的不同位置，一个卫生间大概提供 960

位同学洗手和倒水。通过分析调研数据得到，大概 43.6% 的同学会在教学楼上厕所，因此可以利用的废水有很多。各装置主要有一个 120 升的集水箱，费用为 26 元，一个厕所需要 4 个集水箱，一根 3 米的导水管，费用为 39 元左右，一个简易过滤器，费用为 10 元左右，加上管道施工费，整套装置需要 153 元左右，6 层大概需要 3 672 元的成本投入。改进后的节水装置每月大约可节水 3 600 吨，与未改进之前相比节水 1 500 多吨，按目前蚌埠市自来水价格 1.7 元/吨算，每月共节省费用 2 550 元，一两个月就可以收回改造成本，而在接下来的时间里，就可以达到更高的经济效益。

2. 节水社会效益分析

从实际运行情况看，这种节水装置的使用，不仅可以满足正常的厕所供水需求，而且供水压力和水质得到了更好的保障，同时减轻了厕所供水压力，减少水资源浪费的现象，从根本上改善了学校环境，对生态保护也起到了推动作用。该装置使污水不再外排，保护了自然水体不受污染；排水管渠不致因泥沙含量多而造成堵塞和损毁，大大减少了下水管道的清理、维护和维修费用；就近供水，避免了原净化水向楼上高处输送的动力费用和动力设施的维护费用等，因此，其社会效益巨大。

3. 节水环境效益分析

采用废水冲厕所可以大大减少用水量，缓解高校水资源浪费现象。合理利用了水资源，既保护了环境，又有效地缓解了水资源短缺的问题，使学校生态环境得到优化和提高，有利于学校经济的可持续发展。

7.2.3　中水利用在学生食堂的节水潜力分析

用餐时间学生食堂是学生聚集之地，工作人员洗菜、淘米、整理碗筷的过程中需要耗费大量的水，而洗涤后的污水一般都被当做废水排掉。在大多数人的观念中，食堂污水中由于含有较多的杂质、污渍，无法直接进行再利用。但是如果针对食堂污水独有的特性，应用适当的中水回用处理工艺，便可将杂质与污渍去除，以供厕所的冲洗；若进一步对大分子及难分解的有机物进行降解，并将降解后的小分子物质通过特殊工艺从水中彻底分离出来，则可用于食堂内部的地面清洗；同时，由于这些水内含有较高的营养成分，还可进一步将其收集以应用于校园的绿化灌溉。这样极大地节约了高校的水资源，节省了高校日常运行成本，对于高校的发展有着较大的经济效益和环境效益。

1. 节水经济效益分析

以安徽财经大学的北苑食堂为例，该食堂为三层建筑，总高约为 15 米，外径 110 毫米、壁厚 1.5 毫米的 PVC-u 硬管大约 18.5 元/米，工人安装费 8 元/米，三层楼的排水管材料费总计 402 元；一座集水井的市场价是 1 200 元；一台 10 000 升/小时的大型变频水泵市场价约为 210 元，两台总计 420 元；一台进水管口径 160 毫米、出水管口径 160

毫米、处理污水量 50 米 ^{3}/小时的调节池需要 12 100 元；一台处理污水量 50 米 ^{3}/小时的气浮池需要 5 000 元；一台污水 COD_{cr} 处理效率可达 30% ~ 40%、处理污水量 10 米 ^{3}/小时的水解酸化反应器价格为 10 000 元；一台膜内径 350 微米、膜壁厚 40 ~ 50 微米、膜孔径 0.1~0.2 微米、处理量 1~500 米 ^{3}/天的 MBR 一体化污水处理设备价格为 5 000 元；综上所述，污水处理工程的建造总费用约为 35 000 元。应用这套中水回用系统，相比较于以前没有做出有效节水措施的情况，每月大致可节约将近 2 917 吨的水，按照蚌埠市现行的水费收费制度，自来水价格 1.7 元/吨，则每月可节省 4 958.9 元，只需要 6~7 个月就可以收回成本，然而该套系统的使用年限可高达几年甚至十几年，其潜在的长期经济效益是巨大的。

2. 节水环境效益分析

食堂污水中含有一定的洗洁精等物质，经过初步的悬浮池油水分离处理后，用于厕所的清洗，不仅可以节省水资源，同时还清洗了部分便池表面残留的污垢，缓冲了厕所中浓氨水的气味；再经过水解酸化反应器和 MBR 一体化污水处理设备，可以将大小分子都彻底从污水中分离，最后出水可以用于食堂地面的清洗，节省了大量水源，同时含有较高营养成分的处理水可以用于校园绿化灌溉，对于植物的生长有着较好的效果。可见，该套中水回用系统的应用将带来十分理想的环境效益。

7.2.4 基于 SBR 技术的公共浴室的节水潜力分析

洗浴废水是生活污水的主要来源之一，学校类洗浴废水排放具有集中、水量大、污染轻、水质稳定的特点，属优质杂排水，是中水回用工程中首选的中水原水。传统上，洗浴水多数被一次性使用后直接排放，据调查，对于一所人流量为几百人的普通学校浴池来说，日用水量达到百吨以上，应更加重视对洗浴废水的再利用。

目前，对于学校而言，洗浴废水经过处理后主要用于冲厕，对这类需求水质的要求不高，只需进行适当处理，满足《生活杂用水水质标准》即可。在各种洗浴废水的处理工艺中，SBR 技术具有一定的典型性。通过建立中型实验装置，收集 SBR 技术运行时不同进水量条件下的相关参数，发现 SBR 技术具有基础设施与运营成本比较低、布局紧凑和处理效果好等优点。

此外，SBR 技术是一种工艺发达成熟、高效经济、管理简便、投资较省、适合中小水量污水处理的工艺，因此，将 SBR 技术应用于洗浴废水的处理，具有很好的节水效果。

1. SBR 技术节水的经济效益分析

经初步估算，项目工程总投资约为 57.60 万元，其中设备 28.50 万元，土建 24.60 万元，管网改造 4.50 万元。处理成本及设备折旧约 0.40 元/米 ^{3}，除去寒暑假，经计算每年可减少市政排污约 8 万吨，投资回收年限约 3 年，能够收到良好的经济效果。如果再加上其他生态功能，其效益将更为可观。

2. SBR 技术节水的环境效益分析

采用 SBR 技术处理浴室废水操作简便，工艺结构简单，占地面积小，运行效果稳定，处理杂质多、水质水量波动大的废水运行效果良好，具有很大的推广价值。同时，增加了废水再利用，节约了水资源，促进了资源节约，在整个学校乃至社会起到了示范带头作用，有利于促进学生更加珍惜水资源和保护环境，加强环保意识，对学生环保观念的培养产生重要影响。

7.3　高校节水方案设计

在充分考虑高校各方面的节水潜力后，本节将针对高校集体宿舍、教学楼、学生食堂、公共浴室四大用水区域的污水特性的差异，分别提出不同的中水回用系统方案，并分别设计出相应的方案工程图，以直观地展现系统设计方案，为实际的中水回用体系的建造提供直接参考。

7.3.1　集体宿舍节水

1. 公用水房废水收集系统设计方案

鉴于上述的节水潜力分析，对集体宿舍的节水工作提出一套系统的方案：先切断每一层宿舍楼盥水池与下水管道之间的连接，通过重力的作用，可以将盥洗池的导水管接到下一层宿舍楼的贮水箱，此外贮水箱还设置两个导水管，其中贮水箱较低位置的导水管是和本层的厕所水箱相连。当贮水箱中的水位超过一定高度时，水经过导水管进入厕所水箱，当厕所水箱中的水达到一定水位时，浮块到达一定高度，带动连杆滑块机构，打开活塞，使厕所水箱中的水用于冲刷本层厕所池。在高峰时段用水较多，上厕所人数也多，因此可以使两者兼顾而多次使用水资源，达到节水目的；贮水箱上端的导水管是防止上层公用水房人流量高峰时期，盥洗池排除过量的废水而导致下层贮水箱溢满而设置的，该导水管和本层盥洗池的管道相通，接入下一层楼的贮水箱。为了保证管道口不堵塞，在盥洗池的管道口和贮水箱管道口都设有简易过滤装置，用于过滤掉盥洗池内的残羹剩菜、发丝等大杂物质。为了确保夜晚贮水箱水量不足时，厕所持续供水，每层厕所水箱仍保留原来的供水系统。

2. 方案工程图及结构分析

1）方案工程图
方案工程图如图 7-10~图 7-12 所示。

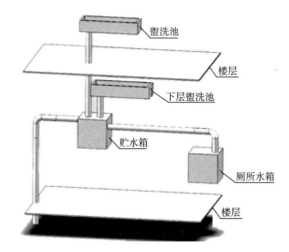

图 7-10 方案总工程图（一）

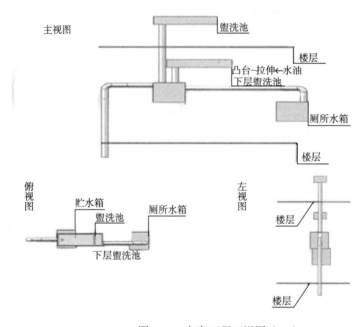

图 7-11 方案工程三视图（一）

2）结构分析

图 7-10~图 7-12 的设计由两层结构组成，上层的盥洗池中的水直接流入贮水箱贮存，而不是直接进入下水道造成水资源的损失。从贮水箱中分出两个导水管，高处的与盥洗池相通，防止贮水箱过满，从而进入下一层利用，低处的导水管与厕所水箱相连，为其提供水源。

部分结构的设计如下。

（1）盥洗池：盥洗池底部靠近排水口的地方低，远离排水口的地方高，使水可以更流畅地进入导水管，在导水管处加装了过滤装置，防止导水管的阻塞。

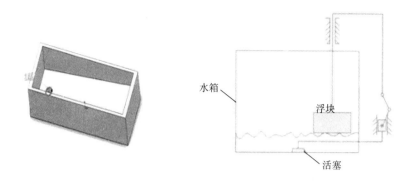

水箱

浮块

活塞

图 7-12　相关结构图

（2）厕所水箱：水箱内部有一个浮块，可以随着水位上浮，上面连接着一个连杆滑块机构，保证在上升的过程中活塞不动，上升到某个临界高度时活塞打开放水，放水之后浮块随之落下，浮块关闭。

对于连杆滑块机构，其自由度为 1，为一个单自由度机构。考虑其原动件为浮块，即单一原动件，故自由度等于原动件数，因此符合机械结构要求。

7.3.2　教学楼节水

1. 废水收集系统设计方案

由于厕所与洗手间相邻，本楼层废水供给本楼层厕所使用，这样可以尽可能地减少成本费用。鉴于教学楼洗手间废水水质较好，特定时间的废水量较大，需要对废水进行收集处理，再将废水运用到多时段的冲厕。在废水进入集水箱之前，要设置简易的过滤装置，将泥沙、卫生纸、茶叶等大颗粒易腐烂物质去除以防止进入收集箱，从而产生难闻的气味。由于特定时间段学生用水量主要在冲厕的使用上，集水箱大小与厕所相适应等具有不确定性，设计合理的集水箱很必要，可以根据前面的调研数据分析得出最优的集装箱大小。将本层的洗手间的废水通过管道收集于本层的厕所集水箱。在使用时，利用手按冲水阀冲洗厕所。

2. 方案工程图及结构分析

1）方案工程图
方案工程图如图 7-13 和图 7-14 所示。
2）结构分析
图 7-13 和图 7-14 的设计中在公用厕所的贮水装置中加装了导水管，导水管的另一端与盥洗池连通，使盥洗池中的水不直接流入下水道，而是沿着导水管进入贮水装置，实现了废水的再次利用。而连通两者的粗导管设计可增大贮水量，防止出现贮水箱中水量过满的情况，除此之外，在导管口加装了过滤装置，防止导管的阻塞。

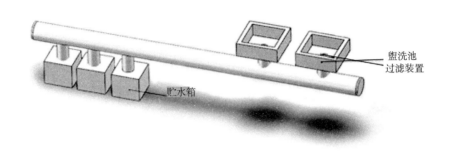

图 7-13　方案总工程图（二）

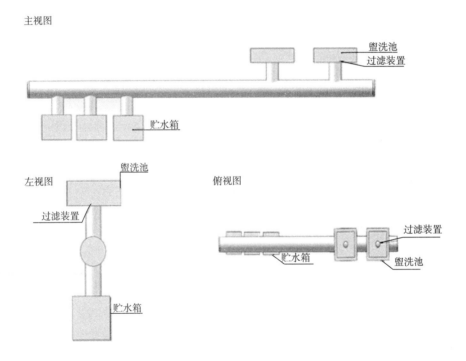

图 7-14　方案工程三视图（二）

7.3.3　学生食堂节水

　　鉴于上述的分析，针对学生食堂的建筑结构提出一套集水系统：第一，将每楼层食堂盥洗池的排污管道连接在一起，食堂污水经过管道收集后进入底楼打通的集水井，集水井人工铺设粗、细栅栏各一道，以保障行人安全；第二，在地面上连接一个抽水泵 A，集水井出水用泵抽至调节池，用来调节污水量，均衡污水水质，降低污水冲击负荷，增加之后进一步处理的效果；第三，在地面放置抽水泵 B，将调节池的水抽至气浮池，气浮池内加入 PAC、PAM（polyacrylamide，即聚丙烯酰胺）等物质，并通过压缩空气，将油类、悬浮物去除；第四，被分离出的水自动流入水解酸化池，池内设置潜水搅拌机及填料，利用兼氧性水解菌和产酸菌，调节碱度，从而将大分子、不易降解的有机物降解成小分子有机物；第五，出水自动流入 MBR 中，MBR 中膜的过滤作用，使小分子有机物完全被截留在池内，大大提高了系统固液分离的能力，出水水质得到高度的保证，可以直接用于生活用水。

7.3.4　公共浴室节水

1. SBR 技术处理洗浴废水设计方案

基于 SBR 技术，采取以下设计方案：第一，将污水从水管按顺序排入反应池，反应池的第一个单位是毛发截留井，通过毛发截留井清理浴水中较大的杂物，如毛发、洗浴用品、包装盒等，防止这些残留物堵塞装置，进而阻碍整个装置的运行。第二，将初次过滤后的浴水流入调节池，对洗浴废水进行均质均量，调节池的池底设置污水提升泵，将上游来的污水提升至后续处理单元所需要的高度，使其实现重力流，进入 SBR 反应池。实现进水、曝气、沉淀、闲置四个阶段，完成水质均化、初次沉淀、生物降解、二次沉淀，再进入过滤器去除不能沉淀的悬浮杂质，原水通过进水管进入滤池，经滤池自上而下地过滤后进入存水箱。第三，水箱贮满后，清水通过出水管进入清水池，通过虹吸作用在滤池内对废水进行反冲洗，结束之后再进入下一周期工作（刘中平等，2004）。第四，对处理过的水进行消毒。为降低成本，采用次氯酸钠进行消毒，同时，为了调节中水出水量和中水用水量的不平衡，应设置中水储水池，为假期浴室关闭期间以及设备检修时期的用水需求设置自来水紧急补水管道，补水管道上应设置水表计量以防止回流污染。

2. 方案工程图及结构分析

1）方案工程图
方案工程图如图 7-15 和图 7-16 所示。

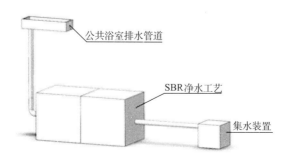

图 7-15　方案总工程图（三）

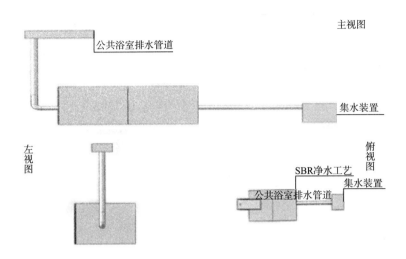

图 7-16 方案工程三视图（三）

2）结构分析

SBR 技术运行时通常需要经过五个阶段，即进水、反应、沉淀、排水和闲置。前两个阶段是基质加入和降解的过程，第三个阶段则是泥水分离，排水阶段是排出上清液，闲置阶段则是活性恢复。其具体的工作过程如图 7-17 所示。

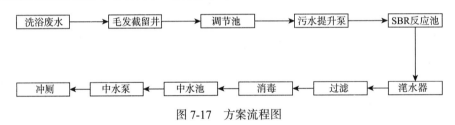

图 7-17 方案流程图

如图 7-17 所示，毛发截留井的作用主要用于清理浴水中较大的杂物，如毛发、洗浴用品、包装盒等，防止这些残留物堵塞装置，进而阻碍整个装置的运行。滤网采用 4 毫米聚氯乙烯塑料板打孔塑料焊接制作。为了保证系统维持正常的运行状态，避免高峰时期带来的水流量影响，有必要提前对废水设施进行调节，调节池的容量要根据原水量来设定。一般来说，调节池的容量应为原水量的 2/3。池底设置污水提升泵，将上游来的污水提升至后续处理单元所需要的高度，使其实现重力流，污水提升泵主要由水泵、集水池和泵房组成（侯继燕等，2013）。SBR 反应池是整个装置的核心单元，在同一生物反应池中完成进水、曝气、沉淀、闲置四个阶段，可以根据进水量和水质预先设定整个时间周期，也可根据情况及时调整。过滤器则主要用于去除不能沉淀的悬浮杂质，原水经过进水管进入滤池，经滤池自上而下地过滤后进入存水箱，再经过消毒后，处理过的水通过管道进入中水池贮存，最后在需要的时候将中水通过出水管道冲厕。

7.4　结论与政策建议

7.4.1　主要结论

（1）蚌埠市高校年用水总量较大。其中，不同季度呈现不同的用水趋势，4~6 月为一年内用水最大月份，2 月与 8 月为一年内用水量最小的月份；不同建筑物日用水量也随着时间的变化而变化，其中，用水高峰一般在上午 8 时至下午 8 时，不同建筑物用水总量也是居高不下。因此，建设节水型高校要从集体宿舍、公共浴室、学生食堂和教学楼四个方面入手进行节水改造。

（2）节水设施和节水管理措施能帮助学校实现高效率用水。针对蚌埠市高校节水问题，可以从建立节水设施和节水管理措施两个方面提出相关对策。节水设施主要是针对集体宿舍、公共浴室、学生食堂和教学楼来建立，通过废水再利用达到节水的目的；而节水管理措施主要是通过增强学生节水意识、改善管理制度和建立监督检查机制等方式来实现，从两方面入手达到节约水资源的目的。

（3）高校节水潜力较大。通过中水回用和节水器具使用的节水潜力分析可知，目前蚌埠市高校年用水总量达 522 643.52 吨。若在各高校设置相应的节水设备，以安徽财经大学为例，其每年可节约水将近 10 000 吨，综合节水率大约为 35%，以一吨水 1.7 元计算，使用节水装置将直接节约自来水费用约 17 000 元。此外，如果学校能够通过有效的宣传方式对学生进行节水观念的宣传，将从源头上节约更多的水。

7.4.2　政策建议

1. 节水设施与节水管理措施双管齐下

针对当前蚌埠市高校节水存在的问题和困难，建议各高校采取工程节水和管理措施节水相结合的节水方式。为此，各高校应该推广应用先进的校园节水技术，增加节水设施的建设和使用，提高原水利用率，并加大节水宣传力度，完善节水管理制度、加大检查力度，并且加强设备管理，杜绝浪费现象；安排专人负责检查和维护生活用水设备，建立健全节水管理制度，合理限时限量用水；同时结合自身实际，不断对节水设施进行改造和完善，并加强与各节水型科技集团的合作。

2. 培养学生节水意识，创建校园节水机制

各高校应该开展校园节水工作，建立和完善校园节水的新机制，建立一个良好的机制，将学生用水列入校内考评体系，定期考核，培养学生形成节水的日常生活习惯，形成珍惜水资源的校园风尚。与此同时，政府可以加大对学校节水的政策支持力度，建议政府部门

对重大节水技术改造予以适当补助，并表彰鼓励。

3. 结合校园建筑特征，建立雨水收集体系

高校建筑较社会建筑而言相对简单，其雨水回用工程的建设也较为便利。各高校应该根据当地降雨量的多少和降雨周期，以及自身建筑特色，建立相应的雨水回用系统，一方面可以将雨水利用到厕所的冲洗、绿化等校园生活中，另一方面可以采取过滤或净化等措施，对雨水进行处理，作为高校地板、厕所等的冲洗用水，能够有效降低高校用水量。

4. 实行远程监测，降低水管漏水率

高校建筑基本采用管网输水，除此之外每层建筑都有大量的水龙头和冲水系统，水管漏水和水龙头滴水等是高校用水过程中常见的现象，而且这些现象通常得不到及时处理，造成了严重的水资源浪费，因此降低管网漏水率十分重要。高校应该建立远程监测或报修系统，实现对漏水等现象的及时整修；除此之外，还可以针对监测数据进行数据分析，了解漏水现象出现的规律，做到及时检查、整修，减少漏水、滴水现象带来的水资源浪费。

7.5 案例：基于海绵城市理念的校园建设

"能源与环境"已成为 21 世纪一个备受世人瞩目的话题。本节基于海绵城市的建设理念，以安徽财经大学为例，分别从绿色屋顶、透水铺装、下凹式绿地、雨水花园四个方面建设海绵校园，给出建设海绵校园的雨水回收利用具体方案，并对方案进行具体分析，总结出每个方案的优点及带来的经济与社会效益。最后，指出目前中国在建设海绵校园的过程中存在的问题，并给出具体的解决办法，对于推动水资源的可持续发展以及节水型社会的建设具有一定的现实意义。

7.5.1 研究背景

1. 引言

水是人类赖以生存的根本，是其他任何资源都无法替代的，工业、农业和经济环境的发展都离不开水资源。在地球上，现有的水资源总量高达 13.8 亿立方米，但是其中的绝大部分为海水，占水资源总量的 97.5%，而人们可以直接饮用的淡水资源仅占 2.53%，但其中绝大部分为极地冰雪冰川和地下水，所以最终人们可以饮用的淡水资源仅为 0.01%，可见淡水资源量之少。

目前世界上的人口已突破 70 亿人，随着人口的持续增加，人类对水资源的需求日益迫切，以至于世界上许多国家正面临水资源匮乏的危机。有专家预测，到 2025 年，全球将有 48 个国家迎来水资源匮乏的危机，约 35 亿人会面临水资源短缺等问题，水资源的短

缺不仅给生态系统造成了极大的破坏，也给人类的生存发展带来了严重的威胁。

世界上很多国家因为干旱而严重缺水，中国便是其中之一，中国的水资源总量仅有28 000亿立方米，其中27 000亿立方米为地表水，8 300亿立方米为地下水，扣除重复计算的7 300亿立方米，故水资源总量并不丰富，人均水资源更是少之又少，仅有2 300立方米，占全球人均水资源的1/4。中国不仅是最缺水的国家之一，同时也是世界上用水量最多的国家。目前，中国的人口总数已超过13亿，随着全面二孩政策的实行，人口总数必将增加，对水资源的需求也将更为迫切，水资源的严重匮乏也必将制约着国民经济的发展，节约水资源不仅响应国家节能减排的政策，更关乎着国家经济的发展。

节水在生活中随处可见，雨水是天然的水资源，但人们往往忽视了雨水的循环利用，这就造成了多雨时雨水的白白流失，少雨时供水量的不足。为了回收利用城市雨水，海绵城市（章林伟，2015）的建设应运而生。现今，学校的数量越来越多，学校的占地面积越来越广，受海绵城市的启迪，海绵校园的计划被提出。

2. 海绵校园相关介绍

1）定义

"海绵"是指将过量雨水吸收或存储以备缺水情况出现时使用。顾名思义，海绵城市指的是城市拥有像海绵一样的功能——吸水以及蓄水，具体是指雨水过量时将雨水储存，需要用水的时候再释放储存的水，以缓解城市的水资源短缺以及避免内涝情况的出现，从而有利于城市生态环境的修复和建设。海绵校园主要是通过结合自然条件和人工技艺，在保证校园内部的雨水能够安全排泄的前提下，通过积存、渗透和净化等措施收集降雨量，以备后期循环使用（张毅川和王江萍，2015）。

2）建设理念

平时普通的路面通常是用水泥铺设的，不具备吸水特性，降雨主要通过修建的排水管道等进行排水（戚玉丽，2005），中国95%以上的城市排水采用快排的方法（郭洋洋和刘龙坤，2015），易造成汛期强降雨时城市出现内涝。普通路面在雨水落地后无法通过下渗排出，只能借助城市管道排水，而雨水量过大，管道排水不及时就会造成雨水积压。中国仍有许多城市严重缺水，但由于集雨工程的匮乏，70%的雨水都被浪费。"海绵城市"的建设不仅仅是管道的扩容，更是要将重心放在草沟、雨水花园、下沉式绿地等的建设上，倡导"慢排缓释"和"源头分散"的理念。

如今的校园占地面积宽广，建筑数量众多，路面也大多是混凝土水泥路或沥青路，这导致了在多雨时校园内的雨水无法及时排出，在路面形成积水，给老师和学生造成诸多不便。海绵校园类似于海绵城市，将校园内的"灰色"设施转变为"绿色"设施，在节约利用雨水的同时绿化校园，提高校园景观的观赏度。

3）建设意义

海绵校园的建设有利于校园生态环境的改善。海绵校园强调增加绿地面积，减少硬化地面的比例，通过建设海绵校园，增加校园内的绿色空间，收集并处理雨水资源，充分利用已有资源建设校园美好环境。海绵校园的建设有利于降低校园建设成本，注重与校园内已有的绿地、园林、景观水体相结合，大大减少建设排水管道和钢筋混凝土水池的工程量（王文亮等，2015），这不仅使建设过程中的净增成本比较低，还能大幅度减少水环境污染治理及管道建设、维修所产生的费用。

海绵校园的建设有利于减少校园内涝的发生。校园范围内强降水或连续性降水超过排水系统排除能力致使校园内产生积水即为校园内涝。海绵校园的建设十分注重对天然水的保护利用，通过最大限度的生态保护，利用"用、渗、蓄、滞"（徐锦生，2012）等手段，调节水文循环，减少地表径流量，延缓雨峰到来的时间，将径流经过处理回用，使最终进入管渠和行泄通道的径流量最小化，最大限度地降低校园内涝的发生，减少内涝带来的不便。

7.5.2　海绵校园建设方案

1. 方案一：绿色屋顶——屋面雨水

在可回收再利用雨水的多个方面，屋面雨水（曹秀芹等，2002）相对于地面雨水来说杂质较少，水质较好，因此，层面是城市中雨水收集最适合、最常用的收集面。

绿色屋顶（张琛麟等，2009）主要有简式、花园式两种。简式绿化，又称简单地覆盖式屋顶绿化，指对无人的屋面和负荷较小的建筑，通过分析屋顶结构和荷载能力，在屋顶上种植一些具有耐旱、生命力顽强、培育成本低等特点的灌木、草坪和其他绿色植物；花园式屋顶绿化，它是兼并现代园林艺术与建筑技术，注重以人为本的理念，以人在屋顶活动的舒适度为原则，并结合屋顶结构等条件，在屋顶上种植多种多样的植物，不仅可以让人欣赏到美丽的景观，而且可以调节空气的湿度。

绿色屋顶的结构从上到下依次是植被层、基质层、过滤、排水蓄水、隔根保护层、分离滑动层、屋面防水层、保温隔热层。

在安徽财经大学，可以以简式屋顶绿化为建设方案，在学生宿舍楼、教学楼等无人屋顶实施建设方案。一方面，美观校园，增加了校园绿地的建设；另一方面，净化空气，对节水储水起到了较大的作用。

2. 方案二：透水铺装——路面雨水

在校园的建设过程中，硬化路面面积在校园总面积中所占据的比例不低，这影响了水循环的过程，减少了雨水的下渗，从而减弱了地下径流，加强了地表径流，然而校园内很多地方的雨水都是依靠地表径流来排除，在降水极为集中的时期，容易出现校园内涝。

透水性铺装较为常见的是透水性沥青路面、透水性混凝土路面、透水砖。透水性沥青路面不仅具有排水的功能，还可以降噪，故又被称为"排水降噪路面"。这种路面的作用原理是利用渗水井使雨水渗透到路基以下完成排水，或是将雨水排到蓄水池中循环利用，使雨天路面不积水、无水膜、无水雾、抗滑性好，视觉效果好。此外，透水性沥青路面还可以改善城市的热岛效应，这是因为沥青路表面有特殊的大空隙，使路面能够"呼吸"，路面的表面温度要低于一般的路面。与透水性沥青路面相似，透水性混凝土路面（翟芳等，

2009）同样能缓解热岛效应，但后者是因为材料的透水和保水的特性，使雨水能够迅速渗透到混凝土中。透水砖，又叫荷兰砖，其优点是不积水、排水快，抗压性强。

针对安徽财经大学雨天路面积水的情况，对校园内的硬化路面进行改造，尽可能地使用透水铺装材料，增加地表径流，防止校园内涝。而透水铺装材料（赵飞等，2011）本身具有多孔隙的特性，因此，在校园内使用这种材料，不仅可以增加校园的水资源总量，为校园提供替代水源，还可以帮助消纳校园内不透水的混凝土路面产生的径流，控制区域内（程群，2007）的雨水径流，既能够达到削减径流，截污减排的目的，又能够减轻校园路面积水给学生带来的不便。

3. 方案三：下凹式绿地——绿地雨水

绿地对空气、水资源等具有净化作用，对气候环境具有改善作用；具有使用、活动和景观的功能。除此之外，绿地还具有贮留和入渗雨水的功能，由于绿地在修建过程中选址不同，通常与周围地面的高程不一致，其中低于路面高度的绿地被称作下凹式绿地，这种形式的绿地十分有利于蓄积路面上的雨水，当期蓄积的雨水达到一定程度后又可以自行流入雨水口，对于雨水收集十分方便（张金龙和张志政，2012）。

下凹式绿地设计流程（张炜等，2008）如下：首先，结合安徽财经大学的实际情况，选择合适的绿地位置及其蓄积雨水区域的大小；其次，根据学校内部的蓄积雨水区域的有效面积以及当地的降雨特征和土地渗透雨水能力的大小，模拟出该校下凹式绿地合适的面积和其蓄水的深度；最后，针对已经建成的绿地，可以通过其后续的蓄水情况进行考核，若能通过实际考核则设计完毕，反之重新进行设计，不断调整设计中的控制参数，直到得到符合实际的下凹式绿地设计结果。

下凹式绿地设计的首要环节是服务汇水面的划分，这个环节中最为重要的是服务汇水面划分是否合理，而服务汇水面的面积和综合径流系数与雨水径流量是正相关的（张炜等，2008）。在实际中，安徽财经大学的绿地具有面积大的特点，在具体设计过程中，可以将这些大片集中的绿地进行划分，服务汇水面可以围绕这些划分的小区域进行，这样径流雨水就可以由各个区域内的下凹式绿地分担，进行下渗利用。目前，安徽财经大学校园内多数绿地的位置、面积已经确定，这样对于下凹式绿地服务汇水面的划分就可以完全根据实际来设计，然后综合其他设计因素确定绿地的蓄水深度（叶水根等，2001）。

雨水在渗透过程中是遵从水量平衡的，首先忽略雨水收集利用的问题，让雨水先流入下凹式绿地，此时计算时段内下凹式绿地的水量平衡关系式为

$$P_0 + U_0 = U_1 + D + E + I + Q \tag{7-1}$$

其中，P_0 为总降雨量（立方米）；U_0 为初始蓄水量（立方米）；I 为向下渗透的雨水量；D 为径流损失量（立方米）；E 为蒸发量（立方米）；U_1 为结束时绿地蓄水量（立方米）；Q 为溢流外排水量（立方米）。

水量的平衡关系式包含很多参数，因此实际计算时，需要对式（7-1）采用假设，并进行一定的简化。例如，将一场雨作为计算时段，由于该时间段内水量的蒸发量很少，可以忽略不计。同时，那些种植在下凹式绿地里面的植物不能够长时间淹没在雨水里面，所

以雨后的一定时间，绿地里的积水就应该完全排空，故假设下凹式绿地的初始蓄水即 $U_0 = 0$。同时，假设雨水径流全部渗透利用，不会产生外排，所以 $Q = 0$。

因此，雨量的平衡关系式简化为

$$P_0 = U_1 + D + I \tag{7-2}$$

然后，假设下凹式绿地汇水区径流全部通过管网无损耗地收集至绿地，故下凹式绿地的汇流量 W 为

$$W = U_1 + I \tag{7-3}$$

最后，用 N 表示下凹式绿地雨水渗蓄率，N 是 W 和 I 的比值（程江等，2007）。

对于向下渗透的雨水量 I，其公式为

$$I = K \cdot J \cdot S \cdot t \cdot 60 \tag{7-4}$$

其中，K 为绿地土壤稳定入渗速率（米/秒）；J 为水力坡度，当雨水处于垂直下渗时，其取值等于 1；s 为下凹式绿地的面积，其单位为平方米；t 为时间，其单位为秒。

蓄水量 U_1 的计算公式为

$$U_1 = S \cdot \Delta h \tag{7-5}$$

其中，Δh 为下凹深度，是下凹式绿地与路面之间高度的差值，单位用米表示。

下面考察绿地的淹水时间，它与下凹深度、土壤渗透系数等有关联，具体计算时以情况最不利时，即绿地的蓄水区域被雨水全部填充为标准，计算此时等待雨水完全下渗到地面需要的时间：

$$T_0 = h/(86\,400 \cdot k) \tag{7-6}$$

其中，k 为土壤的渗透系数。

下凹式绿地区的植被应选择耐淹且抗旱的植被，以便于学校日常的管理。当绿地淹水时间过长时，可以从减小绿地下凹深度进行设计改进，但也不能减小幅度过大，需要综合各种影响因素合理设计。同时，也可以结合其他雨水利用设施，如透水路面、渗透沟渠、地下渗透空间等高效利用雨水。

设计考核时应注意绿地周边环境，不能让下凹式绿地因深度过大成为学校的一个安全隐患。对于过往人流以及车辆相对较少的地方，需要设计的下凹可以更深，下凹深度的设计需要和下凹式绿地的淹水时间相适应，但是仍然有必要在绿地的周边设计一些防护措施，以提高绿地的安全度（张炜等，2008）。

4. 方案四：雨水花园

雨水花园是一种浅凹绿地，它可以是自然形成，也可以通过人工挖掘形成（崔艳，2016）。它具有强大的功能——汇聚、吸收屋顶和地面的雨水。雨水花园里的植物和沙土的相互作用不仅可以净化雨水，还能够使雨水逐渐渗入土壤以涵养地下水、补给一部分城市的水资源需求，因此雨水花园成为补充城市用水的重要组成部分。同时，雨水花园在实际应用过程中具有很多优点，如成本低、维护便易，易于融合当地的景观，是一种生态可持续的雨洪控制与雨水利用设施（刘武艺，2005）。

雨水花园在层次结构上主要包括蓄水层、覆盖层、种植土层、人工填料层和砾石

层：①蓄水层，该层主要用于沉淀物沉淀，去除沉淀物上附着的一些金属离子和有机物，有助于雨水下渗到下一层；②覆盖层，通过树叶或者树皮等材料组成，一方面保持植物根系的湿润，另一方面提供适合微生物生长的环境；③种植土层，主要用来给种植的植物提供一些水分和营养，也能借助于植物的吸收和微生物的降解作用去除一部分水中的污染物质；④人工填料层，由沙质土壤、炉渣等渗透性较强的人工材料或者天然材料构成；⑤砾石层，主要收集下渗后的雨水径流，可以在该层通过设置排水穿孔管来将雨水及时地排出。

蚌埠地区属亚热带与温带两者的季风气候交界地带，该地区具有极为丰沛的雨水量，四季分明，各有特色，春秋短、冬夏长，冬夏温差显著；雨季多在 6、7、8 三个月，年降雨量在 500~750 毫米。蚌埠土质为湿陷性黄土，土层较厚并且具有良好的渗透性，校园土壤紧实，施肥量少，为蓄存雨水提供了较大的空间，主要植物有月季、雪松、中槐，这些植物净化能力强、抗水淹、根系发达，同时具备抗寒、抗旱的能力。

通常情况下，使用较为广泛的雨水花园的计算方法主要有三种，分别是达西定律的渗滤法、蓄水层的有效容积法及基于汇水面积的比例估算法。这三种方法在计算过程中各有自己的侧重点，在具体的选择过程中，需要依据雨水花园各自的特点和因素来确定，如它们的大小、所在地区等。

在校园中建设雨水花园，没有特殊污染物且对污染物没有特殊处理效率要求，因此可直接利用校园中原有的土壤作为基质填料，就地开挖。考虑到雨水渗透以及回收利用，在花园的砾石层以及填料层的表层多种植一些不易被踩踏以及耐涝、耐水湿的植物。在花园周边以及周围的小径衔接的地方，可多种植一些既耐涝又能够吸收污染物的地被植物，也可以多种植一些高大的乔木，从而使花园具有一定的立体层次和遮阴的优势（刘佳妮，2010）。在这样的条件下，雨水花园将能够有效地集蓄雨水，同时可以遮挡阳光辐射。如果雨水花园建设时，遭遇干旱季节，可以对雨水花园采取人工浇灌的方式，从而保证园内植物的存活（刘丹莉和王栋鹏，2016）。

7.5.3　方案优点及效益

1. 绿色屋顶优点及生态效益评价

1）优点

（1）减轻温室效应。城市的建设通常会削减绿地，造成树木的砍伐，从而使大量的二氧化碳等温室气体得不到有效吸收而排放到大气中去，由此引发温室效应，造成全球平均气温的上升，给生态环境带来了极大破坏，而绿色植物通过光合作用可以吸收空气中的二氧化碳，从而减少大气中二氧化碳的浓度，达到缓解温室效应的效果。

（2）降低太阳的热辐射：屋面由于直接接受阳光照射，特别是没有被绿化的屋面，它吸收的热量基本都会被直接传输到建筑物的顶层，从而造成顶层室内过热，剩下的能量会被继续反射到大气中，直接影响地表的温度。而对于绿色屋顶，它可以通过植物叶面的蒸发作用、光合作用，吸收太阳的辐射能，可以有效地减缓气候变暖。

（3）减少城市的热岛效应：由于城市中高楼林立，且路面通常选用沥青或者水泥，与土壤以及植被更多的郊区相比，城市的热容量会更大，从而反射回大气的热量较少，因此城市在白天会积蓄较多的热能，夜晚降温也比郊区慢。

（4）吸附大气颗粒物体：一方面是植物通过自身的吸附作用，利用枝干叶表面吸附气体分子、固体颗粒及溶液中的离子，另一方面是部分植物可以将室内空气污染物作为营养物质源高效吸收、同化，促进自身生长，减轻大气污染。

（5）降低噪声：植物通过表面细胞吸收外界振动能量，并能将能量进行转化。在日常的建设中，绿色植物起到重要的降低噪声作用。

2）生态效益

校园内建设绿色屋顶的生态效益，主要包括以下五个方面。

（1）可以吸收空气中的二氧化碳，从而将其转化为氧气释放，达到固碳释氧的目的。

（2）可以吸收有害气体，减少空气中的灰尘，达到清新空气的目的。

（3）能够缓解城市的热岛效应，弱化太阳的辐射，降低室内外的温度，冬季具有保温效果，有效降低能源的消耗（卓镇伟，2012）。

（4）有效涵养水源，储存雨水，在雨后逐步被植物吸收和蒸发到大气中，缓解校园地面排水压力。

（5）保护建筑，夏季的高温使屋顶温度能达到50摄氏度以上，而室内空调的降温使内外温差太大，对建筑造成一定的损坏，绿色屋顶可以有效减小温差，延长建筑物的使用寿命。

3）固碳释氧效益评价

相关资料表明，每平方米的草坪每年可以吸收146千克的二氧化碳，释放105.85千克的氧气。固碳效益的评价是依据国际上使用的瑞典碳税率，碳大约是150美元/吨，换算成二氧化碳大约是40.94元/吨，折合人民币大约是281.25元/吨，计算得到每平方米的绿色屋顶每年的固碳经济效益是41.02元。释氧效益评价根据国际上使用的工业制氧价格来计算，查找数据得到工业氧现价是0.4元/千克，计算得到绿色屋顶每年的释氧经济效益是42.34元。

4）涵养水源效益

雨水是绿色屋顶的重要水源，除了降雨时的自然灌溉，另外，还应人工收集处理雨水。绿色屋顶雨水管理的目的不仅是减少雨水的流失，更是对径流的水质进行改善，调节雨水的自然循环和平衡。

绿色屋顶收集雨水，在降雨初期，大部分的雨水都储存在种植的绿色植物的基质层和蓄水层，当达到植物蓄水的最大限度时，开始启动专用设施来收集雨水。绿色屋顶的设置还可以有效地控制雨水污染的问题。屋面收集的雨水最后可以综合地运用在屋顶绿化、渗透、净化及水景塑造等方面。

5）建筑物节能效益

绿色屋顶的建设在建筑物方面也有节能的作用，可以从热量方面进行分析。

$$Q = A \cdot \Delta t \cdot h = (A \cdot \Delta t)/R \qquad （7-7）$$

其中，Q表示通过屋顶的热通量；A表示屋顶的面积；Δt表示建筑物内部和外部的温差；h

表示热量传递效应；R 表示反映材料阻挡热量传递的标准。普通屋顶 R=1.99 瓦/（米^2·开），绿色屋顶 R=4.10 瓦/（米^2·开）。

根据式（7-7），依据用电制冷条件下，计算建设绿色屋顶消耗能源与未建设绿色屋顶之前的能源消耗，比较得到建设绿色屋顶的节能效益（李俊奇等，2001）。

2. 透水铺装的优点

（1）维护城市生态平衡，具有良好的渗水性和保湿性，雨水落地后，可以快速渗入地下，补充地下水，保持土壤的湿度。同时，透水铺装减轻了水泥、沥青等非透水性硬化路面对生态环境的破坏程度，给动植物以及微生物良好的"生存空间"，实现生态环境可持续发展理念。

（2）缓解热岛效应，透水性铺装通过调节校园的温度和湿度，通过"蒸腾作用"，吸收大量的热量，使地表的温度降低，改善校园的热循环，调节生态环境。

3. 下凹式绿地的优点及应用

1）优点

（1）可以增加土壤的水资源量和地下水的资源量，使校园内的雨水蓄积现象减少。相关数据显示，当下凹式绿地的下凹深度达到 10 厘米时，降水时间间隔较长且降水次数较少的大雨径流被拦蓄在绿地内的效率可达 100%，而较为频繁的大雨或暴雨径流被拦蓄在绿地内的效率约为 80%。下凹式绿地通过拦蓄地表径流并迅速通过下渗将其转化为土壤水和地下水，增加二者的水资源总量。

（2）可以改善绿地土壤的肥力。由于下凹式绿地是集中处理污水的系统，它利用下渗和沉淀的原理使固体的污染物沉积到绿地中，并让这些有机物在绿地内微生物的分解作用下转化为对植物有用的营养物质，从而增加土壤的肥沃力，净化有机污染物并消除污染物中对人体有害的物质。

（3）可以在绿地内设置雨水口，减少雨水井盖引发的各类意外事故。

2）应用

下凹式绿地的应用很广，常被用于公园、城市道路、小区等。

（1）公园下凹式绿地。

公园是一个绿色植被多的地方，绿色面积大。在下雨天，公园内的植被只能蓄积少量的雨水，大部分的雨水最终都是通过排水管道直接排放（李长在，2013），而排水管道的建设和后期维修都需要耗费大量的资金。通过降低公园的绿地高度，改变公园的植被种类，加大雨水的入渗能力，以此达到扩大雨水收集的目的。

（2）城市道路下凹式绿地。

城市道路由于路面一般是混凝土的原因，雨水径流量相对较大，而且径流的水质污染十分严重，对周边的地下水水质容易造成影响。在城市建设下凹式绿地时，通常需要重新规划区域内绿地的布局以及相应的雨水排放口，这样不仅可以使雨水的调蓄能力增加，还可以加大入渗效率，达到雨水利用的目的（俞绍武等，2010）。

（3）小区下凹式绿地。

小区雨水的径流量大，初期雨水含有大量的污染物质，通过调整小区的绿地结构及雨水收集利用系统，可以加大雨水的入渗能力，达到下凹式绿地的雨水利用的目的（张玉婷和刘雪松，2009）。

4. 雨水花园的功能

1）雨水花园的美化功能

雨水花园通过种植各种各样的植物，以花园的形式收集雨水，给传统意义上的雨水收集带来景观效果，更加符合和满足人们对自然和美的追求，从视觉上给居民一种美的景观感受，这种更自然的雨水收集方式也更有利于提高人们对环境保护的意识。

2）雨水花园的吸收与净化功能

雨水花园中，植物吸收、微生物分解等，可以有效去除雨水径流中的重金属离子和沉淀物等污染物质，而雨水的净化也可以依靠植物的根系来完成。与传统的净化措施相比，雨水花园的成本更低，它与周边的环境融合度更高，并且不会滋生其他的污染物，是一种自然的生态净化（胡灿伟，2015）。

3）雨水花园对雨水径流的影响

在植物的一些根和茎叶的阻碍下，雨水在进入雨水花园后会稍作滞留，流速也会减慢很多，从而有效避免了雨水流速过大对土壤带来的冲刷，缓解了水土流失；除此之外，这些根系可以吸收雨水、促进雨水的渗透，从而削减一部分的径流量，因此这种设计方式更有利于截留和汇入雨水。

4）雨水花园的生态功能

如果能够合理地配置雨水花园中所种植植物的层次结构，那么一些鸟类、昆虫就可以借此作为栖息地，植物根部也可以滋养一些微生物。另外，雨水花园还可以通过光合作用等吸收大气中的二氧化碳，改善城市中的温室效应，并在夏日为城市带来绿荫，降低夏日室外气温。

7.5.4 存在的问题及解决办法

中国海绵城市的建设起步较晚，海绵城市建设的制度尚不完善，海绵校园在建设过程中也存在多方面问题。

（1）对海绵校园缺乏科学的认识，在没有进行合理规划设计之前，就盲目施工建设。海绵校园建设是一个涉及排水、绿化、道路、建筑等诸多方面的系统工程，它要求各个部门要从以往考虑本身的单一目标逐步转换到考虑多目标、多效能，合理进行规划。

（2）海绵校园建设需要先进的技术做支持，但是中国海绵校园建设存在一些技术障碍。高校在建设海绵校园的过程中，并不需要像建设城市那样复杂，可以将海绵校园建设得稍微简单，简化海绵校园建设过程中的技术，克服技术不足的障碍。

（3）海绵校园建设应该以保护生态系统为前提，不可为了追求经济效益而忽视生态效益。建设海绵校园应该着重从生态效益、防灾减灾、防治污染、景观效益等方面进行考虑，而不单单是考虑其经济效益。对于海绵校园的建设，政府应在资金上予以支持，提高海绵校园的建设效率。

参 考 文 献

白玉华，张兴华，章小军，等. 2005. 高校用水现状与节水潜力分析[J]. 北京工业大学学报，31（6）：629-634.

曹麟，蔡瑜. 2010. 宁夏大中专院校用水现状与节水定额分析[J]. 节水灌溉，（6）：58-61，64.

曹秀芹，车武，孟光辉，等. 2002. 屋面雨水与建筑中水系统联合运行问题分析[J]. 北京建筑工程学院学报，18（2）：4-8.

程江，徐启新，杨凯，等. 2007. 下凹式绿地雨水渗蓄效应及其影响因素[J]. 给水排水，（5）：45-49.

程群. 2007. 城市区域雨水和中水的联合利用研究[D]. 浙江大学硕士学位论文.

崔福义，张兵，唐利. 2005. 曝气生物滤池技术研究与应用进展[J]. 环境污染治理技术与设备，（10）：4-10.

崔艳. 2016. 建设海绵城市的实践研究——以河南省安阳市某小区为例[J]. 经济师，（8）：203-204.

范晓虎. 2005. 浅谈"城市中水"在我国的应用及价格的问题[J]. 中国科技信息，（17）：139.

郭洋洋，刘龙坤. 2015. 浅谈如何推进海绵城市建设[J]. 建筑工程技术与设计，（31）：1822.

韩芳. 2002. 膜生物反应器在中水回用工程中的技术经济研究[D]. 重庆大学硕士学位论文.

侯继燕，罗伟，贾韬，等. 2013. 一体化污水提升泵站的应用探讨[J]. 西南给排水，（4）：6.

胡灿伟. 2015. "海绵城市"重构城市水生态[J]. 生态经济，31（7）：11.

贾香香，许新宜. 2010. 高校学生用水过程研究——以北京师范大学为例[J]. 南水北调与水利科技，8（2）：113-116.

李俊奇，车武，孟光辉. 2001. 城市雨水利用方案设计与技术经济分析[J]. 给水排水，27（12）：25-28.

李长在. 2013. 雨水回收利用系统在建筑中的应用[J]. 施工技术，（6）：493-495.

刘丹莉，王栋鹏. 2016. 西安海绵城市建设的探讨[J]. 工业建筑，（6）：54-57.

刘佳妮. 2010. 雨水花园的植物选择[J]. 北方园艺，（17）：129-132.

刘进荣. 2009. 高校给水节能节水技术探讨[J]. 陕西建筑，（11）：49-50.

刘武艺. 2005. 城市水生态雨洪利用模式研究[D]. 武汉大学硕士学位论文.

刘正美. 2002. 关于城市中水回用中几个值得重视的问题[J]. 净水技术，（S1）：104-107.

刘中平，任俊岭，谢华. 2004. SBR 法处理学校类洗浴废水的应用研究[J]. 石家庄铁道学院学报，17（3）：88-89.

潘应骥. 2012. 三种用水管理制度下的高校学生用水调查与分析[J]. 四川环境，31（1）：155-158.

戚玉丽. 2005. 雨水直接排放给嘉兴市所带来的问题[J]. 嘉兴学院学报，17（6）：75-77.

申芷娟，刘筠，刘永亮，等. 2010. 建筑中水回用技术在星级酒店的应用[J]. 给水排水，（S1）：320-322.

田舒菡，徐琳瑜，魏昕，等. 2015. 基于生命周期的高校用水方案优化及经济效益评价[J]. 中国人口·资源与环境，25（11）：109-113.

王利平，胡原君，罗真，等. 2007. 常州大学城用水现状与节水潜力的分析[J]. 给水排水，（9）：93-95.

王文亮，李俊奇，王二松，等. 2015. 海绵城市建设要点简析[J]. 建设科技，（1）：19-20.

谢旭东，何旭，曾静. 2007. 曝气生物滤池的研究现状和发展趋势[J]. 低温建筑技术，（3）：112-113.

徐锦生. 2012. 雨水回收利用生态工程——南京政治学院西校区项目实例研究[J]. 后期工程学院学报，（1）：60-64.

徐劲草，许新宜，王韶伟，等. 2012. 高校生活节水技术与措施改进研究——以北京师范大学为例[J]. 南水北调与水利科技，10（3）：53-57.

徐亚明，蒋彬. 2002. 曝气生物滤池的原理及工艺[J]. 工业水处理，（6）：1-5.

叶水根，刘红，孟光辉. 2001. 设计暴雨条件下下凹式绿地的雨水蓄渗效果[J]. 中国农业大学学报，6(6)：53-58.

俞绍武，丁年，任心欣，等. 2010. 城市下凹式绿地雨水蓄渗利用技术的探讨[J]. 给水排水，(S1)：116-118.

翟芳，冯国益，胡毅. 2009. 城市透水型路面技术分析[J]. 天津建设科技，(6)：50-52.

张琛麟，田明华，赵蔓卓. 2009. 北京市屋顶绿化建设项目成本效益分析[J]. 中国城市林业，(4)：61-63.

张金龙，张志政. 2012. 下凹式绿地蓄渗能力及其影响因素分析[J]. 节水灌溉，(1)：44-47.

章林伟. 2015. 海绵城市建设概论[J]. 给水排水，(6)：1-7.

张炜，车伍，李俊奇，等. 2008. 图解法用于雨水渗透下凹式绿地的设计[J]. 中国给水排水，24（ 20 ）：35-39.

张毅川，王江萍. 2015. 国外雨水资源利用研究对我国"海绵城市"研究的启示[J]. 资源开发与市场，(10)：1220-1223.

张玉婷，刘雪松. 2009. 利用雨水收集回用系统实现城市小区雨水资源化[J]. 南水北调与水利科技，7(3)：91-93.

赵飞，张书函，陈建刚，等. 2011. 透水铺装雨水入渗收集与径流削减技术研究[J]. 给水排水，(S1)：254-258.

赵玲萍，张凤娥. 2007. 高校中水回用系统的研究[J]. 黑龙江水专学报，(1)：88-91.

中国教育报. 2016-04-08. 中国高等教育质量报告（摘要部分）[EB/OL]. http://www.jybid.com/news/detail/11789.html.

卓镇伟. 2014-06-17. 屋顶绿化和垂直绿化对节能和生态环境的影响[EB/OL]. http://zhiwuqiang.cto9.com/zhiwuqiang/27.html.